高等职业教育数字媒体专业新形态教材

三维动画设计项目式教程
（微课版）

主　编　王佳音

副主编　贾荣玉　范浩然　王铭琳　刘　劼　沈　沛

中国水利水电出版社
www.waterpub.com.cn
·北京·

内 容 提 要

本教材以三维动画项目制作流程为依据，将知识点进行项目化、模块化处理。本教材将三维动画制作项目细分为5个子项目，每个子项目对应不同的制作环节和知识模块，分别为角色前期设计、角色配件的制作、红军角色模型的制作、为红军角色添加材质贴图、红军角色设置动画。每个子项目都具有明确的教学目标，包括多个任务，每个任务都包含“任务描述”“任务要求”“知识链接”“任务实施”，其中有多个任务还包含“项目拓展”和“思考与练习”。本教材涉及的知识内容有动画角色设计、Maya多边形建模、ZBrush数字雕刻、Maya模型拓扑与UV编辑、Maya灯光材质、Substance Painter材质绘制。本教材通过项目制作使每一个知识模块都相互关联，同时又加入拓展练习，将知识点融入案例制作中，以便更加生动地将三维动画知识展现给读者。

本教材适用于高等职业院校影视动画、动漫设计、游戏设计、数字媒体设计等专业的学生学习。

本书配有电子课件，读者可以从中国水利水电出版社网站（www.waterpub.com.cn）或万水书苑网站（www.wsbookshow.com）免费下载。

图书在版编目（CIP）数据

三维动画设计项目式教程 : 微课版 / 王佳音主编
. -- 北京 : 中国水利水电出版社, 2021.10
高等职业教育数字媒体专业新形态教材
ISBN 978-7-5226-0028-4

Ⅰ. ①三… Ⅱ. ①王… Ⅲ. ①三维动画软件－高等职业教育－教材 Ⅳ. ①TP391.414

中国版本图书馆CIP数据核字(2021)第200105号

策划编辑：周益丹　　责任编辑：周益丹　　封面设计：李　佳

书　　名	高等职业教育数字媒体专业新形态教材 三维动画设计项目式教程（微课版） SANWEI DONGHUA SHEJI XIANGMUSHI JIAOCHENG (WEIKE BAN)
作　　者	主　编　王佳音 副主编　贾荣玉　范浩然　王铭琳　刘　劼　沈　沛
出版发行	中国水利水电出版社 （北京市海淀区玉渊潭南路1号D座 100038） 网址：www.waterpub.com.cn E-mail：mchannel@263.net（万水） sales@waterpub.com.cn 电话：（010）68367658（营销中心）、82562819（万水）
经　　售	全国各地新华书店和相关出版物销售网点
排　　版	北京万水电子信息有限公司
印　　刷	雅迪云印（天津）科技有限公司
规　　格	184mm×260mm　16开本　16.5印张　381千字
版　　次	2021年10月第1版　2021年10月第1次印刷
印　　数	0001—2000册
定　　价	79.00元

全国传媒职业技术教育联盟教材编委会

序

教材是教育教学的关键要素、立德树人的基本载体。在全国教材工作会议暨首届全国教材建设奖表彰会召开之后，全国传媒职业技术教育联盟首批系列教材正式出版，即将在联盟内外职业院校应用。这批教材落实了职教思政建设的要求，蕴涵着行业产业前沿的技术技能，凝聚了编撰工作人员的心血，承载着传媒职教学生的希望，是联盟成立以来的标志性成果之一，必将在推动传媒职业技术教育“三教”改革、“三全育人”综合试点、“大国工匠”培养等方面起到积极作用，为培育思政品质可靠、专业技能过硬、创意思维活跃的高质量传媒人才提供基础性支撑。

尺寸教材，悠悠国事。新时代，党中央、国务院高度重视教材建设，成立了国家教材委员会，设立了全国教材建设奖，出台了《职业院校教材管理办法》等系列制度文件，全面落实教材建设国家事权。全国传媒职业技术教育联盟成立以来，联盟理事会紧扣国家政策文件，联合行业产业企业，组织联盟院校单位，启动了编写传媒职业技术教育教材的工作。

在教材编写过程中，参与编撰的老师充分依托联盟的平台作用，发挥主观能动性，深入行业产业调研，掌握对应领域技能迭代情况；组织线上线下研讨，结合校情学情搭建章节架构；加强编校沟通协调，有效保障教材开发出版质量，充分体现了联盟“资源共享、优势互补、合作共赢、协同发展”的宗旨，为联盟今后更好、更快、更多地出版系列教材提供了成功经验，为联盟在共定合理化人才培养方案、共育双师型教师队伍等方面开展卓有成效的工作提供了示范借鉴。

翻阅此次出版的《H5融媒体制作项目式教程（微课版）》《新媒体内容创作实务（微课版）》《数字媒体交互设计项目式教程（微课版）》等教材，二维码等数字出版新技术的运用应引起足够重视。新时代，面向智能手机成长起来的新生代学生，作为传媒领域首个全国性职业教育共同体，我们理应在采用新媒体、智媒体技术开发新形态教材方面起到引领示范作用。在保障教材开发全面贯彻落实职教思政建设新要求前提下，围绕使传媒产业新知识、新技术、新工艺、新方法等内容准确、及时、有效进入教材，要主动将新形态教材开发与结构化教学团队建设、模块化课程内容构建衔接起来；要及时总结新型活页式教材、工作手册式教材开发经验；要积极探索增强现实技术、虚拟现实技术等复合数字教材开发模式；要统筹规划新形态教材与教学资源库、在线课程等其他数字教学资源的联动建设，以教材改革为抓手，带动教师改革、教法改革。

当然，联盟也将持续强化教材建设中的平台作用，编制建设规划，分享合作机会，加强指导评价，加大推广应用，为联盟高质量教材建设提供高水平服务。

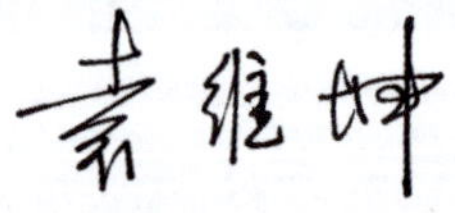

前言

首先感谢山东传媒职业学院动画系教学主任许映翔和数字媒体设计专业负责人郭冬冬老师以及河北对外经贸学院的那松老师为本书的编著提供的多方面帮助和大力支持。

随着三维动画行业的日益发展，三维动画技术已经渗透到影视、游戏、广告、医疗、航空等多个行业之中，为了填补行业巨大的人才需求缺口，很多大学及中高职院校在一些相关专业中也相继开设了三维动画这门学科，涉及影视动画、动漫设计、游戏设计、影视多媒体技术、数字媒体设计、影视制作等多个专业。

三维动画作为一门系统性学科，其包含和涉及的知识内容非常广泛，根据所在专业的不同，侧重方向也会有所区别。本教材适用于数字媒体设计、影视动画、动漫设计、游戏设计专业，主要有如下特点。

（1）主要针对动画三大能力中的动画设计能力，着重汇集角色设计的知识，加入了部分当前非常流行的次世代技术，涵盖面更加宽泛。

（2）结合高职院校开展的“1+X”职业技能证书认证，将“数字创意建模”和“数字艺术创作”方向的技能知识进行提炼加工并融入相应的项目模块，符合职业教育教学的发展方向，为高职院校学生顺利拿到“双证”打下一个良好的基础。

（3）使学生通过本教材的学习，能够熟练掌握传统三维动画建模和次世代建模的流程和工具使用方法；将影视动画建模与游戏建模的优势进行互补，极大地提升了工作效率。

（4）以项目实战的方式讲解三维动画设计的流程和方法，融入一线教师多年三维教学和工作中的制作经验，以确保学生学习的内容既符合高职教育的需求，也能够满足实际工作的需要。

（5）有别于其他三维动画教材，不以单独介绍软件操作为主，而以项目为主，通过软件来服务于项目，在完成项目任务的过程中介绍软件的使用方法，涉及 Maya、ZBrush、Substance Painter 等当前流行的动画制作软件。

编　者

2021 年 5 月

目录

项目 1

角色前期设计

项目导读

项目 1 的任务是二维角色前期设计与绘制，重在辅助后续的三维动画设计与制作。在本项目中主要内容有确定美术风格、绘制角色草稿、绘制角色线稿、绘制角色彩稿以及绘制设计角色转面图，涉及美术基础知识以及动画角色设计的专业知识。

教学目标

★设计吹号的红军二维动画角色，为后续三维动画打下坚实的基础。

★绘制红军的转面图，为三维模型制作提供参考。

任务 1 角色定版造型设计

角色前期设计过程

【任务描述】

根据设计要求，搜集素材，确定美术风格，通过严谨的设计与绘制步骤做出红军的定版造型。

【任务要求】

通过设计红军的角色，使学生掌握基础的人体比例、结构透视、动画角色设计的专业知识以及基本的造型方法。

【知识链接】

搜集参考素材如下所述。

在拿到设计要求以后，不要急于设计或绘制，而是需要仔细思考设计要求，并根据要求寻找和搜集参考素材。首先，在此设计要求中明确提到吹号的红军战士，即需要根据红军的造型来设计一个二维动画角色。中国工农红军是第二次国内革命战争时期，中国共产党领导的人民军队，简称“红军”，是中国人民解放军的前身，在抗日战争以及解放战争中均为主要力量。其次，除了要设计红军战士的角色之外，还需要设计其道具——军号。根据设计要求，首先要搜集红军的形象，如图 1-1-1 至图 1-1-6 所示。

图 1-1-1

图 1-1-2

图 1-1-3

图 1-1-4

图 1-1-5

图 1-1-6

以上参考素材多半来自插画以及动画作品。此外，也可以搜集一些影视剧以及艺术家们的油画作品来从更全面的角度感受红军战士的气质以及认识他们的服饰和道具，如图 1-1-7 至图 1-1-10 所示。

图 1-1-7

图 1-1-8

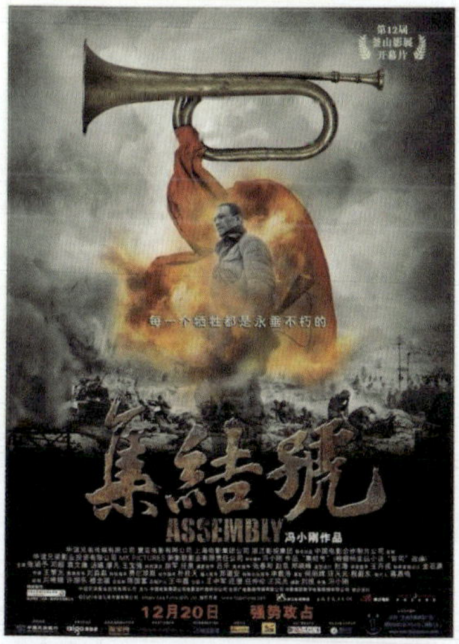

图 1-1-9

图 1-1-10

通过以上参考素材可以大体了解红军战士的气质、基本的姿态以及他们的服饰特点和身上的道具，下面进入具体的角色设计环节。

【任务实施】

1. 设计绘制角色草稿

（1）确定美术风格及人体比例。吹号的红军战士整体上的气质是威严的，让人肃然起敬。根据动画角色设计的专业知识，若要表现一个角色是威严的或者是庄重，多会采用仰视角度，如图 1-1-11 所示。

图 1-1-11

在美术风格的把控上，要避开 Q 版风格和夸张风格，尽量采用偏写实的美术风格，也就是角色的头身比例非常接近现实中的人。根据以上要求先把动画角色大概的形体确定下来，如图 1-1-12 所示。

在此基础上，可以进一步确定角色基本形体，如图 1-1-13 所示。

图 1-1-12

图 1-1-13

（2）为角色草稿增加细节。在确定了红军战士基本形体以后，接下来要为角色增添细节，在这一步就需要更多地去参考之前所搜集的素材，比如：红军战士帽子的结构形态、红军战士的服饰特点，以及身上的道具。增加细节后的效果如图 1-1-14 所示。

（3）调整形体，增加道具与光影效果。在草稿创作与绘制阶段，还要不断地调整身体比例透视、添加道具，以及将角色基本的亮部与暗部表示出来。需要注意的是，道具与角色的比例、明暗交界线的位置要根据人体结构的走势而变化。修改后的效果如图 1-1-15 所示。

图 1-1-14

图 1-1-15

将以上细节添加完成后，吹号的红军战士角色的草稿就基本完成了，这张草稿可为后续的线稿及完成稿提供参考，在后续的设计和绘制过程中还需要被不断地完善与调整。

2. 调整绘制角色线稿

在得到红军战士角色的草稿以后，需要用比较准确且相对流畅的线条将角色线稿制作出来，在描线的过程中要尽可能准确地勾勒角色的形体和结构，此外，在草稿阶段有些不确定的结构在线稿阶段需要确定下来。调整后的效果如图 1-1-16 所示。

3. 绘制角色彩稿

线稿确定好以后，下一步是根据搜集的素材以及设计师的色彩基础进行彩稿的设计与绘制。这个过程主要考验的是设计师的色彩感觉，如何将色彩搭配显得既整体协调又有创新性是需要设计师主要考虑的问题。绘制后的彩稿如图 1-1-17 所示。

图 1-1-16

图 1-1-17

注意，此环节只做色彩的基本搭配以及将红军战士角色暗部与亮部简单地区分出来，可以先不进行细节的刻画以及体积感的塑造，这一环节首先要确保色彩的舒适度。

4. 完成细化角色彩稿

在这个环节主要做两项工作，首先根据角色基本的彩稿来改变其外轮廓线的颜色，也称为变色线。调整后的效果如图 1-1-18 所示。通过跟之前的黑色线稿对比，改变色线之后的造型角色色彩更加丰富。其效果在后面的完成稿部分会更加明显。其次，增添色彩细节，塑造角色体积以及光感效果，细化后的效果如图 1-1-19 所示。

图 1-1-18

图 1-1-19

通过对比图 1-1-17 和图 1-1-19 能够清晰地看出在增添色彩细节以后，角色整体变得更加富有体积感，高光部分、亮部、灰部以及暗部等均刻画得较为细致，而且改变色线后的角色在整体的色彩上会显得更加干净。截至这一步，吹号的红军战士前期二维动画角色设计的定版造型便已经完成。

任务2 角色转面造型设计

【任务描述】

根据红军战士的定版造型，设计其转面造型。

【任务要求】

根据任务 1 完成的红军战士的造型，结合动画角色设计专业知识中的角色转面设计，完成其转面造型的设计及绘制，为后续的模型阶段提供形体的参考。

【知识链接】

转面图的绘制方法如下所述。

在任务 1 中，已经较为完整地完成了吹号的红军战士的定版造型设计，在任务 2 中主要解决的问题是如何将其转面造型绘制出来为模型阶段提供参考。根据动画角色设计专业知识中的角色转面设计知识可以较为明确地知道，角色转面图基本分为正面、3/4 正侧面、侧面、3/4 背侧面以及背面这 5 个角度，图 1-2-1 所示是 5 个角度的基本透视。

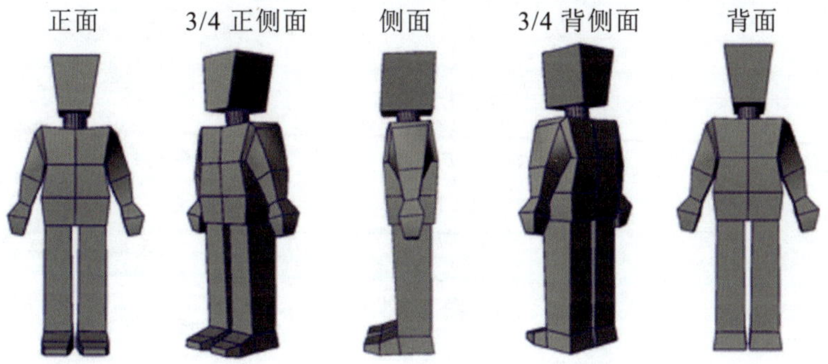

图 1-2-1

一般在绘制转面图时，把最基本的正面、侧面以及背面这三个角度的造型设计绘制出来即可。

【任务实施】

绘制红军战士转面图

（1）确定转面图草稿。与设计定版造型的步骤和方法一样，在设计绘制转面图时第一步还是需要确定草稿，根据红军战士的定版造型、头身比例以及身体特征大致将其 3 个角度绘制出来，如图 1-2-2 所示。

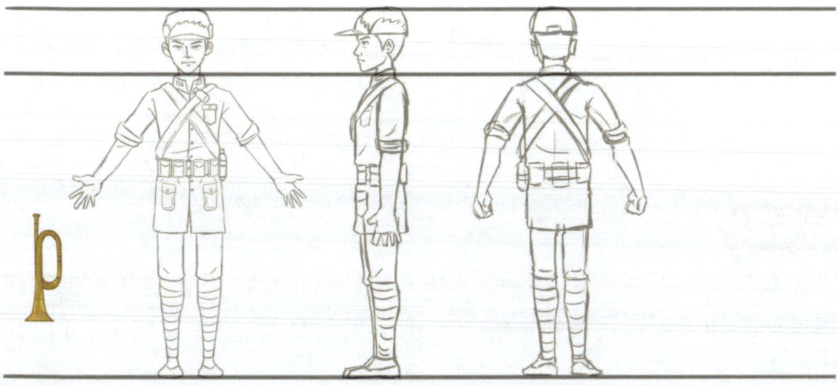

图 1-2-2

（2）明确转面图线稿。根据图 1-2-2 所示的草稿，用较为圆滑和流畅的线将角色 3 个角度的外轮廓以及结构确定，如图 1-2-3 所示。

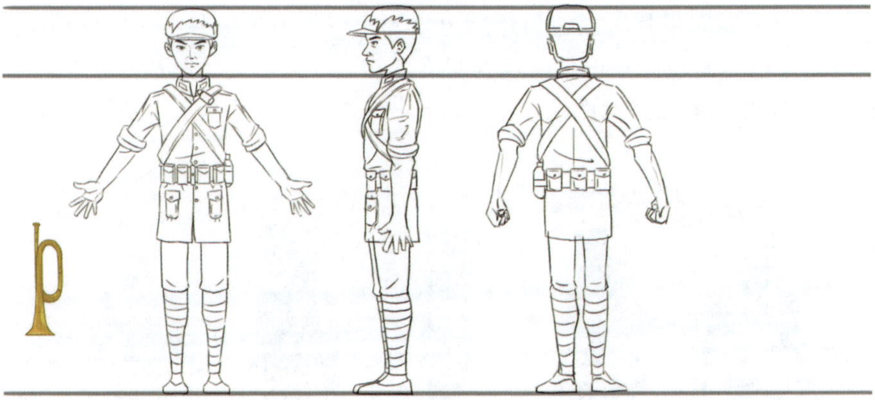
图 1-2-3

（3）完成转面图彩稿。在这一步根据定版造型的色彩完成转面图彩稿，如图 1-2-4 所示。

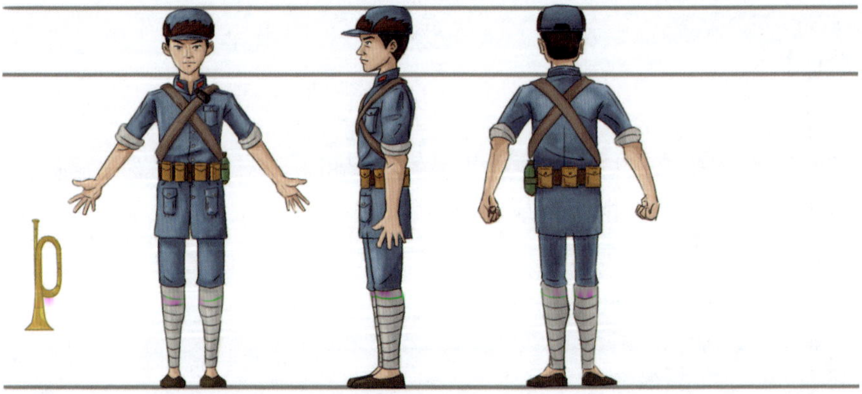
图 1-2-4

项目拓展

通过设计吹号的红军战士角色造型可基本掌握角色前期设计的基本步骤和方法，结合动画造型设计的知识可以进行拓展练习，接下来参照图 1-2-5 和图 1-2-6 设计各种美术风格的角色形象。

图 1-2-5

图 1-2-6

思考与练习

根据图 1-2-7 所提供的头身比例参考，试着将已设计完成的吹号的红军战士试着改为四头身比例的美术风格，如图 1-2-7 所示。

图 1-2-7

项目 2

角色配件的制作

项目导读

通过学习 Maya 多边形建模来制作红军角色配件，根据不同的角色配件来选择不同的多边形建模工具，在表现硬表面模型时可使用 Maya 多边形建模中的插入循环边工具制作卡边效果，表面圆滑的模型使用多边形建模中的细分工具或在使用曲面建模后通过旋转多边形来实现。通过不同模型的实例制作，在项目中更加直观地了解 Maya 建模工具的使用原理和方法，将理论贯穿于实践中，可达到事半功倍的学习效果。

教学目标

★掌握 Maya 多边形建模常用工具的使用方法。

★掌握使用多边形建模和部分曲面建模工具制作模型的技巧。

Maya 基础操作与多边形建模

任务 1 Maya 基础操作与多边形建模

【任务描述】

了解 Maya 的界面，掌握 Maya 的基础操作和多边形建模的命令。

【任务要求】

能够使用 Maya 多边形建模工具制作简单的多边形模型。

【知识链接】

一、Maya 界面布局

首先需要了解 Maya 这款三维动画软件的布局和基本使用方法。Maya 是当今影视行业主流的三维动画制作软件，下面先了解 Maya 软件界面的布局，如图 2-1-1 所示。

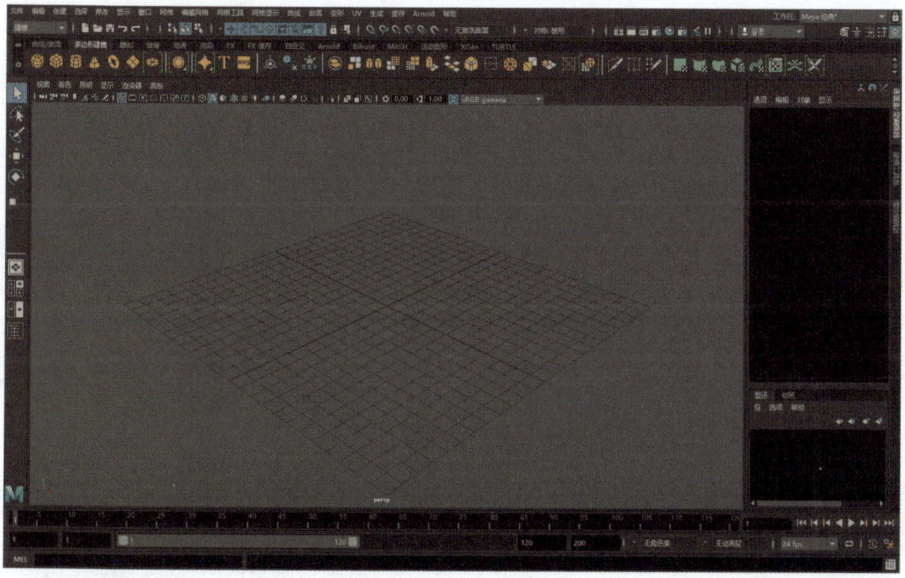

图 2-1-1

（1）菜单栏。打开 Maya 后映入眼帘的便是软件的基础操作界面。最上面一行为菜单栏，如图 2-1-2 所示。

图 2-1-2

Maya 菜单栏集合了所有的工作命令，包括建模、材质、动画、特效等。Maya 的菜单栏有别于其他软件的地方在于菜单栏分为公共菜单栏和模块专属菜单栏两部分。菜单栏的前 7 项为公共菜单栏，即从“文件”菜单到“窗口”菜单为公共菜单，后面的菜单命令会随着模块的变化而产生变化。不同的模块对应不同的模块专属菜单。菜单栏左下方为模块选择窗口，可单击三角图标进行模块切换，如图 2-1-3 所示。

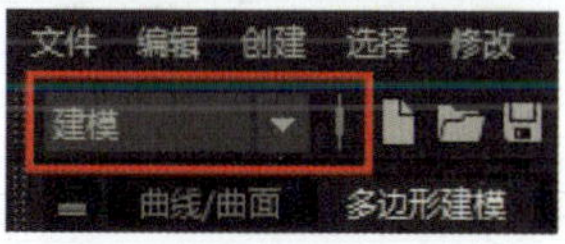

图 2-1-3

（2）状态行。状态行包含许多菜单项的快捷方式，以及用于设置对象选择和捕捉的工具，还提供了快捷选择字段，可对输入的数值进行设置。状态行如图 2-1-4 所示。

图 2-1-4

（3）工具架。工具架中的图标对应菜单栏内的操作命令，是菜单命令的快捷图标，单击相应的图标与单击菜单命令产生相同的作用，如图 2-1-5 所示。此外，工具架可用于设置自定义工具集，从而通过单击即可快速访问该工具集。

图 2-1-5

（4）面板工具栏。面板工具栏位于每个视图框中的面板菜单下方，通过单击按钮，即可轻松访问面板菜单中的许多常用项，如图 2-1-6 所示。通过按 Ctrl+Shift+M 组合键可切换查看工具栏。

图 2-1-6

（5）通道盒。通过通道盒，可以编辑选定对象的基本属性数值并且在基础属性上设置关键帧，如图 2-1-7 所示。

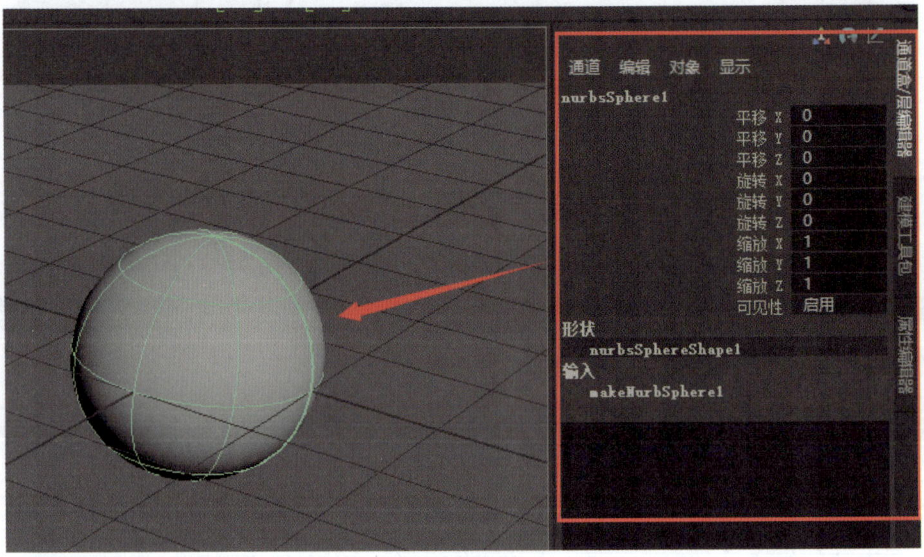

图 2-1-7

（6）图层。Maya 的图层窗口罗列了两种图层（图 2-1-8）：

- 显示层：用于管理图层。
- 动画层：用于混合、锁定或禁用动画的多个级别。

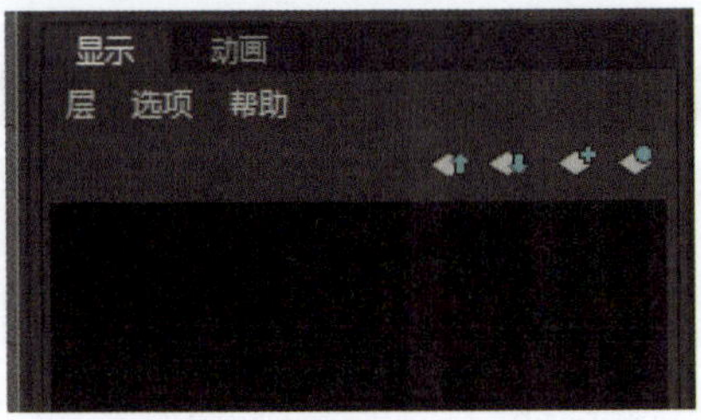

图 2-1-8

（7）标准键盘工具箱。标准键盘热键可以用于执行“选择”（Q）、“移动”（W）、“旋转”（E）、“缩放”（R）和“显示操纵器”（T）等操作，以及访问在场景中最后使用的工具，如图 2-1-9 所示。

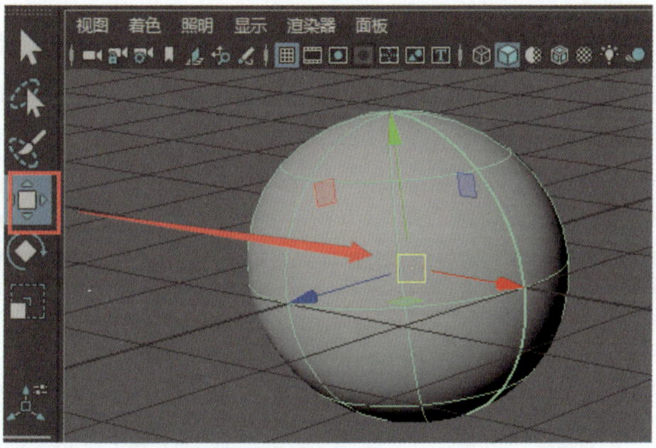

图 2-1-9

图 2-1-10

（8）快速布局按钮。快速布局按钮提供了 Maya 工作区的预定义配置，通过单击这些按钮可以切换不同的窗口布局，如图 2-1-10 所示。此外，在这些按钮上按住鼠标的右键可以在弹出的菜单中访问更多的选项。

（9）帮助行。当在 UI 中的工具和菜单项上滚动时，帮助行显示这些工具和菜单项的简短描述，此外还会显示完成特定工具工作流程所需的步骤。如图 2-1-11 所示，红色框标注部分为帮助行。

图 2-1-11

（10）时间滑块。时间滑块显示范围滑块定义的时间范围、当前时间、选定对象或者角色上的关键帧，也可以用于在整个动画中进行“拖动”。用户设置所有关键帧都会显示在时间滑块上，如图 2-1-12 所示。

图 2-1-12

（11）范围滑块。通过此栏可以设置场景动画的开始时间、结束时间以及播放范围。如图 2-1-13 所示，红色标记为范围滑块。

图 2-1-13

（12）命令行。命令行结构如图 2-1-14 所示。此栏的左侧区域用于输入简单的 MEL 命令（Maya 主要使用 MEL 和 Python 两种语言），可以将写好的 MEL 脚本粘贴在里面执行操作；右侧区域用于显示操作反馈，如果有错误操作，在反馈窗口会出现红色的错误提示。

图 2-1-14

（13）播放。通过播放控件，可以依据时间进行移动、预览时间滑块范围定义的动画，可以对动画进行顺序、倒序，以及前进到下一个关键帧的位置或倒退到上一个关键帧的位置等操作，如图 2-1-15 所示。

图 2-1-15

（14）动画 / 角色。“动画”（Animation）或“角色”（Character）菜单用于快速切换动画层或当前角色集，如图 2-1-16 所示。

图 2-1-16

（15）视图。视图是 Maya 软件的主要构成区域，大部分的操作都在视图中完成。Maya 软件打开后默认为透视图，如图 2-1-17 所示。三维软件区别于二维软件的一个主要标志就是视图的构成，二维软件只有 XY 轴，而三维软件通过软件的计算虚拟出纵深轴 Z 轴，这样物体就有了三轴立体感，而透视图顾名思义，就是展现物体三轴向的视图。

在这个视图里，按 Alt+ 鼠标左键，对视图所在摄像机进行旋转；按 Alt+ 鼠标中键，对视图所在摄像机进行移动；按 Alt+ 鼠标右键，对视图所在摄像机进行推拉。按空格键可切换为四视图，如图 2-1-18 所示，其中除了透视图外，还有顶视图（top）、前视图（front）、侧视图（side），这三个视图为 Maya 中的平面视图，顶视图对应 XZ 轴向，前视图对应 XY 轴向，侧视图对应 YZ 轴向，在平面视图里不能进行摄像机的旋转，只能进行移动和推拉。

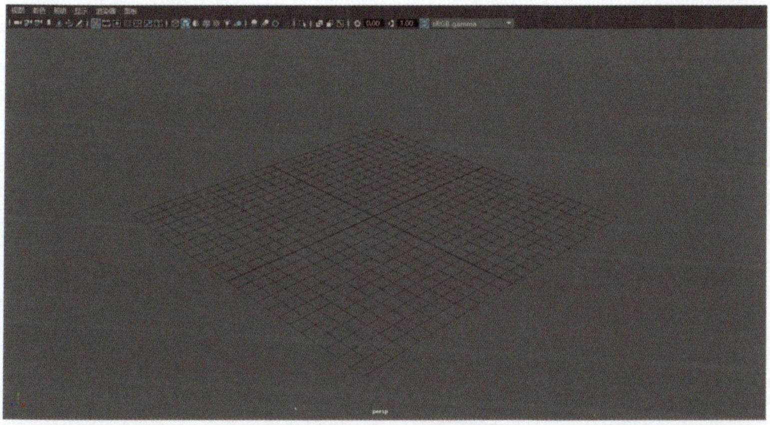

图 2-1-17

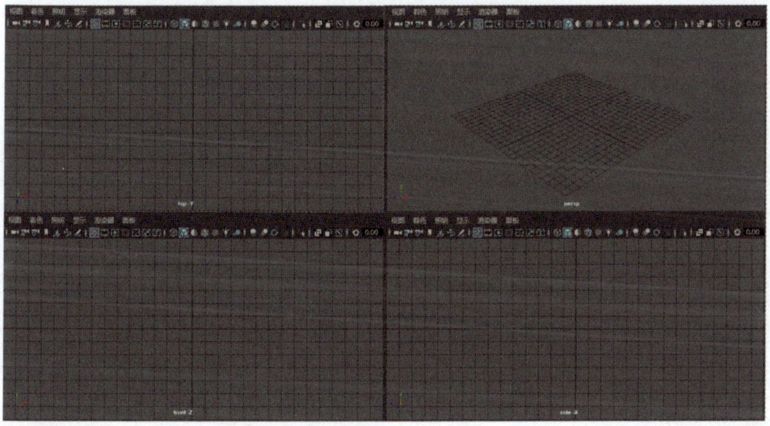

图 2-1-18

二、Maya 多边形建模

1. 多边形基础知识

在 Maya 中，Polygon 多边形是一种典型的几何类型，用户可以用来创建各种三维模型。Polygon 多边形模型具有广泛的用途，如游戏、电影、动画等。Polygon 多边形是一种表面几何体。它是由一系列的三边、四边或多边的空间几何表面构成的，这些几何表面都是直边面。具体来说，Polygon 多边形是由点、线、面组成的。

（1）Vertex（顶点）。Vertex（顶点）是构成多边形对象最基本的元素，是处于三维空间中的一系列点，如图 2-1-19 所示。

（2）Edge（边）。Vertex（顶点）间相互连接形成的直线段就是多边形的 Edge（边）。如图 2-1-20 所示。

（3）Face（面）。在 Polygon 多边形模型中，将三个或三个以上的点用直线连接而形成的闭合图像就是 Face（面），如图 2-1-21 所示。由三条边组成的面称为 Triangles（三边面），由四条边组成的面称为 Quadrilaterals（四边面）。

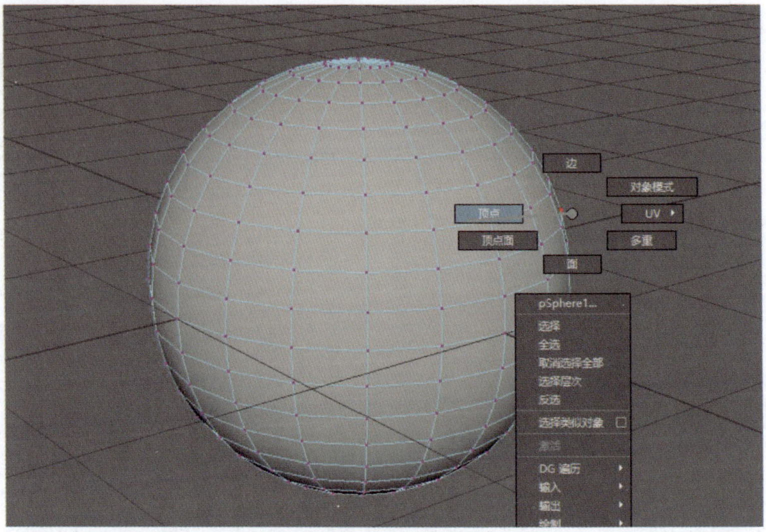

图 2-1-19

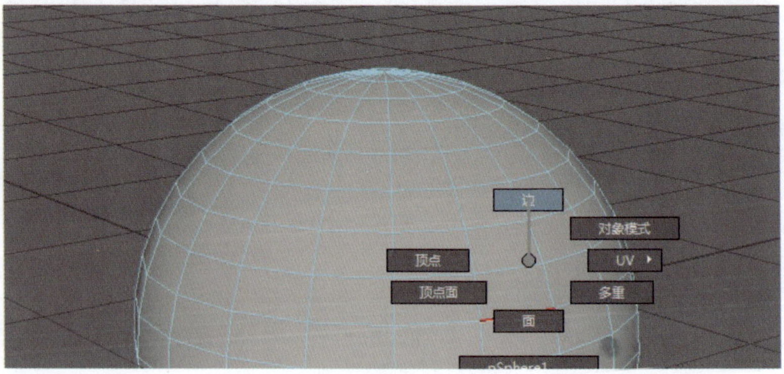

图 2-1-20

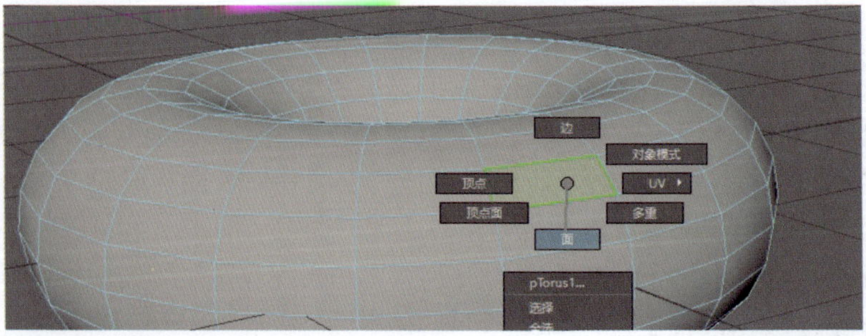

图 2-1-21

2. 创建多边形

多边形的创建有很多模式，如菜单模式、图标模式、快捷模式。

（1）菜单模式。单击“创建”→“多边形基本体”，可以在弹出的列表中选择需要的多边形进行创建如图 2-1-22 所示。

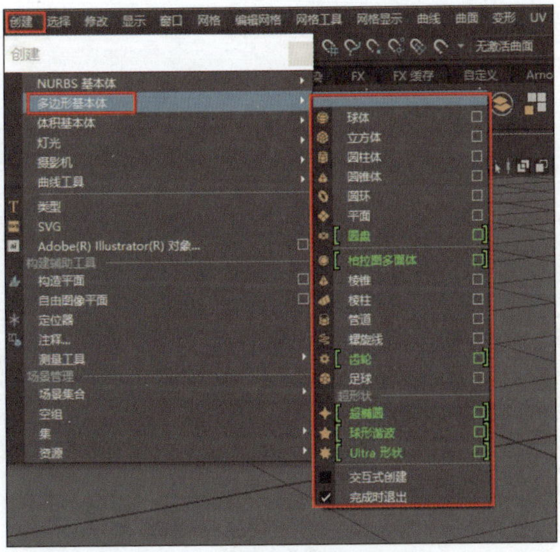

图 2-1-22

（2）图标模式。在工具架上可在“多边形建模”选项卡中选择多边形进行快捷创建，如图 2-1-23 所示。

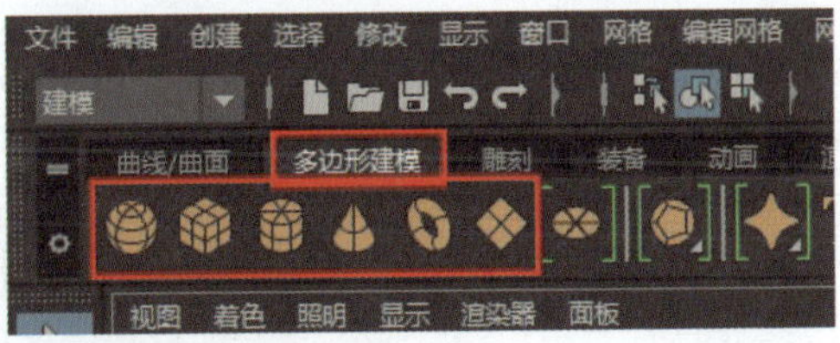

图 2-1-23

（3）快捷模式。在视图中按住 Shift 键可在出现的多边形选项中进行选择创建，如图 2-1-24 所示。其“创建多边形工具”是自由创建各种形状的多边形工具，因该命令创建出来的是平面形状，因此最好在前视图、侧视图、顶视图中进行创建。

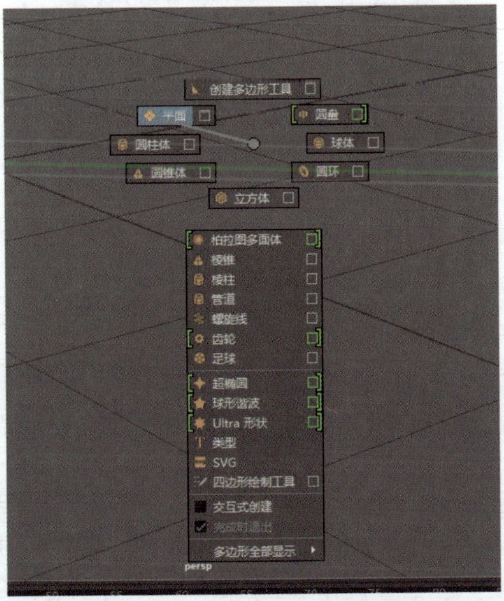

图 2-1-24

基本几何体主要包括球体、立方体、圆柱体、圆锥体、圆环、平面等，如图 2-1-25 所示。

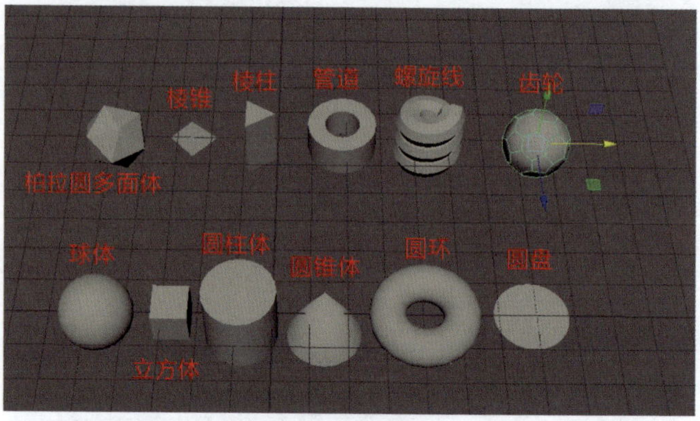

图 2-1-25

3. 网格

网格包含很多命令，单击“网格”菜单，在弹出的列表中可以对这些命令进行选择，如图 2-1-26 所示。

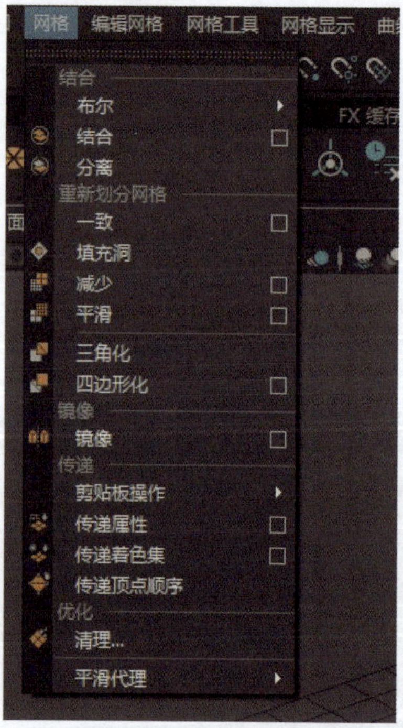

图 2-1-26

“网格”菜单包含的命令有“布尔”“结合”“分离”“一致”“填充洞”“减少”“平滑”“三角化”“四边形化”“镜像”“剪贴板操作”“传递属性”“传递着色集”“传递顶点顺序”“清理”“平滑代理”。下面对这些命令做详细的介绍。

（1）布尔。此命令用于两个表面相交物体的三种布尔运算，即并集、差集、交集，如图 2-1-27 所示。用于布尔运算的两个物体有主次之分，也就是说，运算后保留下哪个物体取决于选择物体时的先后顺序，首先选择的物体为主物体。布尔运算可以快速准确地完成一些用常规工具耗时耗力的工作。

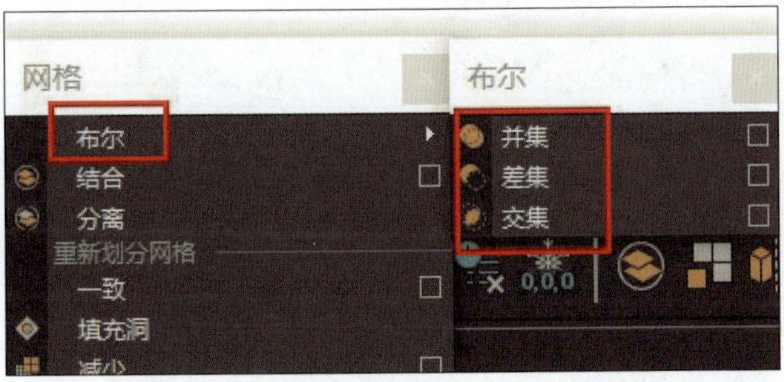

图 2-1-27

并集、差集、交集的效果如图 2-1-28 所示。

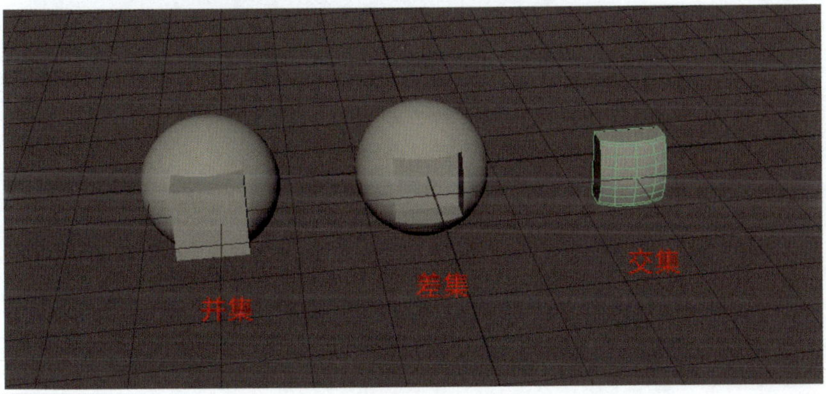

图 2-1-28

（2）结合。此命令用于将不同的两个或多个多边形物体合并成一个多边形物体。与将多个物体合并在一个组不同，执行“结合”命令后的多个物体只拥有唯一的中心点，如图 2-1-29 所示。

（3）分离。此命令用于将包含多个独立物体的单一多边形物体分成多个物体。“分离”命令可以看作“结合”命令的反向操作，将执行“结合”命令后的物体再分离开，如图 2-1-30 所示。

（4）一致。此命令将一个对象的顶点折绕到另一个对象的曲面。

（5）填充洞。此命令可以填充多边形网格中不存在多边形的区域，前提是该区域以三个或更多的多边形边为边界。“填充洞”命令可创建具有三个或多个边的多边形面来填充选定的区域，如图 2-1-31 所示。

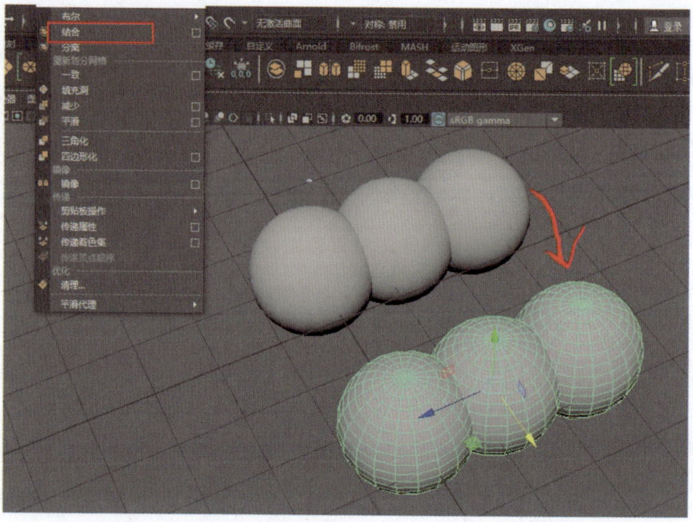

图 2-1-29

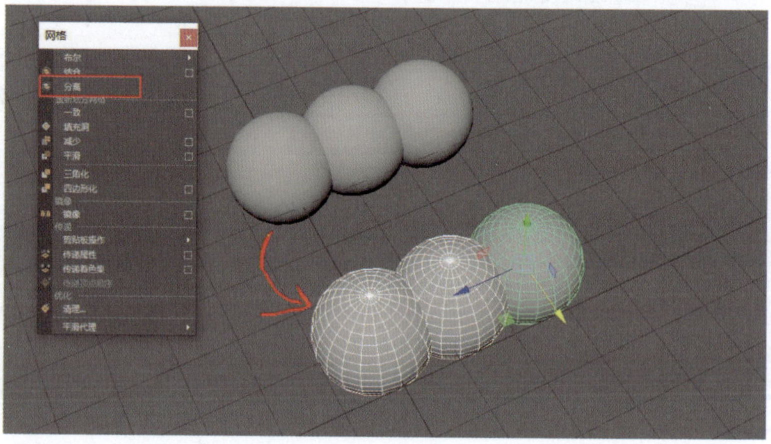

图 2-1-30

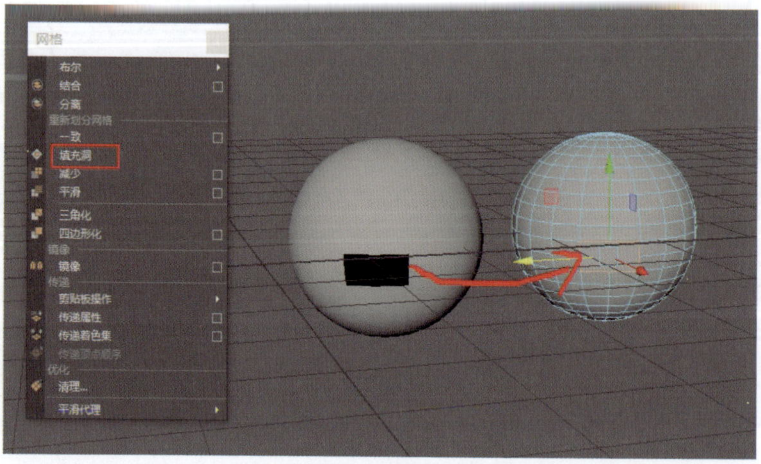

图 2-1-31

（6）减少。此命令用于减少多边形网格中选定区域的多边形数，也可以在选择要减少区域的时候考虑 UV 和顶点颜色。多边形减少量将通过创建的 PolyReduce 节点进行控制。通过此功能，可以尝试不同量的融合减少，并在希望多边形网格恢复为其减少前状态时将所有减少操作完全删除。此功能还可以保持原始顶点位置，尽可能降低因减少导致的网格整体形变。具体操作步骤为可选择“网格工具”→“绘制减少权重工具”→“绘制多边形减少量”。

（7）平滑。此命令用于对物体进行光滑运算，使物体表面看起来更柔和。“平滑”命令一般用于模型制作的最后部分，当基本布线完成后，通过“平滑”命令使模型表面过渡柔和，进而更接近生物的特性。“平滑”命令分为“指数”模式和“线性”模式两种。在“指数控制”栏下的“分段级别”选项用来设置细分次数，该数值越高，物体表面越光滑，如图 2-1-32 所示。

图 2-1-32

（8）三角化。此命令可将现有多边形转换为三角形，如图 2-1-33 所示。

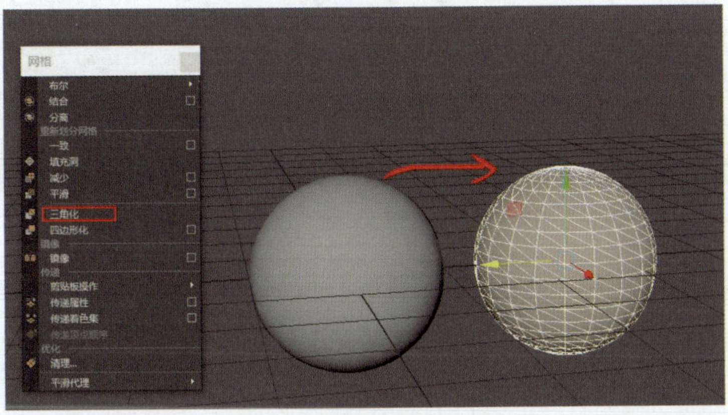

图 2-1-33

（9）四边形化。此命令可将现有多边形转换为四边形，如图 2-1-34 所示。单击“网格”→“四边形化”，可对转换的四边形进行设置。

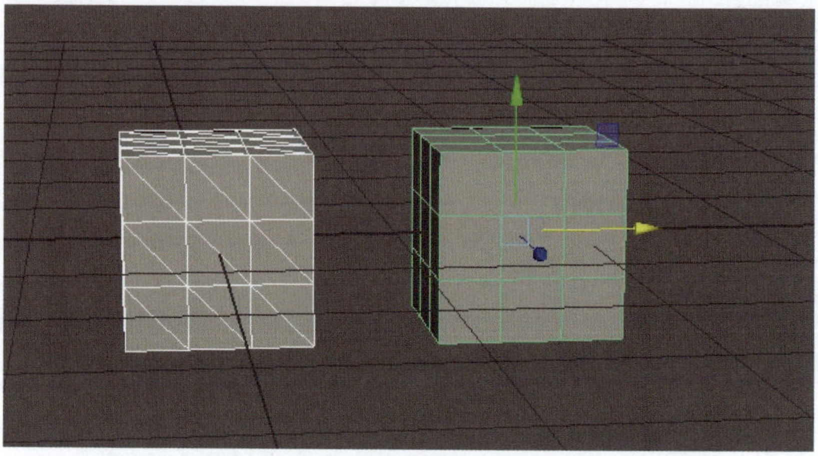

图 2-1-34

（10）镜像。此命令可实现跨对称轴镜像选定对象。单击“网格”→“镜像”，可设置镜像选项对称，如图 2-1-35 所示。如果启用了拓扑对称，则可跨对称轴复制选定的网格拓扑。

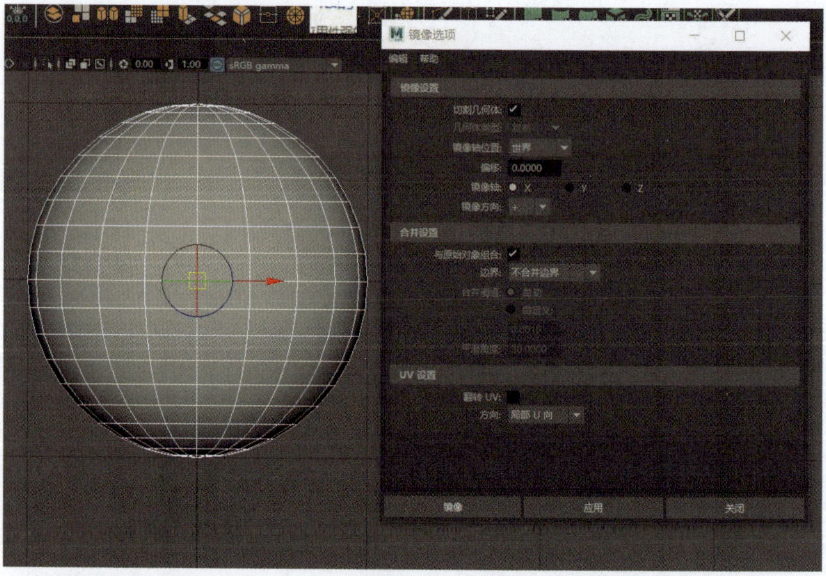

图 2-1-35

（11）剪贴板操作此命令包含“复制属性”“粘贴属性”“清空剪贴板”3 个命令，如图 2-1-36 所示。

- 复制属性：此命令允许通过将属性复制到临时剪贴板的方式来将 UV、着色器和逐顶点颜色属性从一个多边形网格复制到另一个多边形网格。可以设定复制功能，使其复制一个属性或同时复制所有属性。单击“网格”→“剪贴板操作”→“复制属性”，则可设置属性选项。

- 粘贴属性：此命令允许将从一个多边形网格复制的任何 UV、着色器和逐顶点颜色属性粘贴到临时剪贴板。可以将粘贴功能设定为粘贴一个属性，从而复制操作其属性。
- 清空剪贴板：此命令会清空保存在剪贴板的所有多边形属性，以便随后可以在多边形网格之间复制和粘贴新属性。有以上需求时，请单击“清空剪贴板”选项来指定要清空的属性。

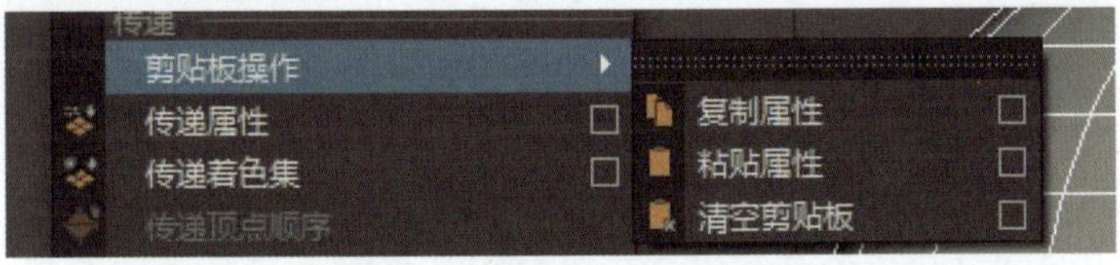

图 2-1-36

（12）传递属性。此命令会在具有不同拓扑的网格间传递 UV、逐顶点颜色和顶点位置信息（不同网格具有不同的形状，且顶点和边都不相同）。此命令通过对源网格上的顶点信息进行采样来传递顶点数据，然后基于空间的比较将信息传递给指定的目标网格，从而实现对目标网格的修改。单击“网格”→“传递属性”，可设置传递属性选项，如图 2-1-37 所示。

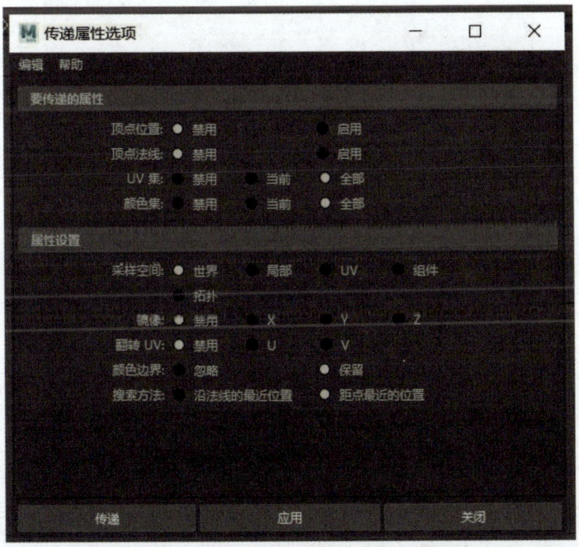

图 2-1-37

（13）传递着色集。使用传递着色集工具可以在具有不同拓扑的两个对象之间传递着色指定数据。例如，可以将着色指定数据从立方体传递到球体，类似位置的面会被指定相同的着色数据。单击“网格”→“传递着色集”，则可设置传递着色集选项，如图 2-1-38 所示。

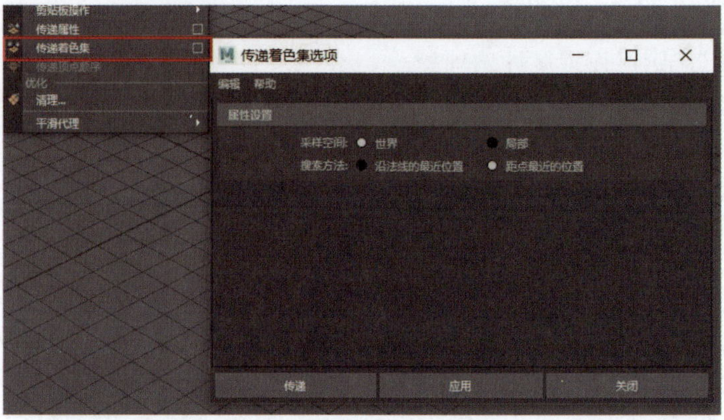

图 2-1-38

（14）传递顶点顺序。此命令可用于将顶点 ID 顺序从一个对象传递到另一个对象。

（15）清理。通过对此命令进行设置，可标识和移除无关且无效的多边形几何体，如图 2-1-39 所示。

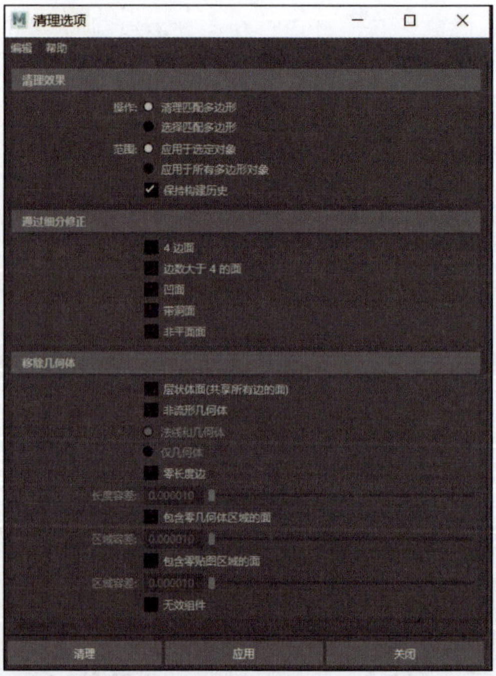

图 2-1-39

（16）平滑代理。此命令包含“细分曲面代理”“移除细分曲面代理镜像”“折痕工具”“切换代理显示”“代理和细分曲面同时显示”5 个命令，如图 2-1-40 所示。

- 细分曲面代理：通过添加平滑选定多边形，并将原始未平滑网格作为代理。此时会在代理和平滑版本的网格之间建立节点连接，这样对代理形状或拓扑所做的更改会更新到平滑版本的网格中。在对较粗糙版本的多边形模型重新定形、设定动画并同时查看平滑版本的外观时，“细分曲面代理”命令非常有用。

- 移除细分曲面代理镜像：移除“细分曲面代理”命令创建的平滑网格，并将代理网格的两半组合为单个网格。对网格的一半进行的调整将不再自动镜像到另一半上。通过单击“网格”→“平滑代理”→“细分曲面代理”创建对称模型后，使用“移除细分曲面代理镜像”命令移除平滑网格。然后使用“细分曲面代理”命令可通过非对称方式设置创建动画的平滑网格。
- 折痕工具：选择要设置折痕的组件，然后拖动鼠标中键编辑折痕值。
- 切换代理显示：此命令用于在法线多边形显示和平滑细分曲面代理版本之间切换细分曲面代理对象的显示。在对多边形曲面建模并希望在任意模式之间快速切换以预览时，可在细分曲面代理和法线多边形显示模式之间进行切换。也可以使用 Ctrl+ 热键切换此显示模式。
- 代理和细分曲面同时显示：同时显示代理网格和细分曲面网格。还可以使用“~”热键控制该显示模式。

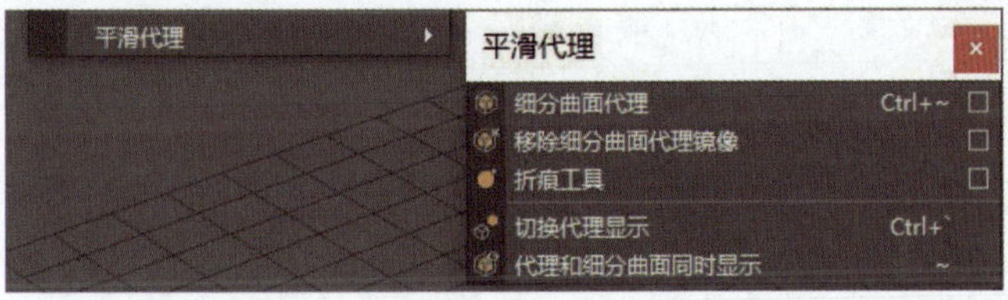

图 2-1-40

4. 编辑网格

在制作模型中，实现编辑和改变多边形的形状功能时通常使用“编辑网格”菜单中的命令。单击“编辑网格”菜单，在弹出的列表中显示的命令如图 2-1-41 所示。

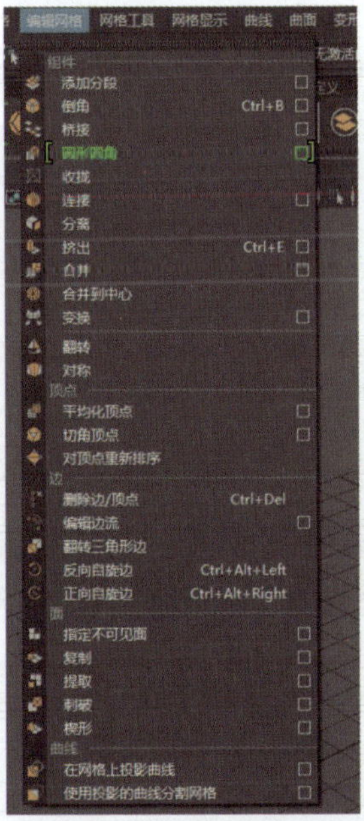

图 2-1-41

“编辑网格”菜单包含的命令有“添加分段”“倒角”“桥接”“圆形圆角”“收拢”“连接”“分离”“挤出”“合并”“合并到中心”“变换”“翻转”“对称”“平均化顶点”“切角顶点”“对顶点重新排序”“删除边 / 顶点”“编辑边流”“翻转三角形边”“反向自旋边”“正向自旋边”“指定不可见面”“复制”“提取”“刺破”“楔形”“在网格上投影曲线”“使用投影的曲线分割网格”。下面对这些命令做详细介绍。

（1）添加分段。此命令将选定的多边形组件分割为较小的组件。在需要以全局方式或本地化方式将细节添加到现有多边形网格时，“添加分段”命令将非常有用。多边形面可以拆分为三角形或四边形（图 2-1-42）。边可以进行细分，这样就可以增加面的边数。

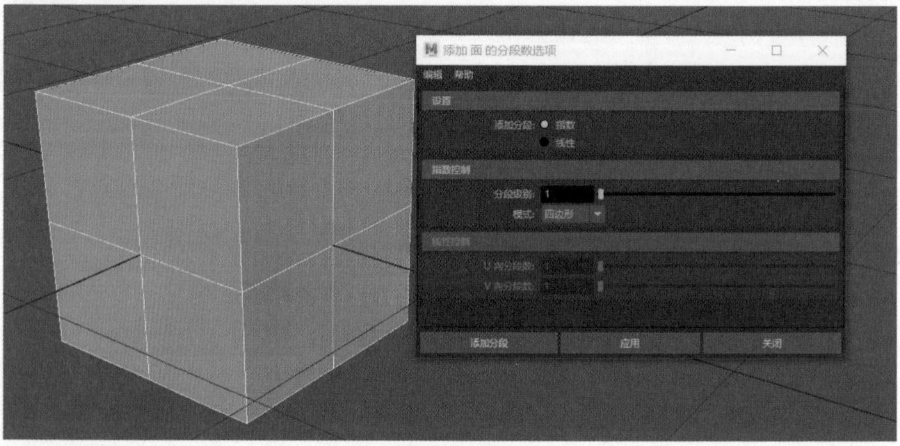

图 2-1-42

（2）倒角。此命令沿当前选定的边或者面创建倒角多边形。单击“编辑网格”→“倒角”，则可设置倒角选项，如图 2-1-43 所示。

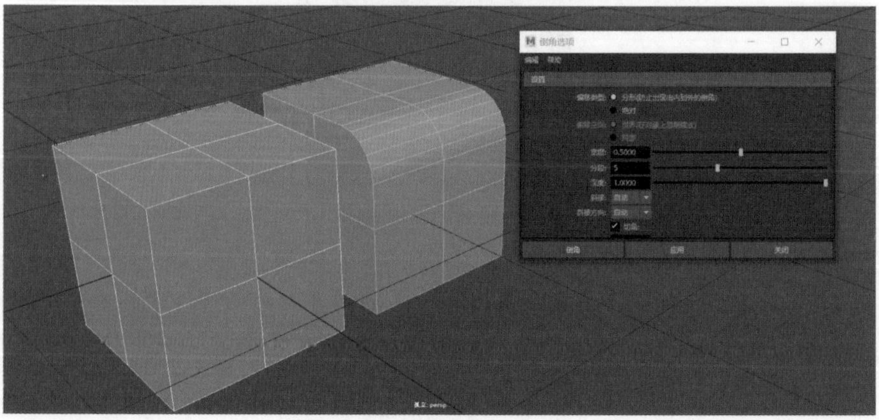

图 2-1-43

（3）桥接。此命令用于在现有多边形网格上选定的成对边界之间构造桥接多边形网格。生成的桥接多边形网格与原始多边形网格组合在一起，且它们的边会进行合并。单击“编辑网格”→“桥接”，则可设置桥接选项，如图 2-1-44 所示。

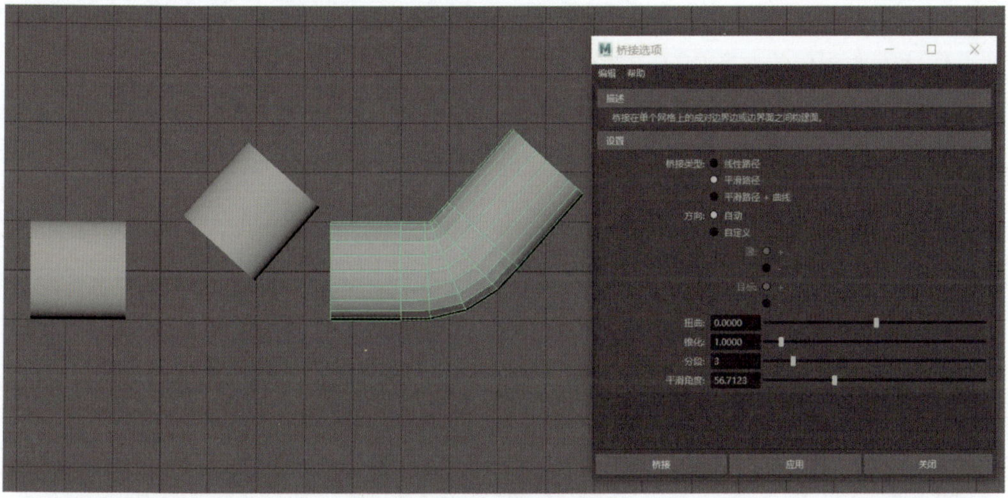

图 2-1-44

（4）圆形圆角。此命令将当前选择的组件（顶点、边或面）重新组织为完美的几何圆形。单击“编辑网格”→“圆形圆角”，以设置圆形化选项。

（5）收拢。此命令按组件基础使组件的边收拢，然后单独合并每个收拢边关联的顶点。此收拢功能还适用于面，但在用于边时能够产生更理想的效果，如图 2-1-45 所示。

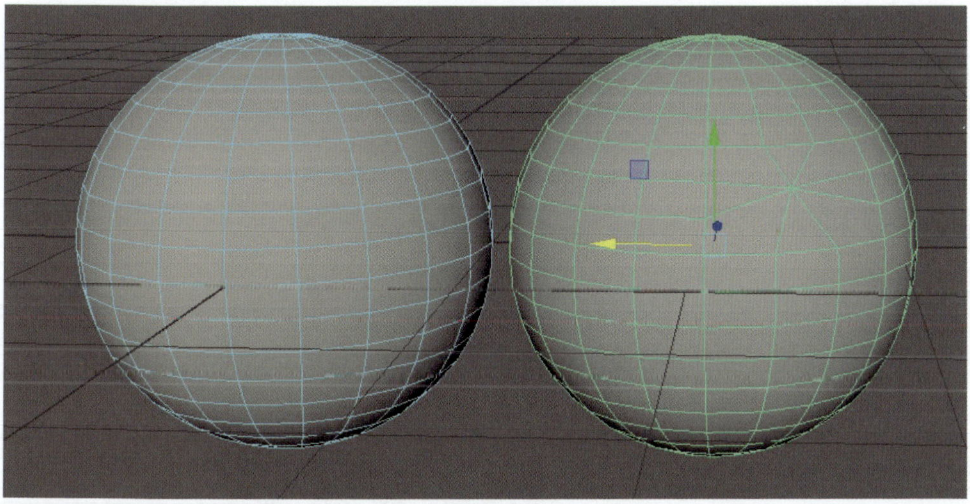

图 2-1-45

（6）连接。选择顶点或边后，此命令会通过边将其连接。顶点将直接连接到连接边，而边将在其中点处进行连接。单击“编辑网格”→“连接”，以设置连接选项。连接后的效果如图 2-1-46 所示。

（7）分离。选择顶点后，根据顶点共享的面的数目，此命令会将多个面共享的所有选定顶点拆分为多个顶点（图 2-1-47）。因此，与顶点关联的面的边成为未共享的边。选定面时，此命令将沿其周长边分离面选择。选择边后，此命令将选定的边拆分为两条重叠的边。如果对边的路径执行此操作，则沿该路径的顶点也将拆分。位于每个选择末端的顶点保持附加到新的两条边或边的路径。

注：“分离”会忽略未共享的任何顶点。

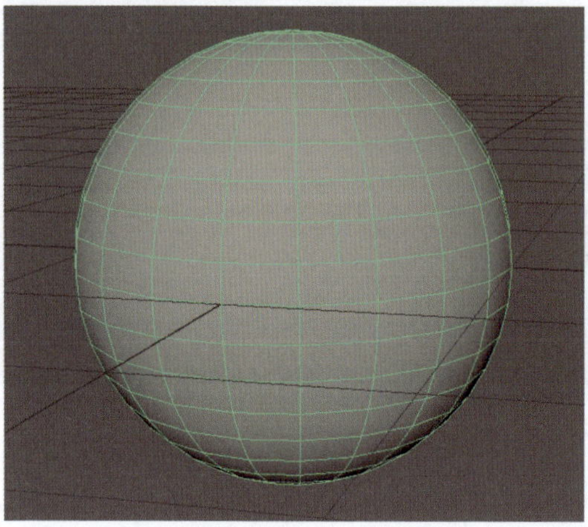

图 2-1-46

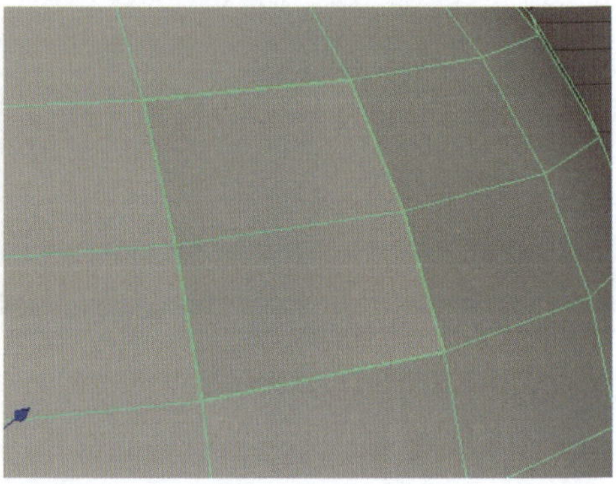

图 2-1-47

（8）挤出。此命令用于变换和重新定形新多边形（图 2-1-48），从现有面、边或顶点拉出新的多边形，就像从选定的原始面、边或顶点拉出它们一样。单击“编辑网格”→“挤出”，以设置挤出选项。

注：只要“显示操纵器工具”显示出来，通过按 Ctrl+Shift 组合键并在对象上右击来使用“挤出”命令，就可以启用和禁用“保持面的连接性”设置项。

图 2-1-48

（9）合并。合并用于彼此指定的阈值距离内的选定边和顶点（图 2-1-49）。例如，将两个选定边合并为一个共享边。单击“编辑网格”→“合并”，以设置合并选项。

（10）合并到中心。此命令可合并选定顶点，使它们成为共享顶点，并且还会合并任何关联的面和边。生成的共享顶点位于原始选择的中心。

注：“合并到中心”命令可基于选择的中心合并到某个中心点。如果要按组件收拢边，请选定边，再选择“编辑网格”→“收拢”命令，或从标记菜单中选择“合并”→“收拢边”→“收拢边”。（若要打开标记菜单，请按住 Shift 键并在边上右击）。

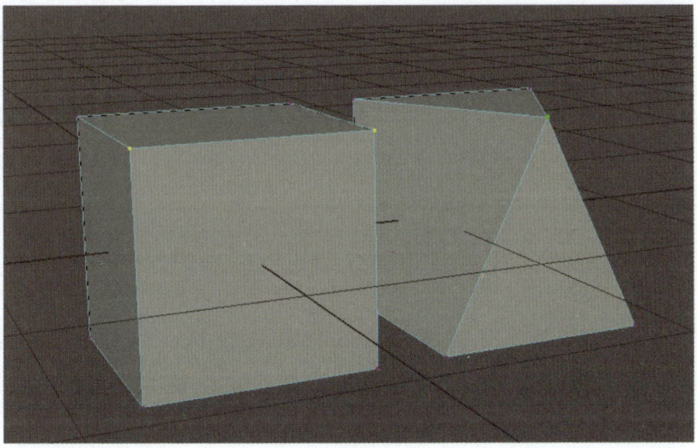

图 2-1-49

（11）变换。使用“变换”命令可以在创建历史节点时相对于法线移动、旋转或缩放多边形组件（边、顶点、面和 UV）。单击“编辑网格”→“变换”以设置变换选项。

（12）翻转。使用选定组件的镜像组件沿对称轴交换选定组件的位置。

（13）对称。将组件沿对称轴移动到相应组件的镜像位置。

（14）平均化顶点。此命令通过移动顶点的位置平滑多边形网格。与“平滑”命令不同，“平均化顶点”命令不增加网格中的多边形数量。单击“编辑网格”→“平均化顶点”以设置平均化顶点选项。

（15）切角顶点。此命令将一个顶点替换为一个平坦多边形面（图 2-1-50）。单击“编辑网格”→“切角顶点”以设置切角顶点选项。

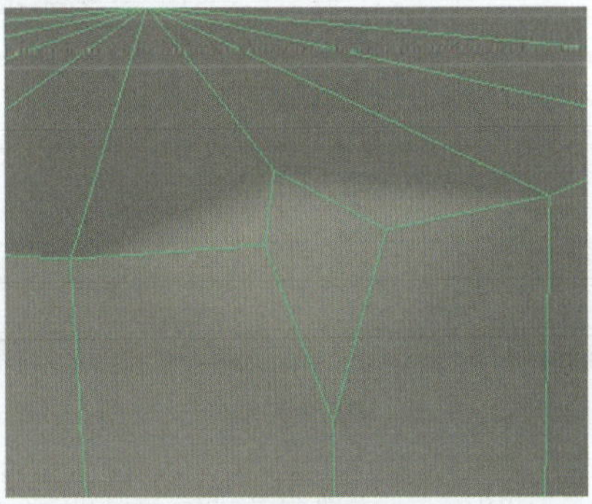

图 2-1-50

（16）对顶点重新排序。此命令用于对多边形对象上的顶点 ID 进行重新排序。

（17）删除边 / 顶点。此命令根据选定的组件，从多边形网格中删除突出的边或顶点。

当选中顶点后，它将从网格删除任何选中的共享顶点，与选中顶点相关联的共享边也将被移除。已被移除的顶点和边周围的面将替换为由已被删除的顶点所构成的单个 n 边多边形。选定边时，将删除网格中选中的所有共享边以及与已被删除边有关的所有共享顶点。普通的删除组件功能只删除了边，并没有删顶点。

提示：可以按 Ctrl + Delete 组合键或按 Ctrl + Backspace 组合键快速删除组件。

（18）编辑边流。此命令用于更改现有边以遵循曲率连续性。单击“编辑网格”→“编辑边流”以设置编辑边流选项。

（19）翻转三角形边。变换拆分两个三角形的边，使其连接两个三角形的对角。

注：多边形处于“边”模式时，可通过按住 Shift 键右，从标记菜单中选择“翻转 / 自旋边”命令。

（20）反向自旋边。此命令按与其缠绕方向相反的方向自旋选定边，这样可以一次性更改其连接顶点。

（21）正向自旋边。此命令按其缠绕方向自旋选定边，这样可以一次性更改其连接顶点。为了能够自旋这些边，它们必须仅附加到两个面。如果多次自旋边，则 Maya 会编辑现有历史节点的偏移属性。自旋边时，不会影响顶点 ID 或边 ID，但是，相邻的面将随边一起旋转。

（22）指定不可见面。此命令将选定面切换为不可见。指定为不可见的面不会显示在场景中，但是，这些面仍然存在，用户仍然可以对其执行操作。单击“编辑网格”→“指定不可见面”以设置指定不可见面选项。

（23）复制。此命令可以将选择的面进行复制并单独分离（图 2-1-51）。单击“编辑网格”→“复制”以设置复制选项。

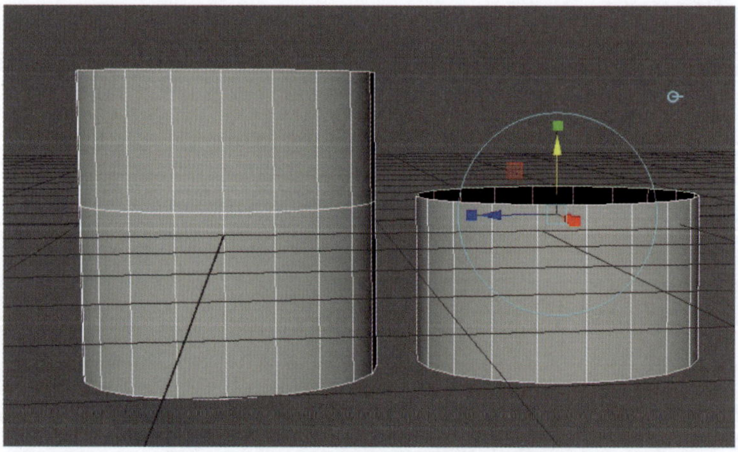

图 2-1-51

（24）提取。此命令从关联网格中分离选定面，提取的面成为现有网格内单独的壳（图 2-1-52）。如果在对象模式下选择网格，网格和提取的所有面都将选定。单击“编辑网格”→“提取”以设置提取选项。

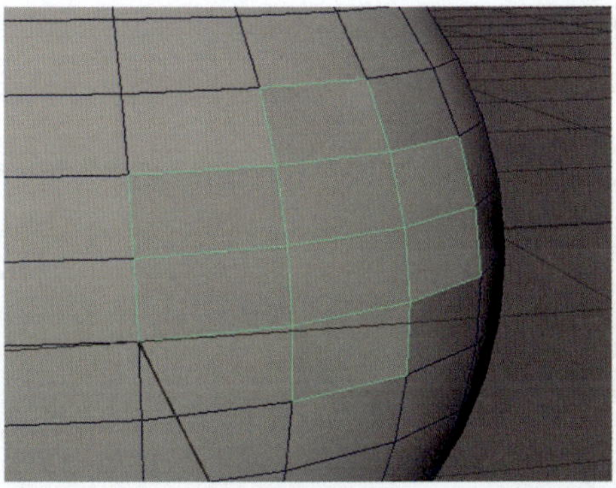

图 2-1-52

（25）刺破。此命令分割选定面以推动或拉动原始多边形的中心。例如，将四边多边形（四边形）分割为 4 个三边多边形（一个共享顶点在中间）（图 2-1-53）。在“刺破”操作后显示一个操纵器，用于进一步变换顶点。单击“编辑网格”→“刺破”以设置刺破选项。

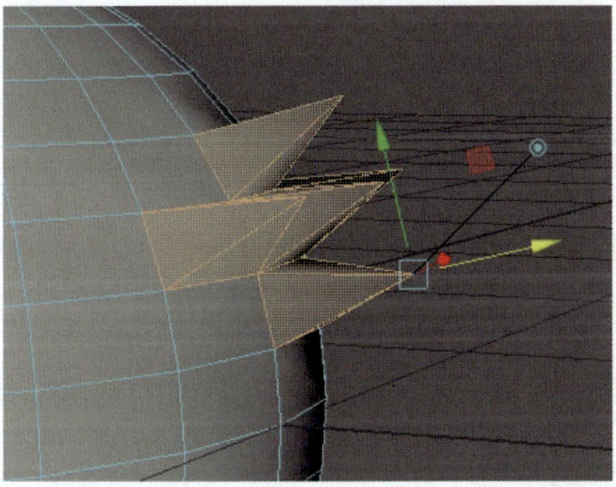

图 2-1-53

（26）楔形。拉动现有面创建新多边形的一个弧。单击“编辑网格”→“楔形”以设置楔形面选项，如图 2-1-54 所示。

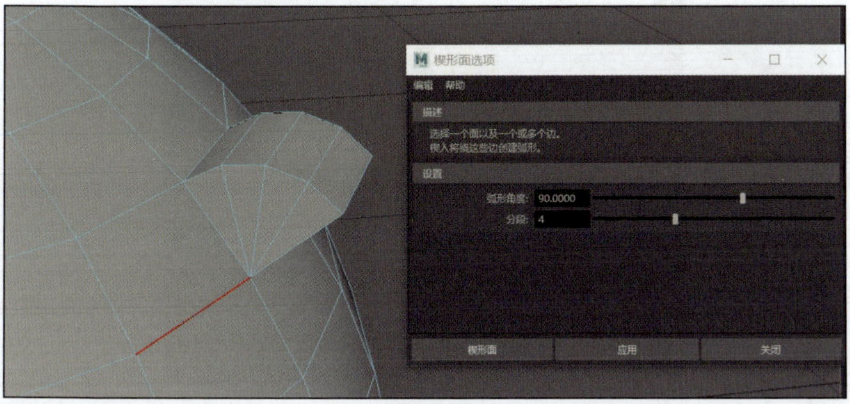

图 2-1-54

（27）在网格上投影曲线。此命令将曲线投影到多边形曲面上。单击“编辑网格”→“在网格上投影曲线”以设置在网格上投影曲线选项，如图 2-1-55 所示。

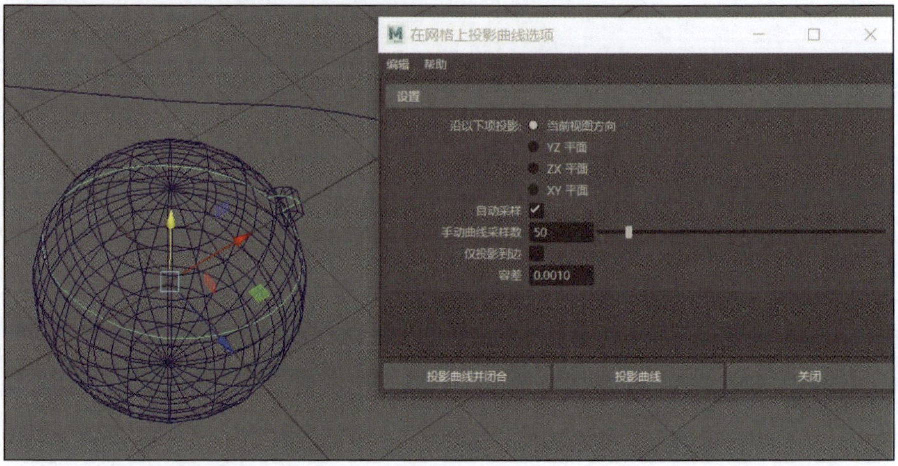

图 2-1-55

（28）使用投影的曲线分割网格。此命令在多边形曲面上分割或分割并分离边。单击“编辑网格”→“使用投影的曲线分割网格”以设置使用投影的曲线分割网格选项。

5. 网格工具

（1）显示 / 隐藏建模工具包。此命令用于显示或隐藏“建模工具包”界面。如图 2-1-56 所示。

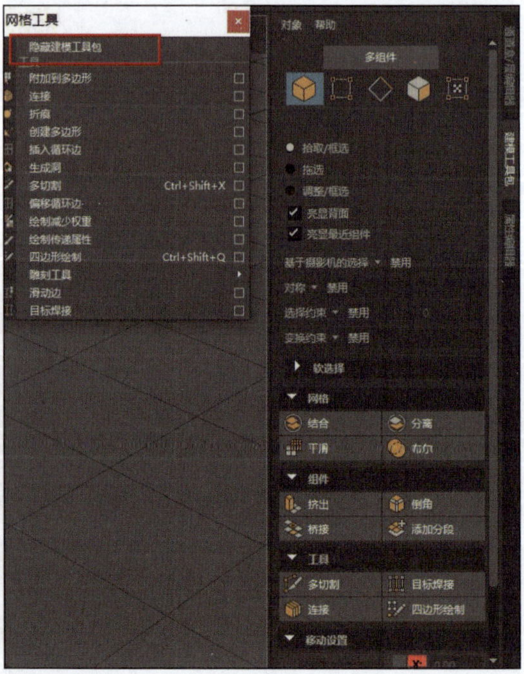

图 2-1-56

（2）附加到多边形。使用该命令可以将多边形添加到现有网格，并将多边形边用作起始点（图 2-1-57）。单击“网格工具”→“附加到多边形”，可设置附加到多边形工具选项。

图 2-1-57

（3）连接。此命令可以通过其他边连接顶点和边（图 2-1-58）。单击“网格工具”→“连接”，可设置连接工具选项。

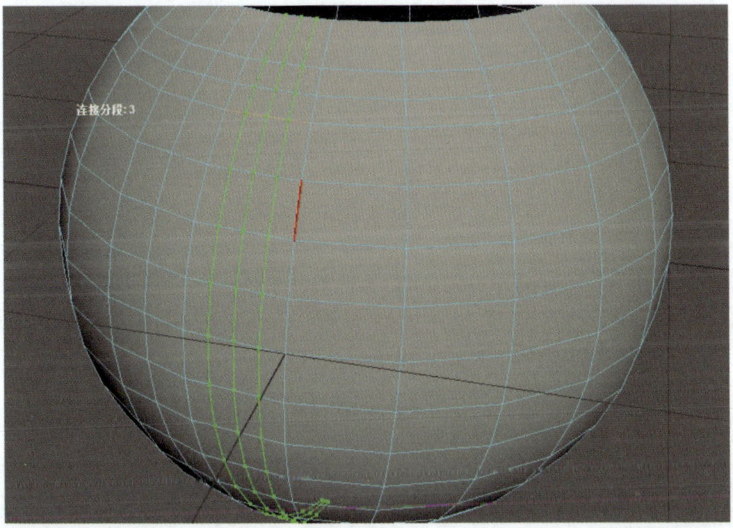

图 2-1-58

（4）折痕。此命令允许在多边形网格上使边和顶点起折痕（图 2-1-59）。可以使用折痕工具修改多边形网格，并获取在硬和平滑之间过渡的形状，而不会过度增大基础网格的分辨率。单击“网格工具”→“折痕”，可设置折痕工具选项。

注：处于边或顶点选择模式时，在按住 Shift 键的同时在对象上右击可打开“折痕”工具。

（5）创建多边形。此命令可以通过在场景视图中放置顶点来创建单独的多边形（图 2-1-60）。单击“网格工具”→“创建多边形”，可设置创建多边形工具选项。

（6）插入循环边。此命令允许在多边形网格的整个或部分环形边上插入一个或多个循环边（图 2-1-61）。循环边是由其共享顶点按顺序连接的多边形边的路径。单击“网格工具”→“插入循环边”，可设置插入循环边工具选项。

图 2-1-59

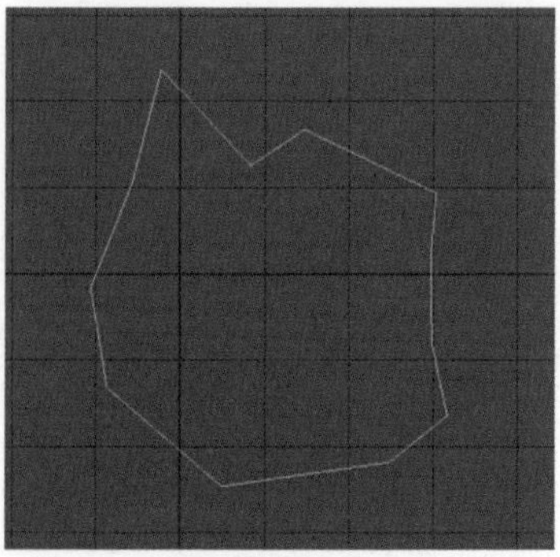

图 2-1-60

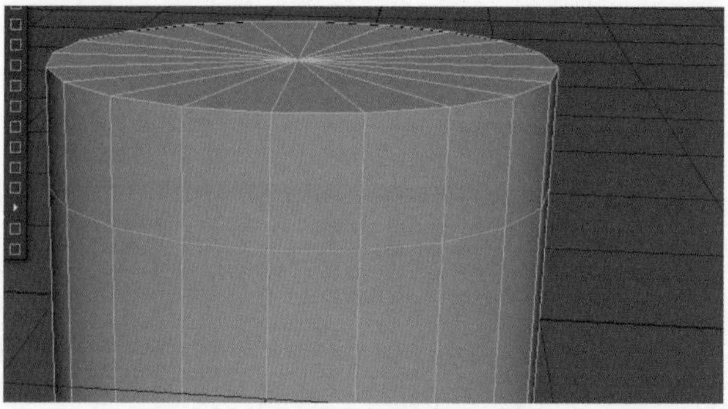

图 2-1-61

（7）生成洞。此命令允许在多边形的一个面中创建一个洞，也可以在另一个面的图形中创建一个洞。单击“网格工具”→“生成洞”，可设置生成洞工具选项，如图 2-1-62 所示。

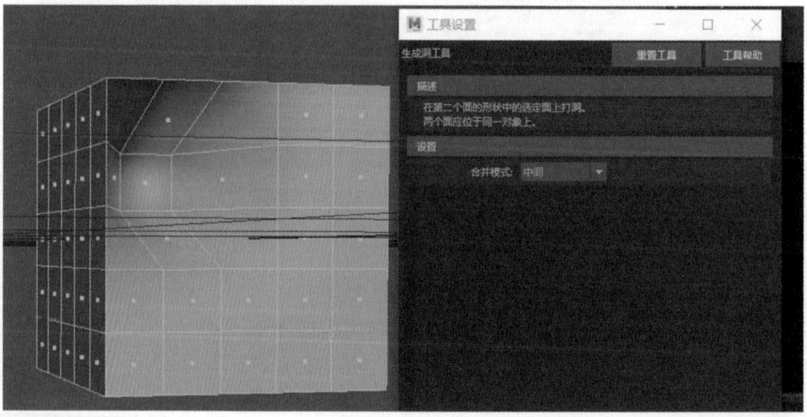

图 2-1-62

（8）多切割。此命令允许对循环边进行切割、切片和插入。使用该命令可以沿着切割提取或删除边，通过边流和细分插入循环边和切割，并在“平滑网格预览”模式下进行编辑。单击“网格工具”→“多切割”，可设置多切割工具选项，如图 2-1-63 所示。

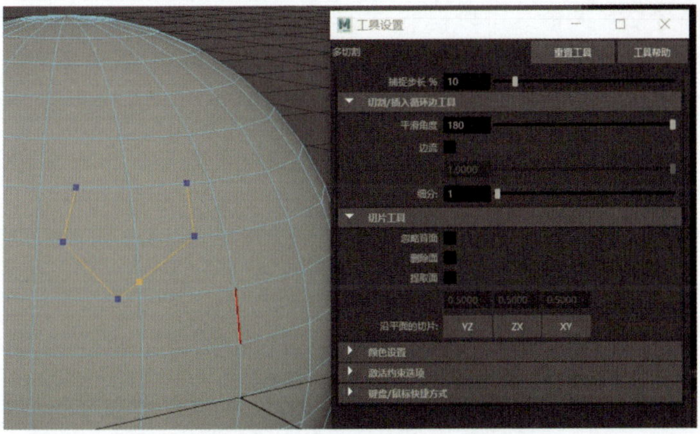

图 2-1-63

（9）偏移循环边。此命令允许在所选的任何边的任一侧上插入两个循环边。循环边形成的平行边线可穿越边选择的范围。在单一边的两侧或边线上向多边形网格添加本地化详细信息时，以这种方式复制边非常有效。单击“网格工具”→“偏移循环边”，可设置偏移循环边工具选项，如图 2-1-64 所示。

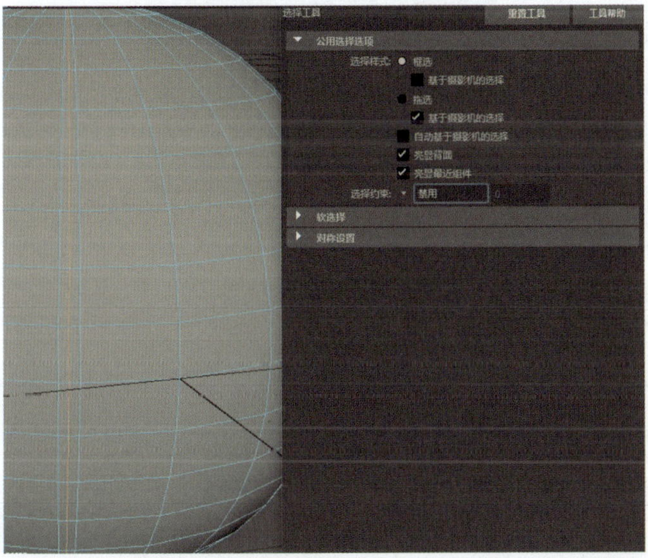

图 2-1-64

（10）绘制减少权重。此命令允许在网格绘制区域以指定要减少多边形的位置。“绘制减少权重”命令与“减少”命令一起使用时，可以在保留原始图形的同时，减少网格中的多边形数量。“减少”命令的详细内容请参见“网格”菜单下的“减少”命令相关部分。单击“网格工具”→“绘制减少权重”，可设置绘制减少权重选项。

（11）绘制传递属性。此命令允许基于每个顶点混合源和目标的属性值控制任意网格对结果变形的影响。其中，混合操作由 Artisan 笔刷工具在网格上绘制的属性贴图控制。单击“网格工具”→“绘制传递属性”，可设置绘制传递属性选项。

（12）四边形绘制。此命令可以自然、有机的方式进行建模，这为重新拓扑网格提供了一个简化的单工具工作流。使用“四边形绘制”命令可以重新拓扑网格。

（13）雕刻工具。此命令允许雕刻虚拟 3D 曲面，类似于在黏土或其他建模材质上雕刻真正的 3D 对象，“雕刻工具”命令不是使用黏土，而是使用多边形构建虚拟 3D 曲面。单击“网格工具”→“雕刻工具”，选择工具名称，可设置对应的雕刻工具，如图 2-1-65 所示。

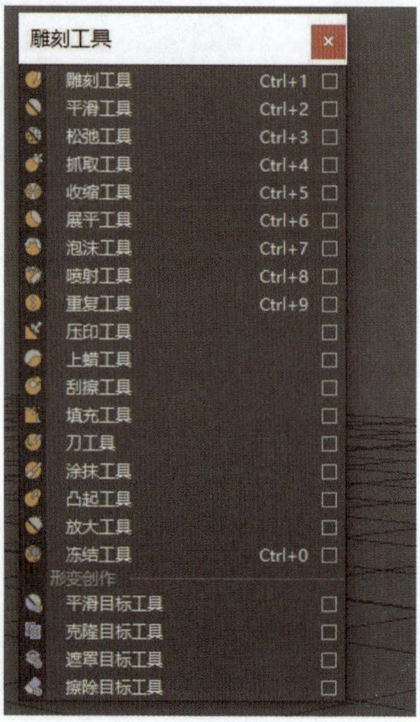

图 2-1-65

（14）滑动边。此命令允许重新定位多边形网格上的边或选择整个循环边（图 2-1-66）。可以在按住 Shift 键的同时逐个选择边，或者双击某个边以选择整个循环边，然后使用鼠标中键拖动以滑动选定边，与选定边关联的顶点沿它们的共享垂直边移动。或者，可以按住 Shift 键并使用鼠标中键拖动，以沿每个顶点法线移动边 / 循环边。单击“网格工具”→“滑动边”，可设置滑动边选项。

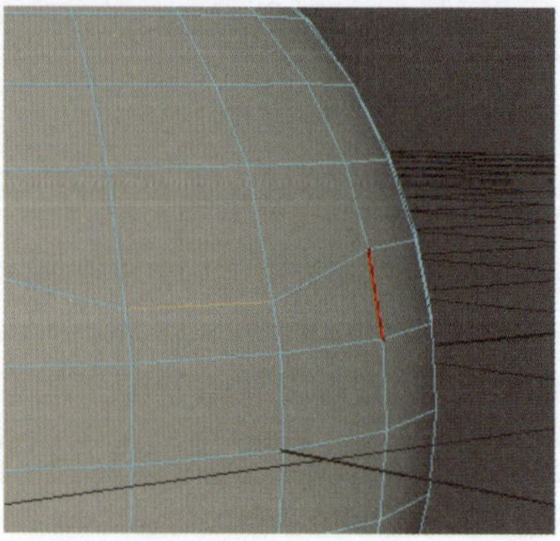

图 2-1-66

（15）目标焊接。此命令允许合并顶点或边以在它们之间创建共享顶点或边（图 2-1-67）。该命令只能在组件属于同一网格时进行合并。单击“网格工具”→“目标焊接”，可设置目标焊接工具选项。

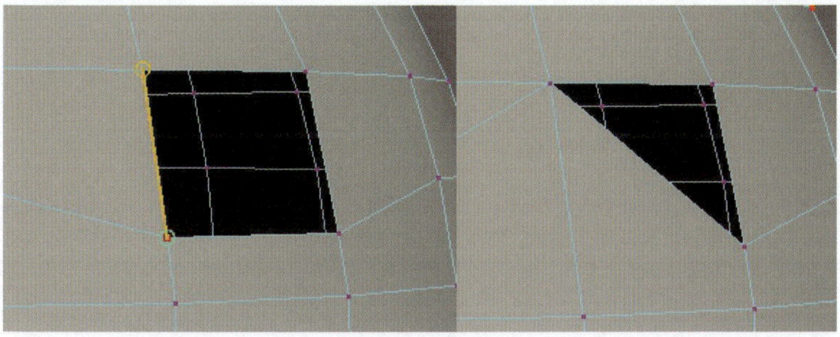

图 2-1-67

6. 网格显示

（1）平均。此命令用于平均化顶点法线的方向。该操作将影响已进行着色的多边形的外观。单击“网格显示”→“平均”以设置平均选项。

（2）一致。此命令用于统一选定多边形网格的曲面法线方向。生成的曲面法线方向将基于网格中共享的大多数面的方向。

（3）反转。此命令用于反转选定多边形上的法线（图 2-1-68），也可以指定是否反转用户定义的法线。单击“网格显示”→“反转”，可设置反转选项。

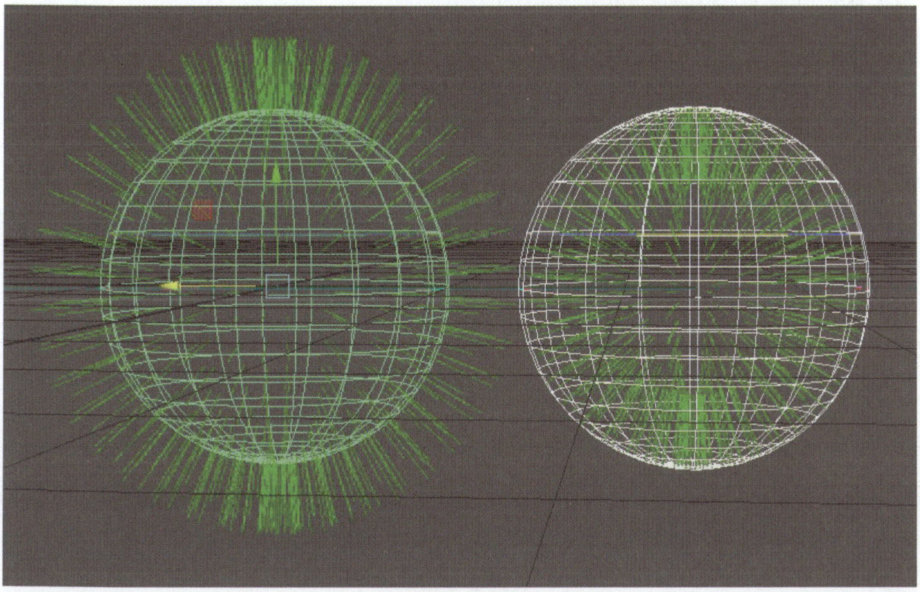

图 2-1-68

（4）设置为面。此命令允许将顶点法线设置为与面法线相同的方向（图 2-1-69）。单击“网格显示”→“设置为面”，可设置设置为面选项。

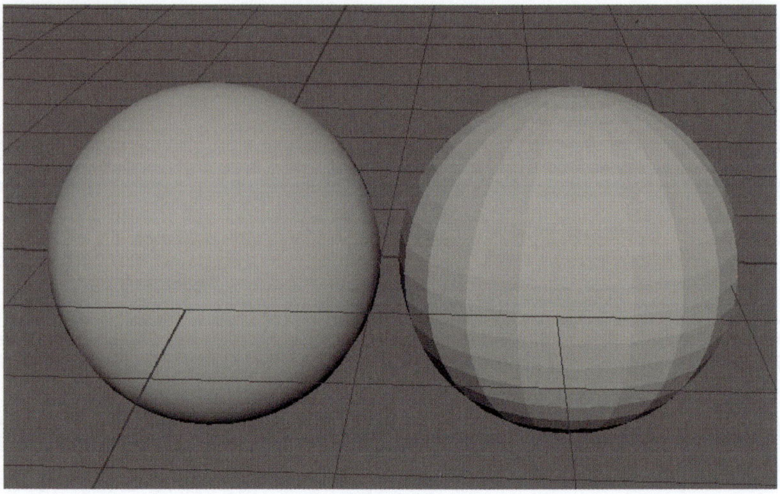

图 2-1-69

（5）设置顶点法线。此命令控制顶点法线的位置。该操作这将影响已进行着色的多边形的外观。默认情况下，Maya 会将法线锁定为其现有值。单击“网格显示”→“设置顶点法线”，可设置设置顶点法线选项。

（6）硬化边。此命令通过操纵顶点法线，使选定边在着色模式中显得生硬和尖锐（图 2-1-70）。“硬化边”命令将设定“法线角度”为 0 度，使所有选定边硬渲染。

注：用户定义（锁定）的法线仅在如何共享顶点处未受到柔化或硬化使用。应该使用“平均化法线”或“设置为面”功能来设置该值。

图 2-1-70

（7）软化边。此命令通过控制顶点法线，使选定边在着色模式中显得软化（图 2-1-71）。“软化边”将“法线角度”设置为 180 度，使所有选定边渲染柔和。

图 2-1-71

（8）软化 / 硬化边。此命令允许通过指定法线的角度值来操纵多边形的着色外观。

（9）锁定法线。该命令用于锁定顶点法线。法线对着色的多边形的外观有直接影响。可以通过先解除锁定并编辑法线，然后再锁定这些法线来修改多边形的外观。

若要更改法线的 X、Y 或 Z 值，则需要使用“网格显示”→“解除锁定法线”命令来解除锁定法线。对于与顶点或顶点 / 面组件有关的每个法线，其被指定的法线值（或者使用的默认值）是固定的。这意味着如果更改顶点位置，则法线位置不会被更改。

（10）解除锁定法线。法线对着色的多边形的外观有直接影响。可以通过先解除锁定并编辑法线，然后再锁定这些法线来修改多边形的外观。使用该命令可解除已锁定的法线。

（11）顶点法线编辑工具。通过该命令可以使用操纵器调整用户定义的顶点（或几个选定的顶点）法线。例如，用户可以通过修改顶点法线的方向使锐利的边缘看起来更平滑或调整多边形对象上的照明。使用该命令编辑的顶点法线将覆盖现有的 Maya 网格法线并锁定用户定义的法线。可以使用“网格显示”→“解除锁定法线”命令对用户定义的法线解除锁定。

注：编辑具有面 / 顶点分量的法线可导致出现新的硬边，任何已解除锁定的相邻法线都可能会在该过程中移动。因此可先锁定希望不受影响的任何相邻的法线，然后再进行编辑。

（12）应用颜色。此命令用于添加或移除多边形网格的选定顶点上的逐顶点颜色。单击“网格显示”→“应用颜色”，可设置应用颜色选项。

（13）绘制顶点颜色工具。此命令可用于通过使用鼠标或带手写笔的绘图板直接在网格上绘制，并在多边形网格上应用逐顶点颜色信息。单击“网格显示”→“绘制顶点颜色工具”，可设置绘制顶点颜色工具选项。

（14）创建空集。此命令用于为逐顶点颜色作品创建空颜色集。有关详细信息，请参见创建和编辑颜色集。单击“网格显示”→“创建空集”，可设置创建空集选项。

（15）删除当前集。此命令用于移除指定的现有颜色集。有关详细信息，请参见创建和编辑颜色集。

（16）重命名当前集。此命令用于重命名现有颜色集。有关详细信息，请参见创建和编辑颜色集。

注：创建和编辑颜色集：可以使用逐顶点颜色集切换、合并、融合，或全局修改存储在多边形网格顶点上的颜色。

（17）修改当前集。此命令用于从选定颜色集中指定一个 polyColorMod 下游节点，以便将全局颜色修改应用到 HSV 颜色空间或 RGBA 颜色通道基础的颜色集。适用于此目的的选项也存在于颜色集编辑器中。

（18）为顶点颜色设置关键帧。使用该命令可以为逐顶点颜色属性设置动画关键帧。

（19）颜色集编辑器。此命令允许用户管理任何纹理的颜色集和已完成的预照明工作。单击“网格显示”→“颜色集编辑器”，可设置颜色集编辑器选项。

（20）指定新集。此命令用于创建新的顶点烘焙集，然后将选定的对象指定给它，以便创建光照贴图。

注：烘焙集在 MayaLT 中不受支持。

（21）指定现有集。此命令用于将选定的对象指定给现有烘焙集。现有烘焙集的列表将显示在下拉列表中以供选择。

（22）编辑指定的集。此命令用于在显示“属性编辑器”的同时显示当前指定的烘焙集选项卡，以便编辑烘焙集属性。

（23）切换显示颜色属性。此命令用于为当前选定的多边形网格启用或禁用“显示颜色”属性（位于形状节点的“网格组件显示”选项卡）。当显示被设定为着色模式时，可启用“显示颜色”属性允许用户查看逐顶点颜色信息，以及多边形网格上的任何指定着色器。任何对象的“显示颜色”设置默认为禁用，直到应用逐顶点颜色信息。如果不希望在着色模式下查看，请先禁用“切换显示颜色属性”，然后再查看场景中的任何新多边形对象的逐顶点颜色信息。

（24）对材质通道上色。此命令用于确定现有材质通道和所指定的顶点颜色之间的交互。对于“无”以外的所有选项，照明会影响对象的着色。单击“网格显示”→“对材质通道上色”，在弹出的列表中可选择需要的上色方法，如图 2-1-72 所示。

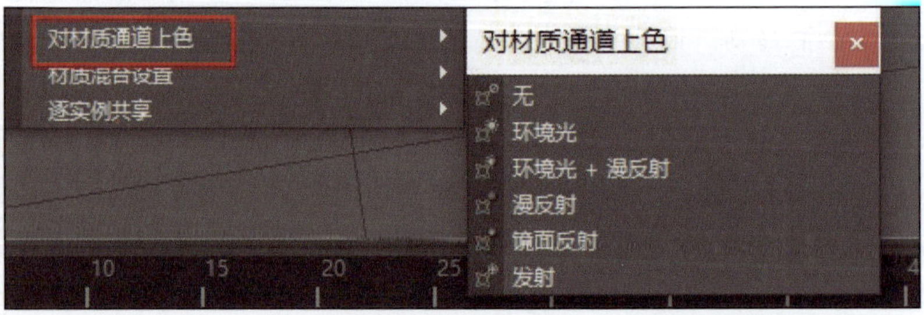

图 2-1-72

（25）材质混合设置。此命令用于指定将逐顶点颜色值与指定的着色材质相混合。单击“网格显示”→“材质混合设置”，在弹出的列表中选择需要的混合方法，如图 2-1-73 所示。

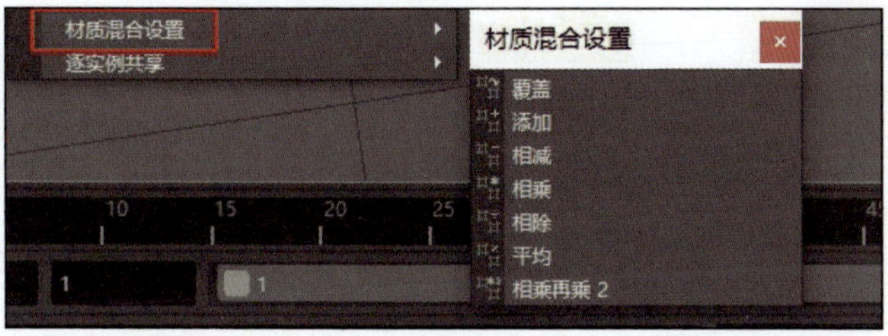

图 2-1-73

（26）逐实例共享（图 2-1-74）。

- 选择共享实例。此命令用于高亮显示场景中与选定实例共享颜色集系列的所有实例。
- 共享实例。此命令可用于将一个实例的颜色集与其他实例共享。选择具有要共享的颜色集的实例，然后选择其他实例。

图 2-1-74

项目拓展

通过对 Maya 多边形建模工具的介绍，读者可掌握多边形建模中一些常用的基础命令和操作方法。下面请使用“挤出”和“多切割”命令以及“复制”命令进行拓展练习，并使用多边形基本体制作一个椅子的模型，如图 2-1-75 所示。

图 2-1-75

思考与练习

读者此单元主要熟悉 Maya 的基础操作和多边形建模中各种命令的使用方法，了解多边形建模的原理和制作步骤，且通过学习能够利用多边形的基本体制作出简单的多边形模型。

红军军帽制作

任务2 红军军帽制作

【任务描述】

根据前期角色设计稿，使用 Maya 多边形建模工具制作红军军帽模型。

【任务要求】

通过制作红军角色配件掌握 Maya 软件的基础操作和多边形建模的原理。红军军帽的制作使用了多边形建模中的“挤出”和“多切割”命令，通过实例制作掌握这两个命令的使用方法。

【知识链接】

在军帽配件模型的制作中主要用到了“挤出”和“多切割”这两个命令。

1. “挤出”命令

“挤出”命令可以通过对选择物体的点、线、面三个基本元素进行挤出来改变模型的形状。使用方法是选择模型的点、线或者面，然后执行工具架里面的基础命令对三个基本元素进行挤出操作。

（1）挤出点：选择模型上的点，单击“挤出”命令，如图 2-2-1 所示。

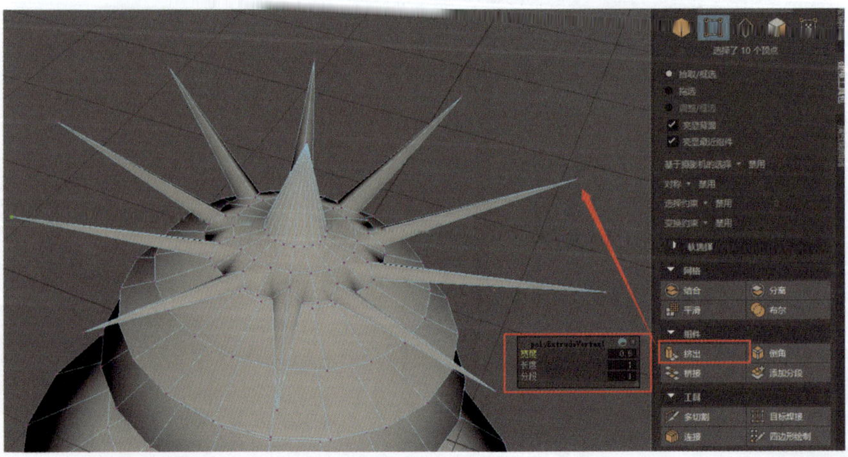

图 2-2-1

被选择的点会被挤出，同时在视图中会出现一个挤出工具设置窗口，第一项为挤出的宽度，第二项为挤出的长度，第三项为挤出的分段数，修改这三项数值可以改变挤出的形态。

（2）挤出边：选择模型上的一条边（将鼠标指针移动到一条边上，双击选择这条边所在的循环边），单击“挤出”命令，如图 2-2-2 所示。

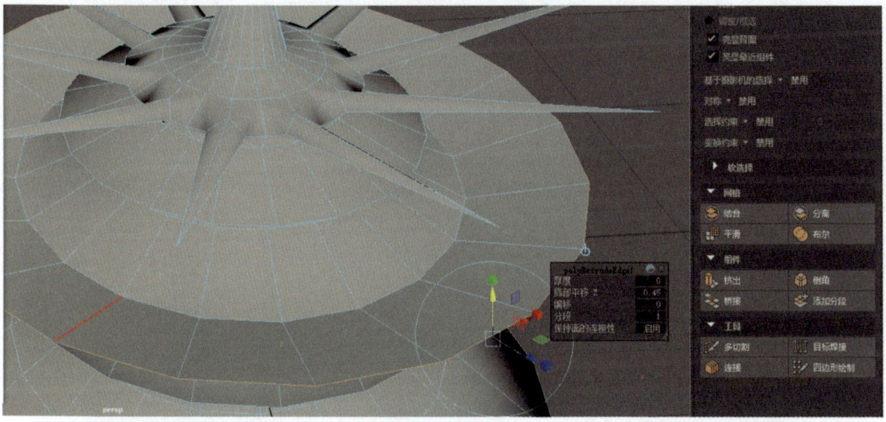

图 2-2-2

边的挤出工具设置窗口有 5 个命令选项，分别是厚度、局部平移 Z、偏移、分段和保持面的连续性。调节厚度值可以对挤出的距离进行调节。局部平移 Z 可以在 Z 轴向上移动挤出线。加大分段数值可以在挤出线生成的面上细分出更多的线，如图 2-2-3 所示。保持面的连续性默认状态为启动，单击窗口，则状态变为禁用，这时挤出的线不再是连接在一起的一条完整线段，如图 2-2-4 所示。

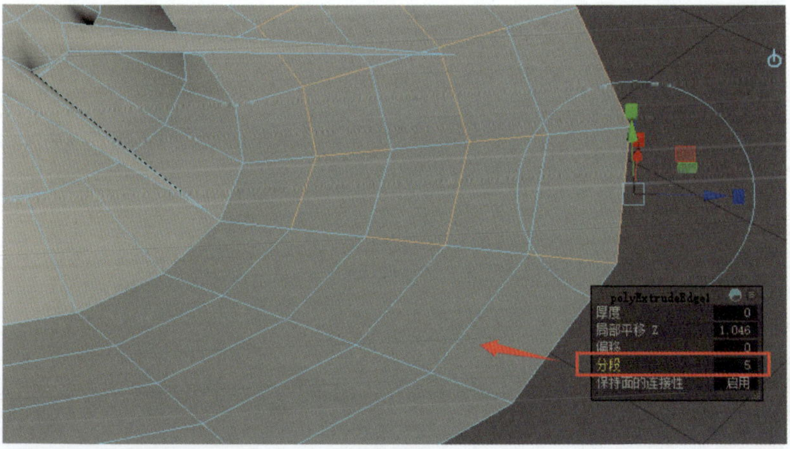

图 2-2-3

（3）挤出面：选择需要挤出的面，单击“挤出”命令，如图 2-2-5 所示。挤出面的工具设置窗口的选项同挤出边的工具设置窗口完全一致，唯一不同的是偏移选项，在挤出边的命令设置中，偏移选项的数值对挤出形状不会产生任何影响。但是在挤出面的命令设置中，加大偏移数值可以对挤出面的大小进行调整，如图 2-2-6 所示。

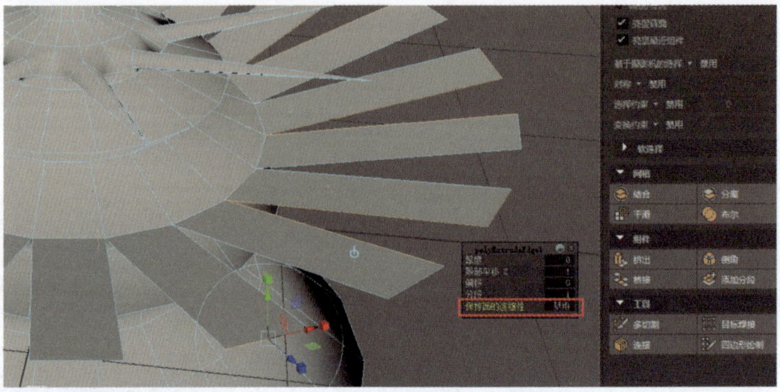

图 2-2-4

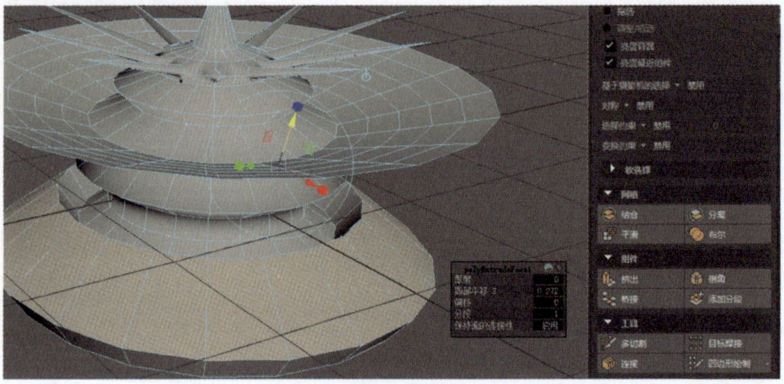

图 2-2-5

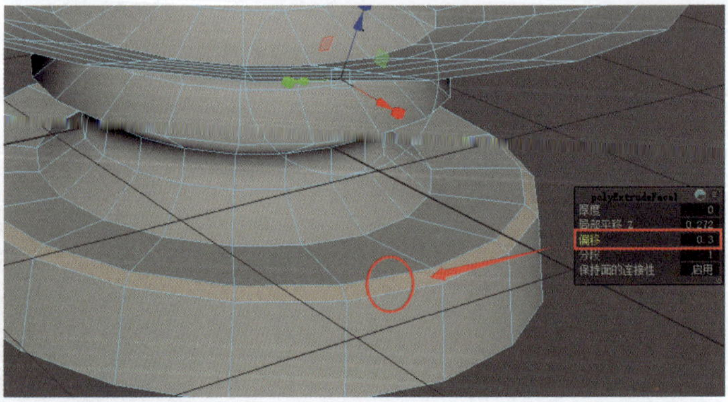

图 2-2-6

2. “多切割”命令

“多切割”命令可以在模型上进行面的切割与划分，选择模型，单击“多切割”命令，鼠标指针会变成一个刻刀的图标，在需要添加线段的面的两侧线段上单击即可生成切割点，如图 2-2-7 所示。

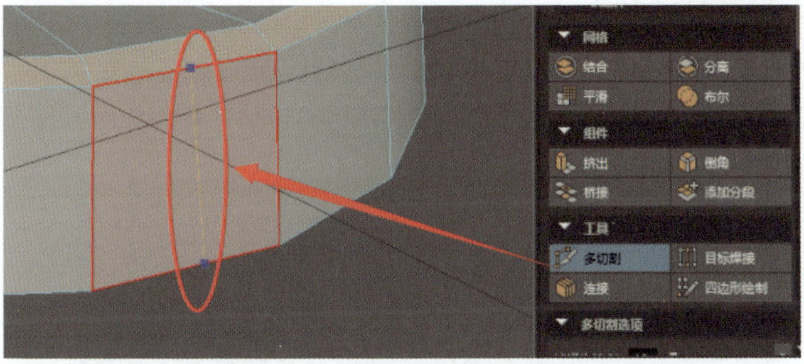

图 2-2-7

按回车键可以生成线段。如果需要在物体的循环面上加入一条循环边，可以按住 Ctrl 键，这时将雕刻刀移动到需要加边的循环面上单击，会生成一条循环边，如图 2-2-8 所示。

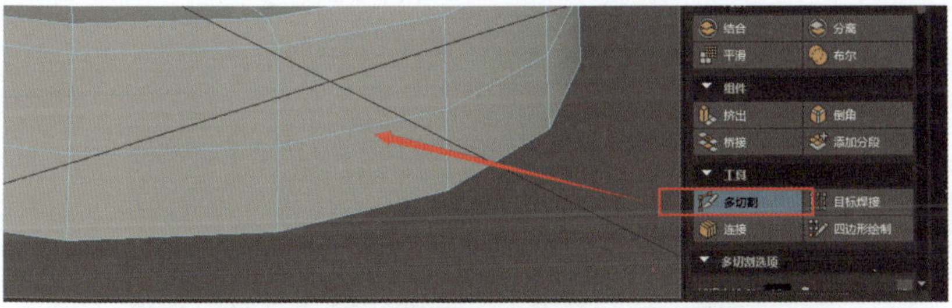

图 2-2-8

【任务实施】

军帽的制作

（1）创建圆柱体，调整圆柱体的比例，在通道栏中打开历史记录，将轴向细分数调整为 20，高度细分数和端面细分数设置为 3，如图 2-2-9 所示。

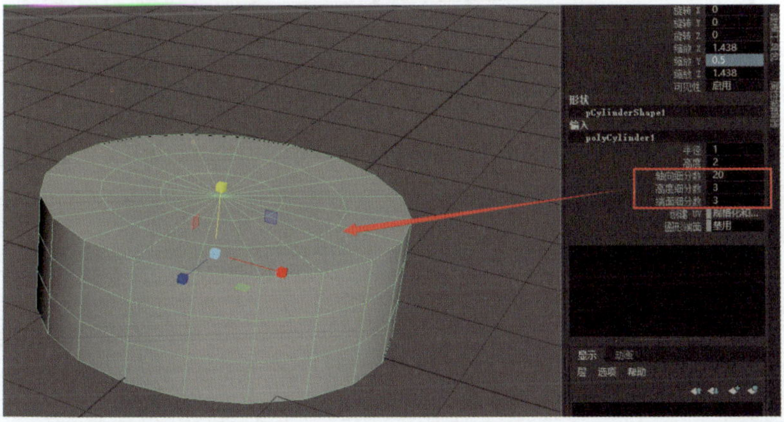

图 2-2-9

（2）调整圆柱体顶部的结构形状，使其具有一定的弧度。选择圆柱体端面和侧面的结构线，对线的位置进行调整，使用移动工具选择侧面线向上下两个方向移动，使用缩放工具将端面的结构线向外放大并使用移动工具向上移动，如图 2-2-10 所示。

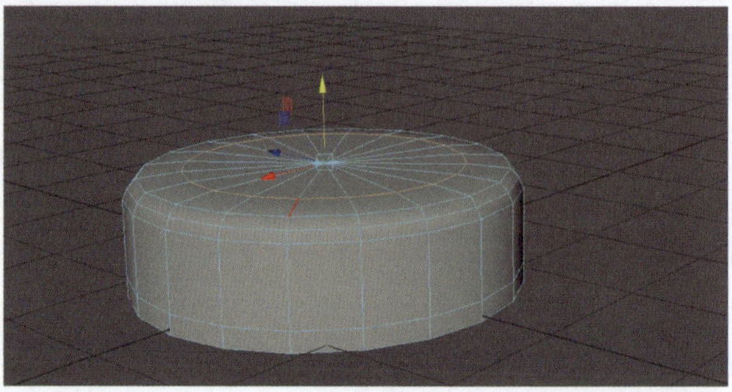

图 2-2-10

（3）选择圆柱体下部的面执行删除操作，如图 2-2-11 所示。

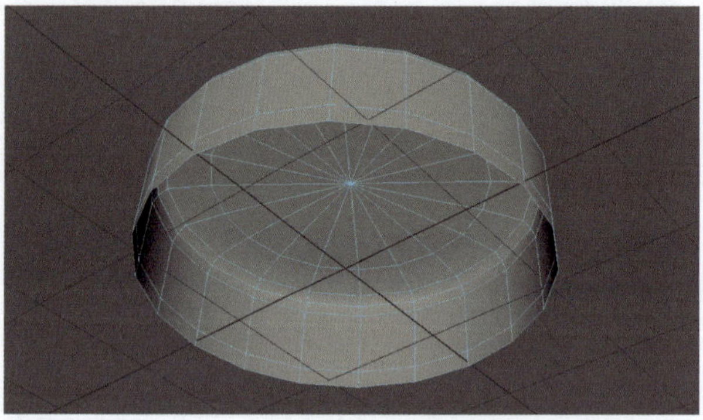

图 2-2-11

（4）选择圆柱体里面的所有面，使用“挤出”命令为圆柱体挤出厚度，如图 2-2-12 所示。

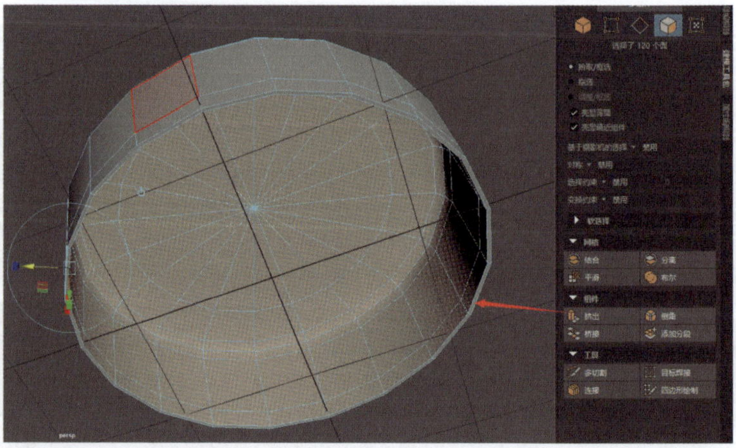

图 2-2-12

（5）选择圆柱前方下沿的面进行挤出移动，制作出帽檐结构，如图 2-2-13 所示。

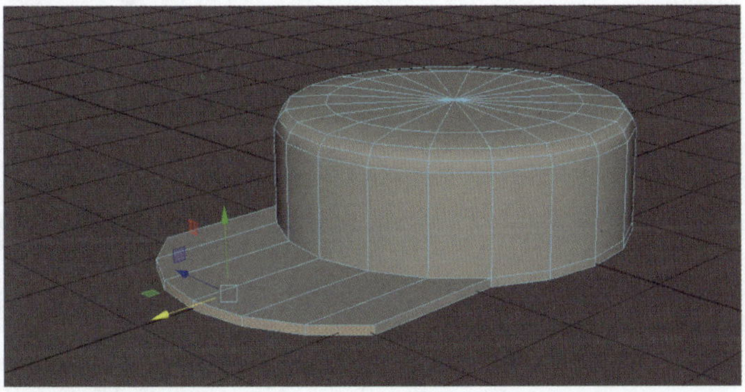

图 2-2-13

（6）使用“多切割”命令在帽子的侧面插入两条线，同时调整帽檐两侧的定点，如图 2-2-14 所示。

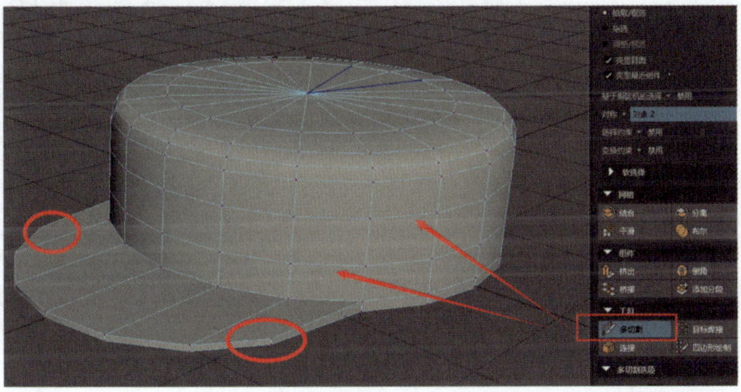

图 2-2-14

（7）使用“多切割”命令在帽檐上方插入一条直线制作卡边效果，同时调整模型整体形态，选择帽子侧面的点，使用移动工具调整点的位置，使帽子侧面呈现出稍许不规则形状，如图 2-2-15 所示。

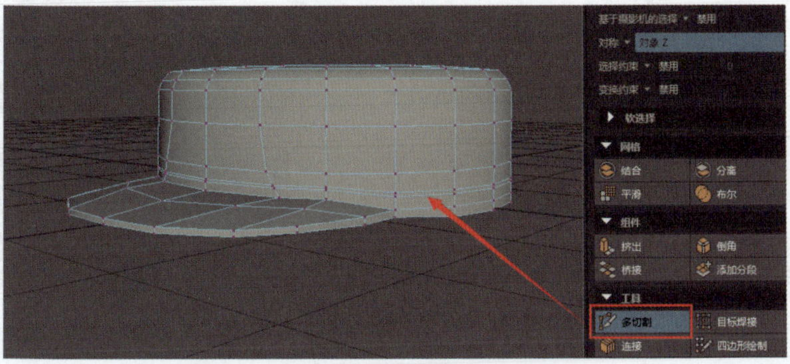

图 2-2-15

（8）使用“多切割”命令在帽子下方的两条结构线之间插入一条循环边，选择循环边使用缩放工具将该循环边整体向内缩小制作出帽子下方的卡边效果，如图 2-2-16 所示。

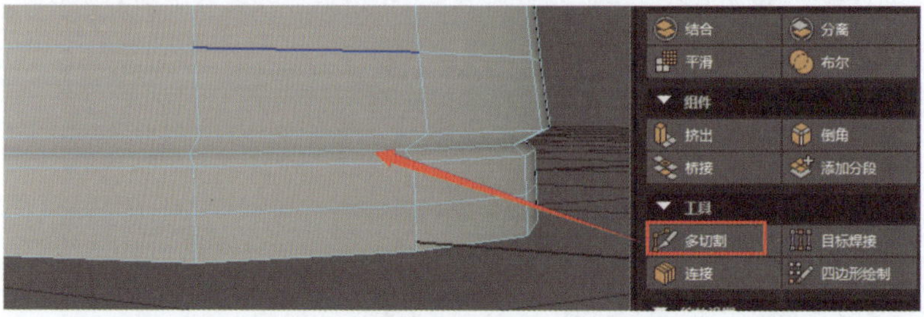

图 2-2-16

（9）再次使用“多切割”命令在标注的两个位置继续加入循环边，使用移动和缩放工具对循环边的位置和大小进行调整，如图 2-2-17 所示。

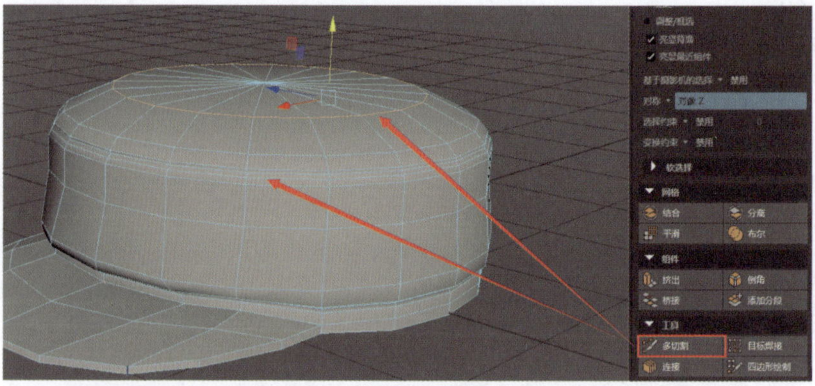

图 2-2-17

（10）然后制作帽子纵向的褶子纹理，在被标注的位置使用“多切割”命令加入线，使用移动工具向内移动，如图 2-2-18 所示。

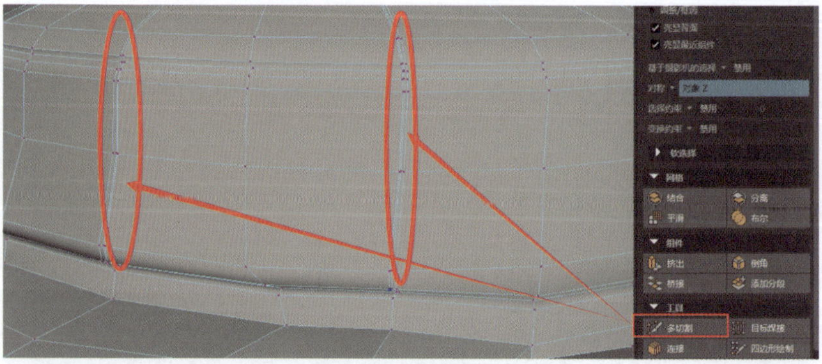

图 2-2-18

（11）在被标注的位置继续使用“多切割”命令加入线，使用移动工具调整线的位置从而改变帽子的形态，如图 2-2-19 所示。

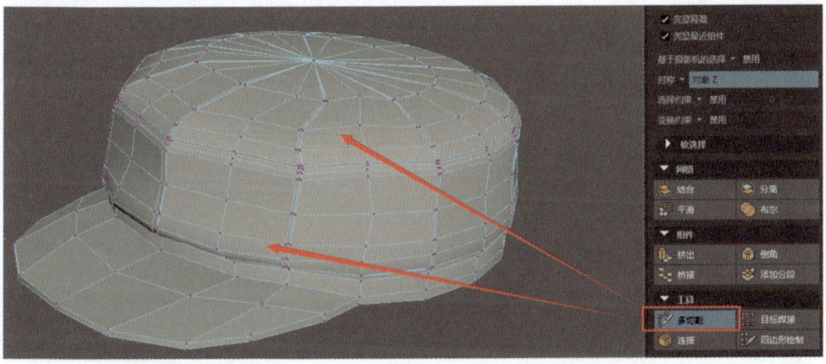

图 2-2-19

（12）在指定位置加入循环边，使用缩放工具向内部缩放，制作卡边效果，如图 2-2-20 所示。

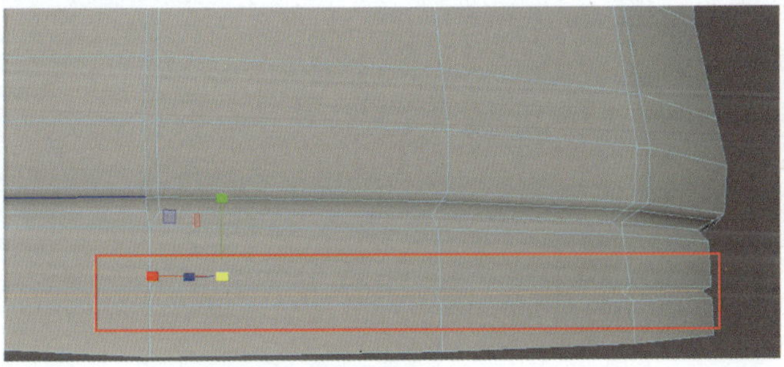

图 2-2-20

（13）使用“多切割”命令在帽檐的上部加入一条线，准备制作帽檐上部的结构，如图 2-2-21 所示。

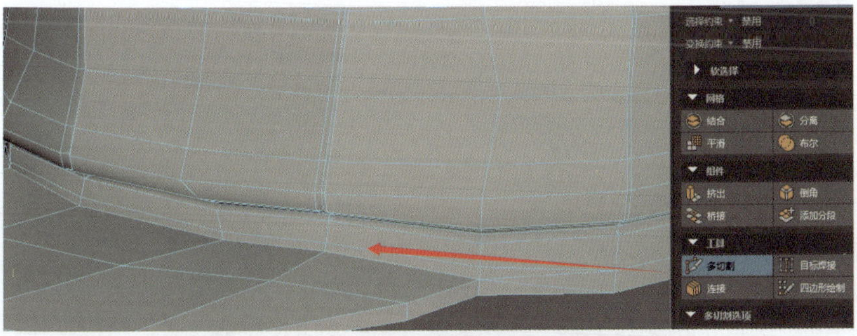

图 2-2-21

（14）对帽檐上方的线进行调整，将帽檐边缘的线使用“编辑网格”→“删除边 / 定点”命令进行删除，效果如图 2-2-22 所示。

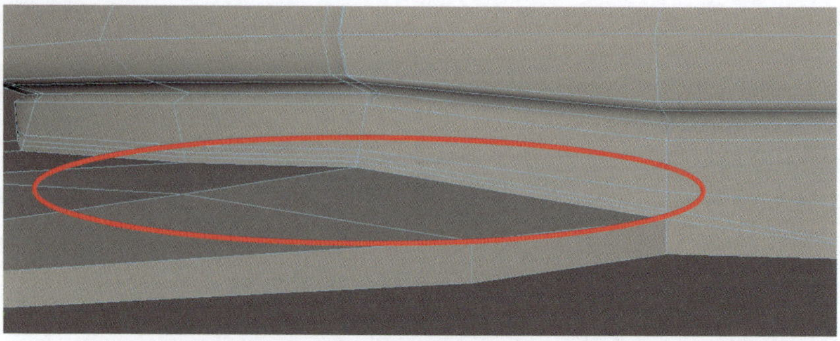

图 2-2-22

（15）按数字键 3，模型以光滑模式进行显示，军帽模型最终效果如图 2-2-23 所示。

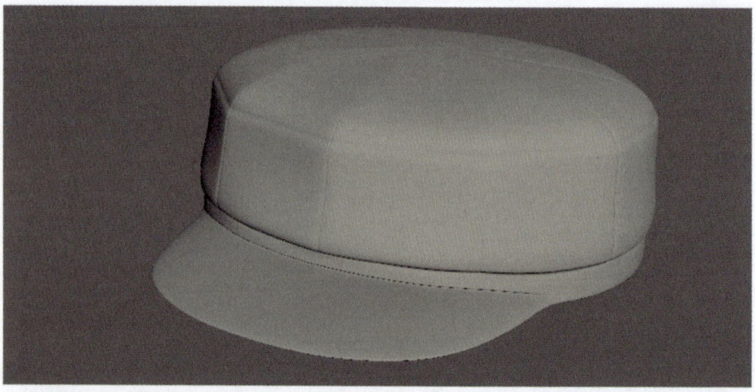

图 2-2-23

项目拓展

通过制作红军军帽模型练习，读者可掌握多边形建模中“挤出”和“多切割”命令的使用方法，利用这两个命令可以进行拓展练习，制作各式各样的军帽，请制作图 2-2-24 所示的军帽模型。

图 2-2-24

思考与练习

掌握三维模型建模的关键是灵活运用建模工具以及对造型的把握，本任务的课后练习是利用“挤出”和“多切割”命令制作一个简单的飞船模型，如图 2-2-25 所示。读者通过这个练习可锻炼对模型的把控能力和对这两个多边形建模工具的灵活运用能力。

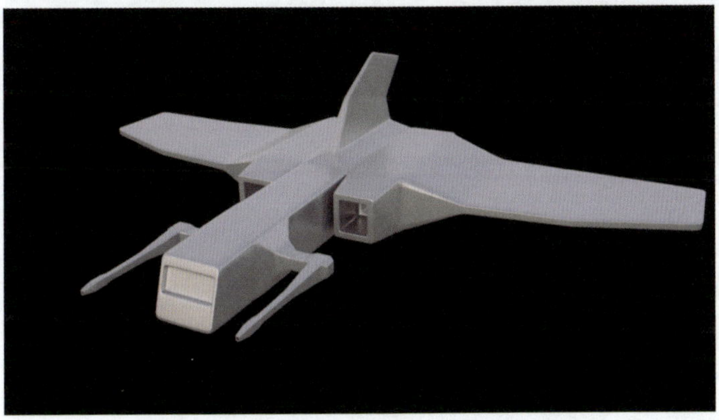

图 2-2-25

任务3 红军枪套制作

红军枪套制作

【任务描述】

根据前期角色设计稿，使用 Maya 多边形建模工具制作红军枪套模型。

【任务要求】

通过红军枪套的制作熟练应用多边形建模工具中的“挤出”和“多切割”命令以及多边形“复制”命令。

【知识链接】

在这个组件制作的实例中依然应用多边形建模方法，所应用的“挤出”和“多切割”命令与上一个组件的制作完全相同，这里就不再重复。这个实例还涉及一个多边形建模命令——“复制”命令。

“复制”命令针对多边形元素级别中的面，也就是说该命令可以复制多边形模型上的面。选择模型上的面，单击“编辑网格”菜单中的“复制”命令，如图 2-3-1 所示。

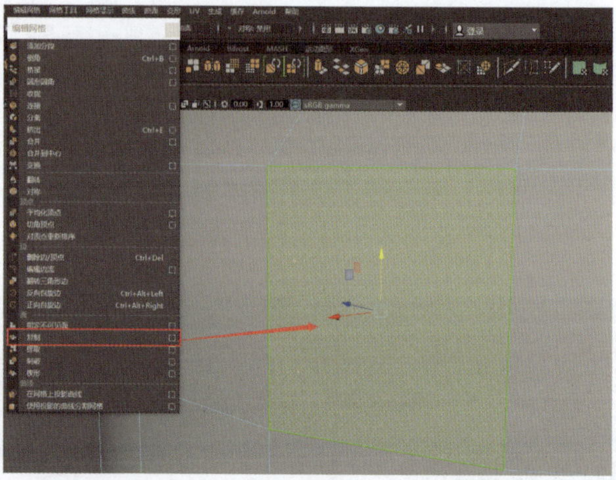

图 2-3-1

单击“复制”命令后，被选择的面就会被单独地复制出来，成为一个新的独立的多边形面片，如图 2-3-2 所示。

图 2-3-2

【任务实施】

枪套的制作

（1）创建一个四边形基本体，如图 2-3-3 所示。

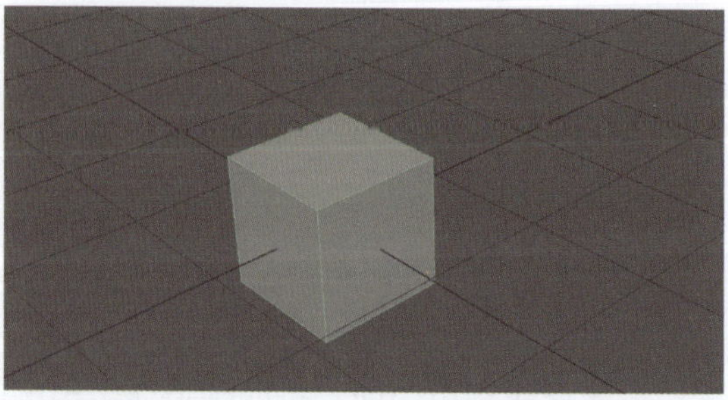

图 2-3-3

（2）使用缩放工具调整四边形的长宽比例，在通道栏的历史记录区域将细分宽度、高度细分数、深度细分数分别设置为 3、1、3，如图 2-3-4 所示。

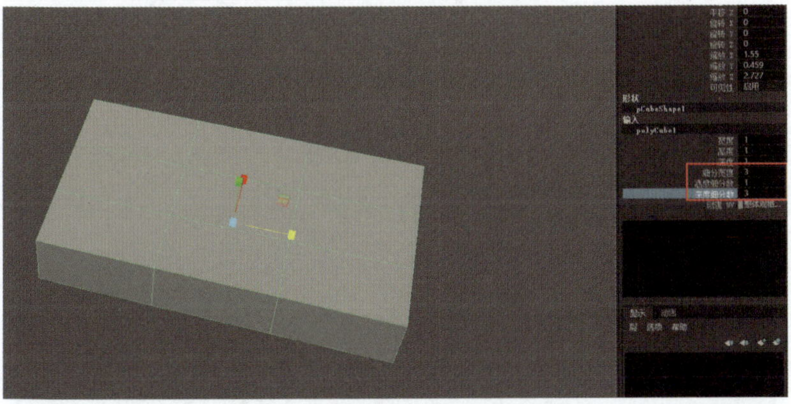

图 2-3-4

（3）选择四边形基本体一侧的两个面，使用“挤出”命令将这两个面挤出并向外拖拽，如图 2-3-5 所示。

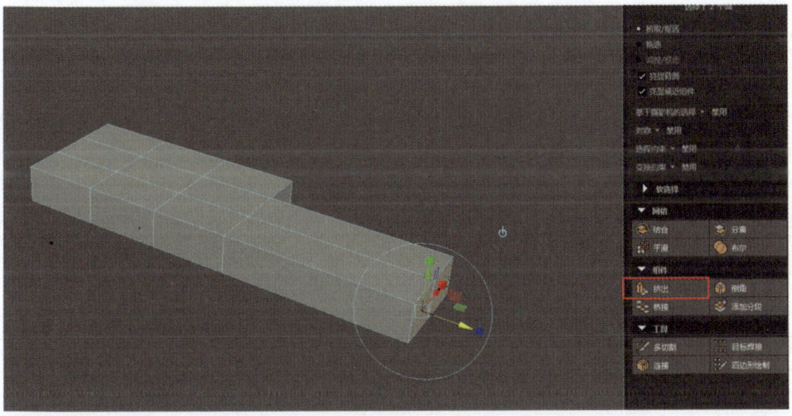

图 2-3-5

（4）进入控制点模式，使用移动工具对点的位置进行调整，从而改变多边形的形状，将枪套的大型调节出来，如图 2-3-6 所示。

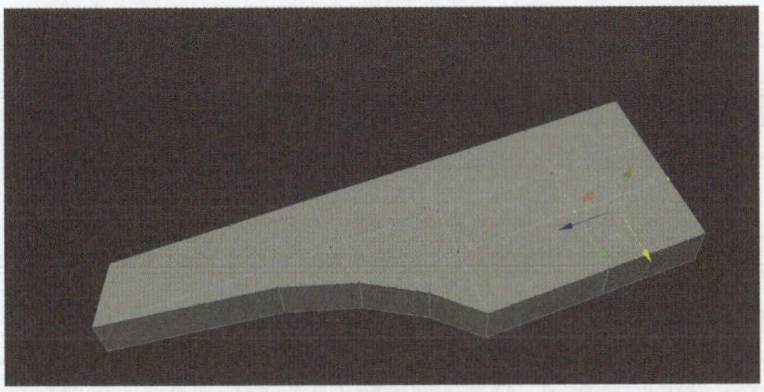

图 2-3-6

（5）单击“网格工具”→“插入循环边”命令，进入工具设置界面，单击“多个循环边”选项，将循环边数设置为 2，在枪套模型的侧面一次性插入两条循环边，如图 2-3-7 所示。

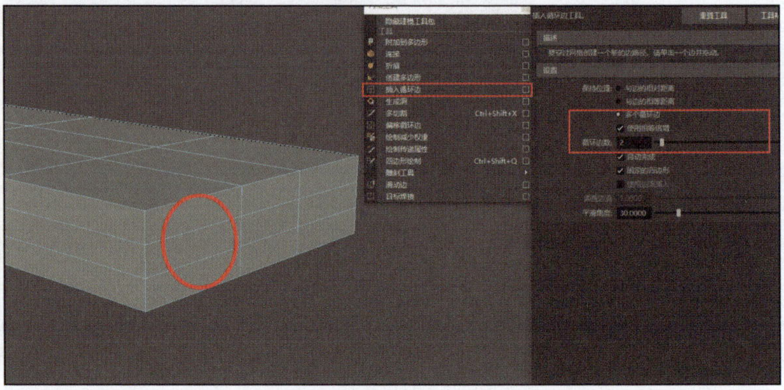

图 2-3-7

（6）选择新添加的两条循环边，使用缩放工具沿着 X 轴和 Y 轴分别进行放大，效果如图 2-3-8 所示。

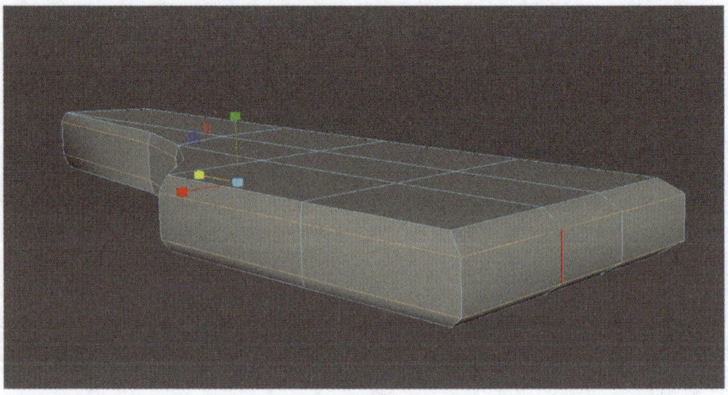

图 2-3-8

（7）使用“多切割”命令在模型的 Z 轴方向上添加循环边，同时调整模型的形状，如图 2-3-9 所示。

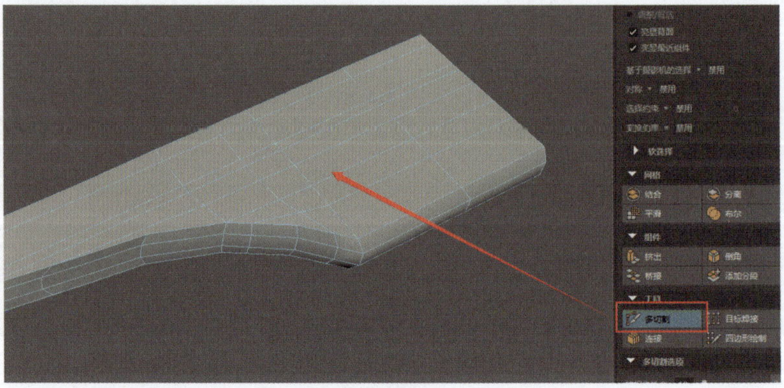

图 2-3-9

（8）选择模型一侧的面，单击“网格编辑”→“复制”命令，复制被选择的面，如图 2-3-10 所示。

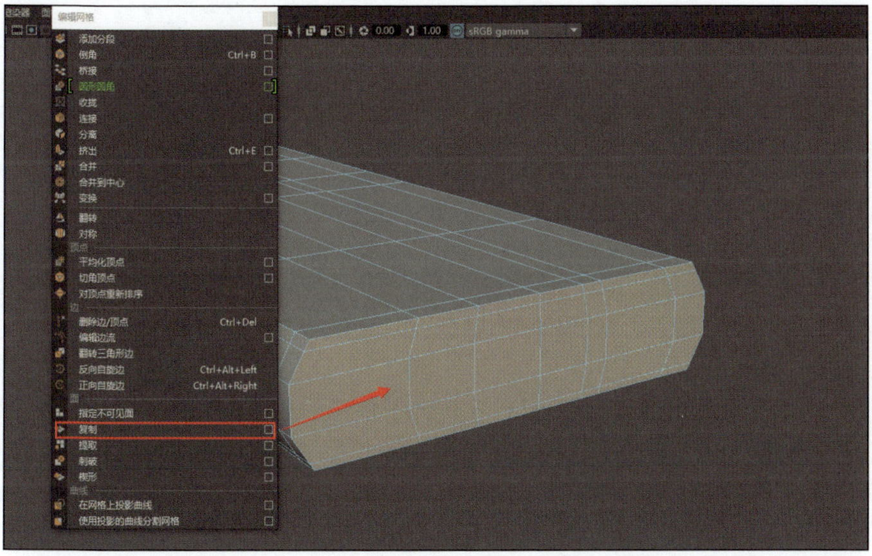

图 2-3-10

（9）选择复制出来的面片，单击“挤出”命令，对这个面片进行挤出操作，如图 2-3-11 所示。

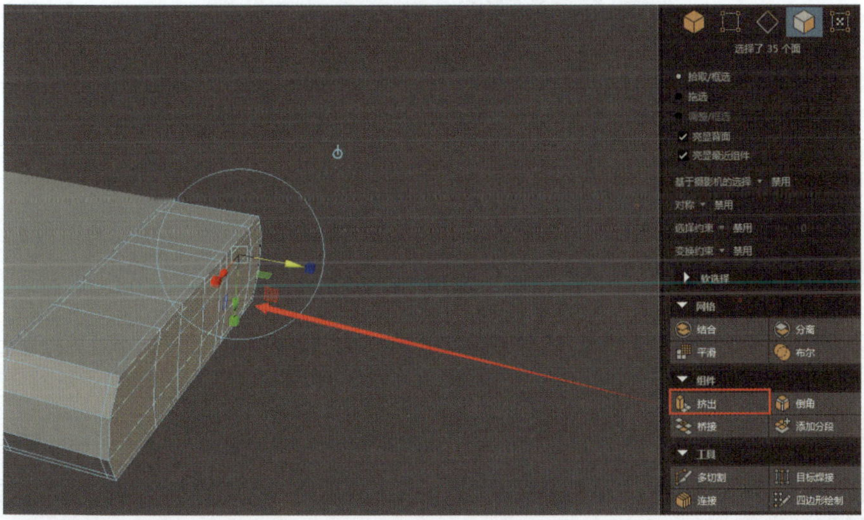

图 2-3-11

（10）通过调整挤出部分的点、线、面三个基本元素改变枪套开口处的形状，同时在盖口处一侧加入两个圆柱体来制作其配饰，将一个圆柱体的端面进行挤压，然后将另一个圆柱体放置于被挤压圆柱体的中间位置，如图 2-3-12 所示。

图 2-3-12

项目拓展

通过制作枪套模型的练习，读者可以学习到了多边形建模中“复制”命令的使用方法，“复制”命令不是对模型物体级别的复制，而是对模型“面”元素的复制，从而生成新的独立物体。请尝试制作如图 2-3-13 所示的枪套模型。

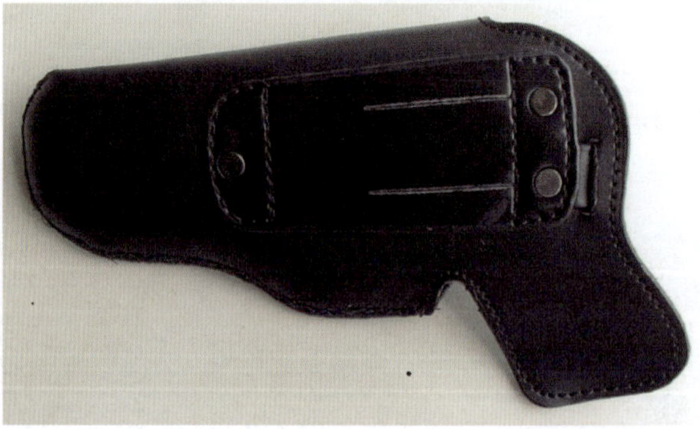

图 2-3-13

思考与练习

在这个实例中使用的建模命令与军帽模型使用的命令完全一样，从这里可以看出建模真正的核心是造型能力，常用的多边形建模命令不超过 20 种，只要能够掌握这些命令，加上扎实的造型能力，就可以制作出精美的三维模型。

军旗的制作

任务4 军旗的制作

【任务描述】

根据前期角色设计稿，使用 Maya 多边形建模工具制作红军角色身后军旗的模型。

【任务要求】

与前两个实例完全相同，制作军旗使用的多边形建模工具中的“挤出”和“多切割”命令。通过制作实例，读者可更加熟悉这两个命令的使用技巧。

【知识链接】

在制作军旗模型的实例中，可使用多边形建模中的“挤出”和“多切割”命令来完成制作。要注意通道栏中的历史记录里多边形模型的基础分段数对模型的影响。创建好模型之后，不要急于进入元素级别的调整，先在模型物体级别对模型进行位置、角度、大小的调整，然后再根据制作需要，在通道栏历史记录区域对多边形的分段数数值进行调整，增加模型的细节，以便于之后的细节制作。

【任务实施】

军旗的制作

（1）创建一个多边形圆柱体，使用缩放工具调节圆柱体的高度和端面半径比，如图 2-4-1 所示。

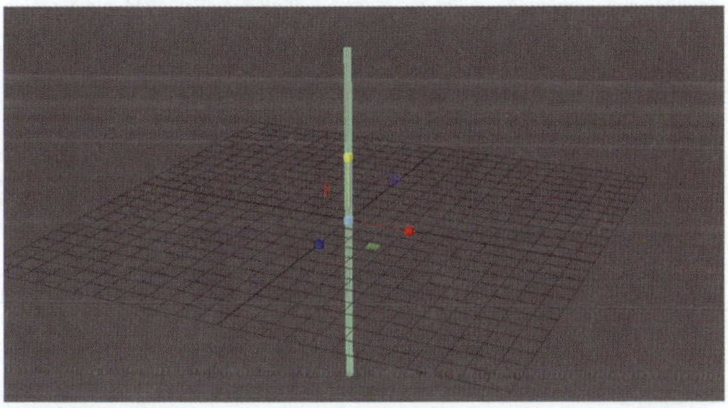

图 2-4-1

（2）在圆柱的顶端使用“多切割”命令添加 5 条循环边，如图 2-4-2 所示。

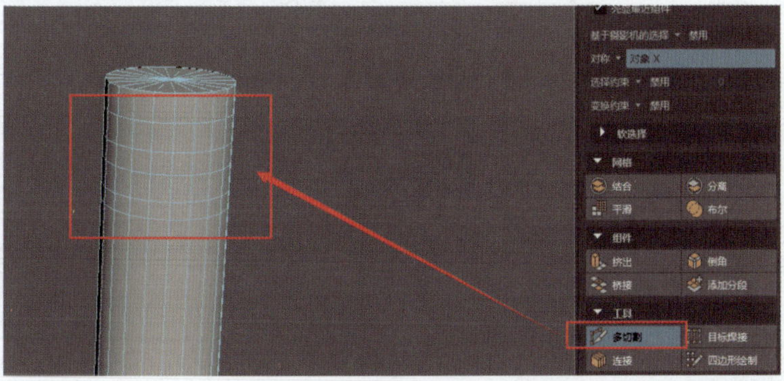

图 2-4-2

（3）切换至侧视图，选择中间的两条循环边，使用缩放工具向内缩小，使用移动工具调整边的位置，改变其形状，如图 2-4-3 所示。

（4）创建一个圆球，将圆球放置于旗杆的顶端，如图 2-4-4 所示。

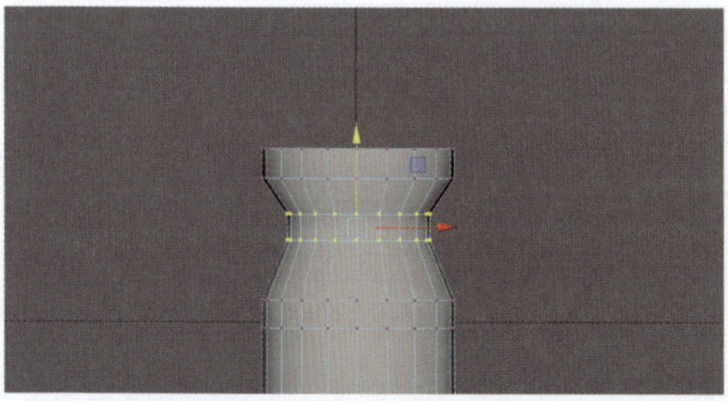

图 2-4-3

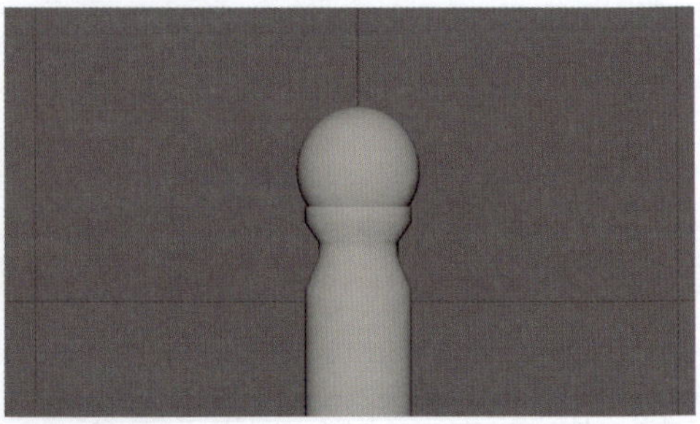

图 2-4-4

（5）创建一个圆锥体放置在圆球顶端，如图 2-4-5 所示。

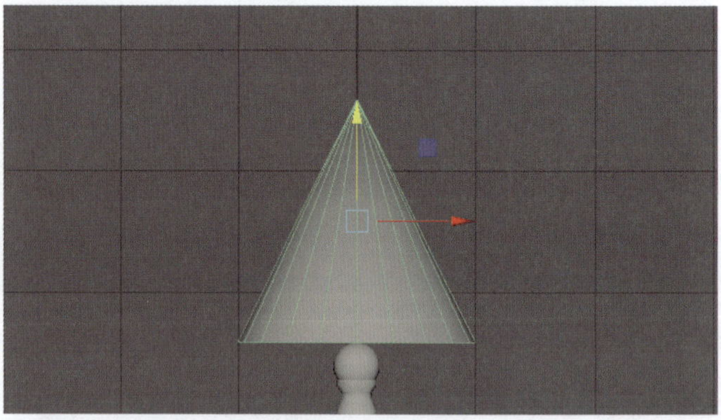

图 2-4-5

（6）将圆锥的轴向细分数设置为 4，如图 2-4-6 所示。

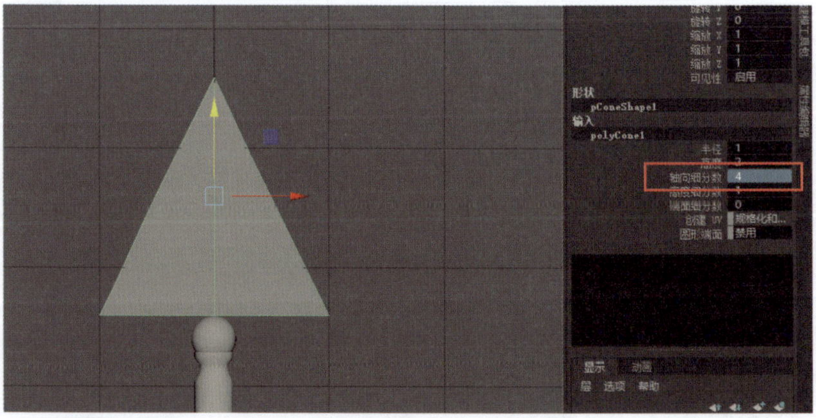

图 2-4-6

（7）使用缩放工具对四棱锥进行比例缩放，调整结果如图 2-4-7 所示。

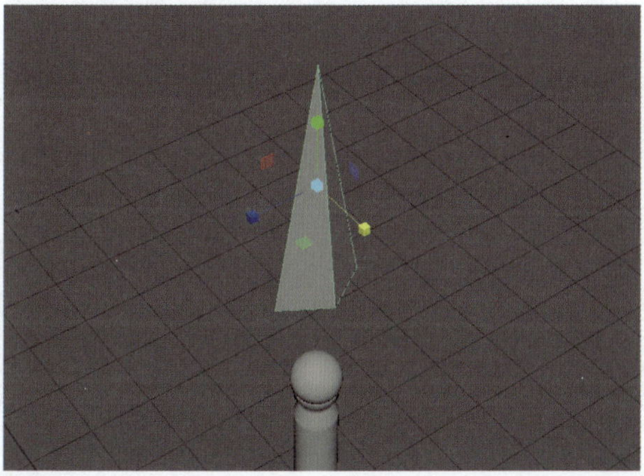

图 2-4-7

（8）选择四棱锥底部的面，使用“挤出”命令对面进行挤出操作，如图 2-4-8 所示。

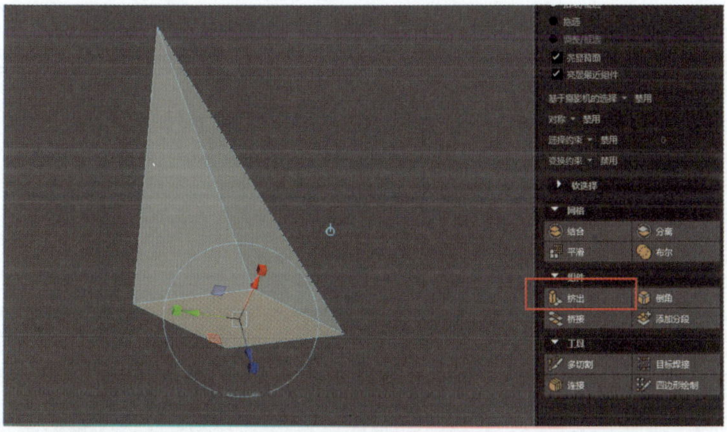

图 2-4-8

（9）沿 Z 轴向下移动挤出面，如图 2-4-9 所示。

（10）通过控制点调整模型的形状，如图 2-4-10 所示。

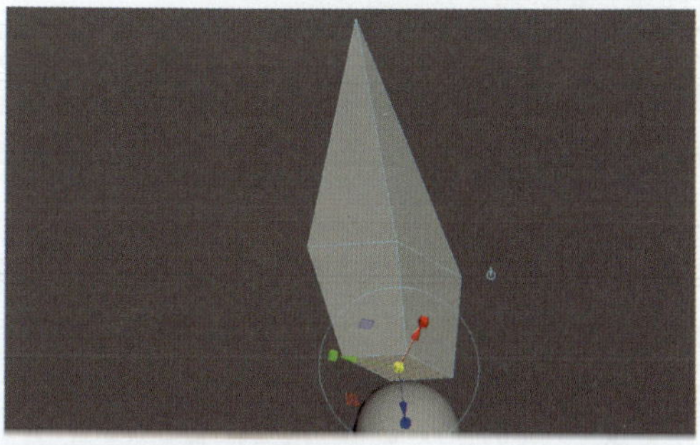

图 2-4-9

图 2-4-10

（11）创建多边形平面，使用移动工具调整面的位置，放置到旗杆上方，在通道栏历史记录里将多边形面片的细分宽度和高度细分数均设置为30，如图2-4-11所示。

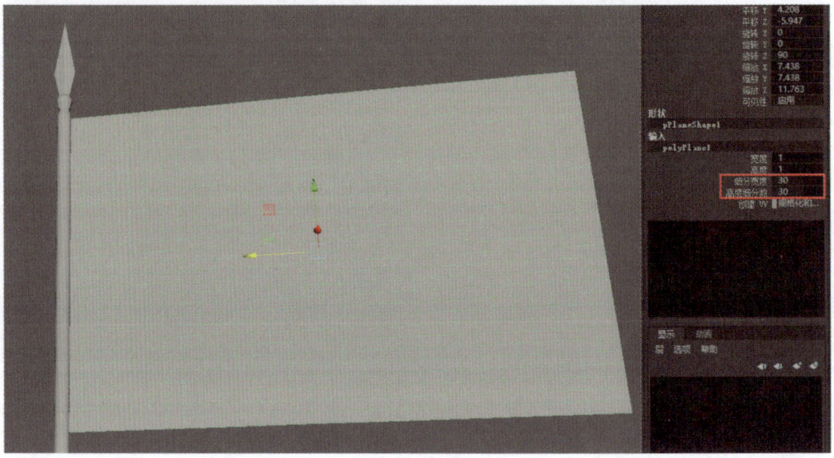

图 2-4-11

项目拓展

在军旗模型制作实例中主要练习通过调节模型历史记录区域的分段数来改变模型的形状。接下来做一个拓展练习，请尝试制作如图2-4-12所示的模型。

图 2-4-12

思考与练习

在这个实例中使用的建模工具与之前两个实例相同，这里重点练习的是通过改变模型历史记录区域的分段数来改变模型形态，但要注意的是，如果创建基本模型后马上进入其元素级别调整点、线、面的位置或形状，就不能在历史记录区域调整模型的分段数，否则会出现错误的变化，因此一定要在进入元素级别调整之前改变模型的分段数。

军用水壶的制作

任务5 军用水壶的制作

【任务描述】

根据前期角色设计稿，使用 Maya 曲面建模工具制作军用水壶模型。

【任务要求】

曲面建模与多边形建模在建模形式上存在差异，但是在建模思路上是完全一致的，在本任务中，需要掌握曲面建模常用的基本工具，掌握曲面建模的原理和建模流程，学习根据不同物体的结构特征来选择相应的建模方式。

【知识链接】

在之前的模型制作实例中，我们使用的是多边形建模方法，主要学习到了挤出和多切割命令在建模中的应用。在接下来的任务中要学习如何使用曲面建模来制作模型。曲面建模的制作思路与多边形建模相同，但是工具和模型特性略有不同，所针对的建模对象也有区别。曲面建模主要制作表面光滑、流线感较强的物体。曲面建模的命令主要集中在建模模块里面的“曲面”和“曲线”两个菜单中，如图 2-5-1 所示。

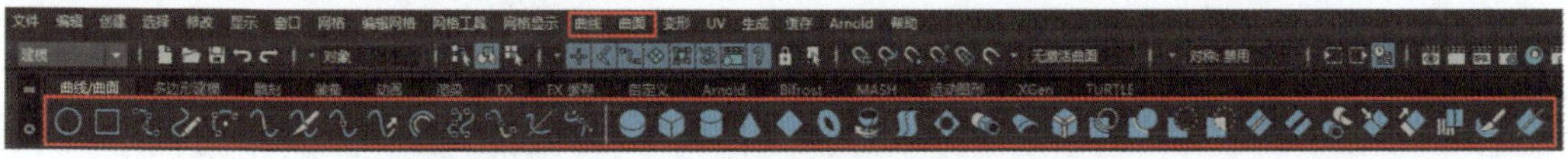

图 2-5-1

曲面建模的流程如下：

（1）创建曲面基本体或者通过 CV 或 EP 曲线绘制曲线。

（2）通过移动曲线点和使用曲线命令编辑绘制的曲线。

（3）选择编辑好的曲线，通过生成曲面命令将曲线生成模型。

（4）通过编辑曲面基本元素和曲面编辑命令完成模型制作。

编辑曲线的所有命令都在“曲线”菜单中，在水壶制作的实例中使用的曲线编辑命令有“复制曲面曲线”和“分离”。

1. 复制曲面曲线命令的使用方法

（1）选择曲面，右击，在弹出的快捷菜单中选择“等参线”命令，进入等参线模式。

（2）选择需要复制的等参线（如果此位置没有等参线，可以选择附近位置的等参线，按住鼠标左键将等参线向需要复制曲线的区域进行拖拽，此时在这个区域会生成一条虚线），单击“曲线”→“复制曲面曲线”命令，这时所选择等参线的位置上会生成一条独立的曲线，这条独立曲线附着在曲面模型上。

2. 分离命令的使用方法

（1）选择需要操作的曲线，右击，在弹出的快捷菜单中选择“曲线点”命令，进入曲线点模式。

（2）在需要添加曲线点的位置右击，这时会在右击的位置生成一个高亮度原点，单击“曲线”→“分离”命令，以曲线点为中心将所选曲线分离为两段新的曲线。

编辑曲面所使用的命令在“曲面”菜单中，水壶实例中应用到了“挤出”“旋转”两个成面命令。

3. 挤出命令的使用方法

（1）绘制一个作为横截面的曲线，再绘制一条路径曲线。

（2）选择作为横切面的曲线，按住 Shift 键并选中被选作路径的曲线，单击“曲面”→“挤出”命令，从而生成挤出面。如图 2-5-2 所示。

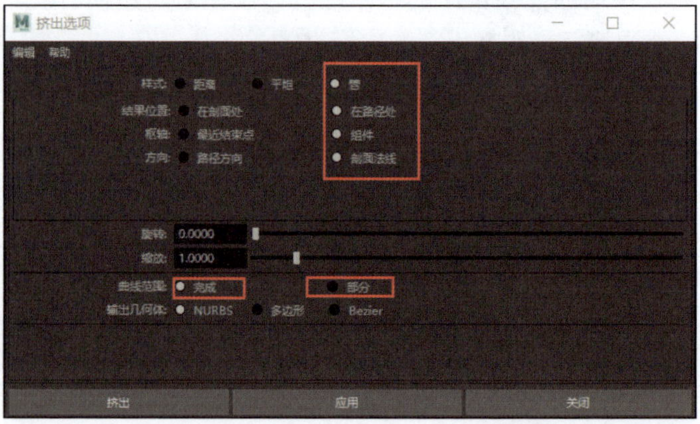

图 2-5-2

在“挤出”命令工具选项里，分别选择“样式”“结果位置”“枢轴”“方向”四个选项的最后一个选项，如果不需要做动画，则在曲线范围选项中选择“完成”，如果要制作生长动画，则选择“部分”选项（图 2-5-2）。选择生成的曲面，在通道栏历史记录区域中找到 subCurve2 选项，在最大值选项上设置关键帧，生成动画效果，如图 2-5-3 所示。

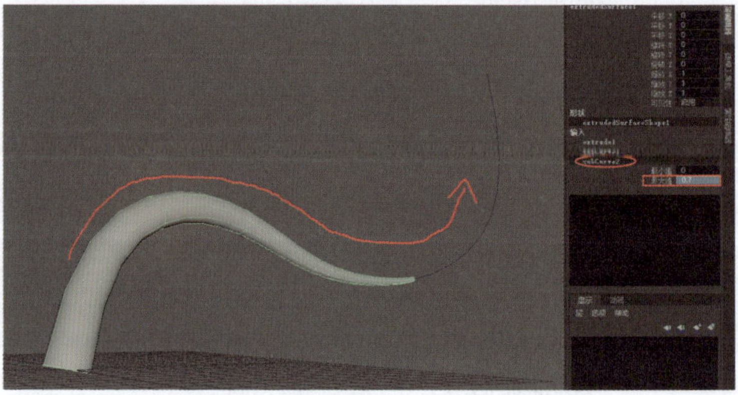

图 2-5-3

【任务实施】

军用水壶的制作

首先用一张军用水壶的照片作为参考，如图 2-5-4 所示。

图 2-5-4

（1）将视图切换到前视图，单击“创建”→“曲线工具”→“CV 曲线工具”命令，以中轴线为基准，绘制水壶侧面结构线，如图 2-5-5 所示。

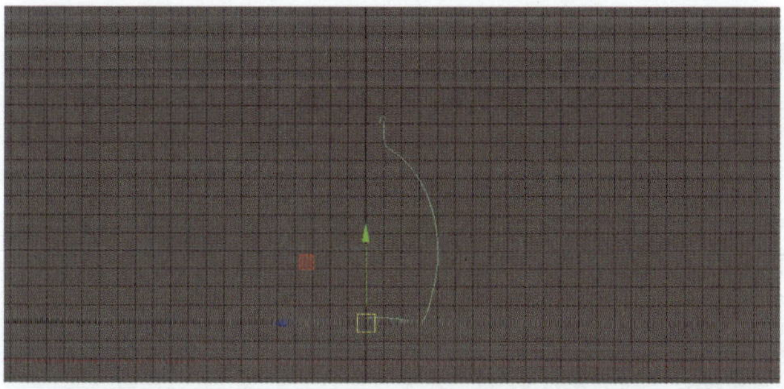

图 2-5-5

（2）选择这条轮廓曲线，执行“曲面”→“旋转”命令，这条曲线会以所在视图的中轴线为基准线旋转 360 度，生成曲面模型，如图 2-5-6 所示。

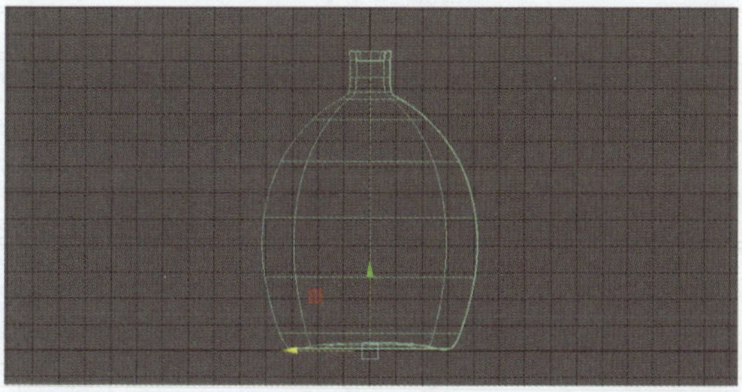

图 2-5-6

（3）将鼠标指针移动到模型上，右击，在弹出的快捷菜单中选择“控制顶点”命令，通过控制顶点调整曲面模型的形状，如图 2-5-7 所示。

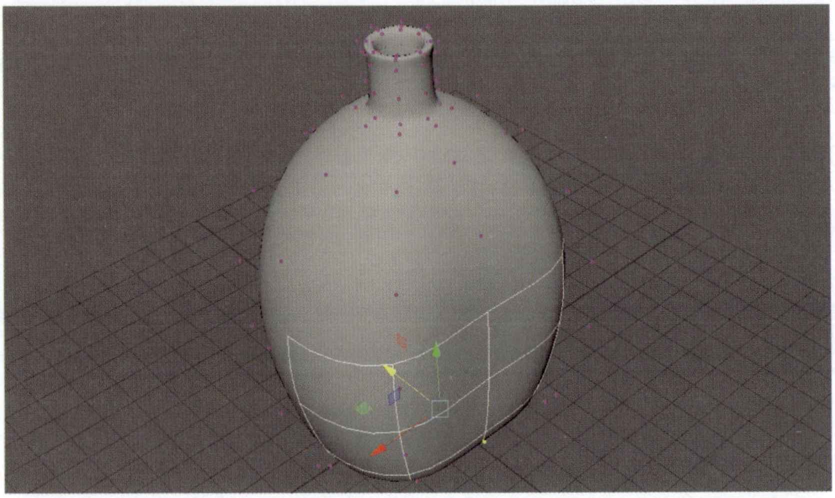

图 2-5-7

（4）选择水壶模型中段位置上的 1 条等参线，单击“曲线”→“复制曲面曲线”命令，将这条等参线复制成为 1 条独立的 CV 曲线，如图 2-5-8 所示。

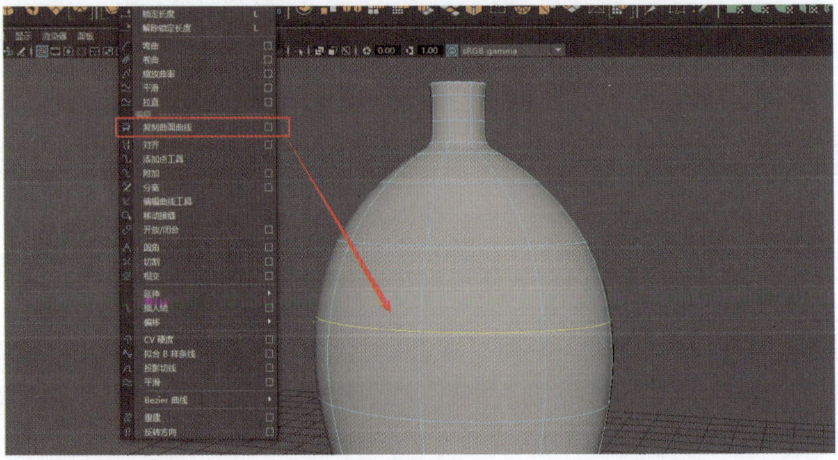

图 2-5-8

（5）单击“创建”→“NURBS 基本体”→“圆形”命令，创建一个圆环曲线，选择圆环曲线，按住 Shift 键，同时选中复制出来的曲线，单击“曲面”→“基础”命令后面的方块图标，进入挤出工具设置界面，设置如图 2-5-9 所示。

（6）生成壶带曲面后，选择圆环曲线，右击，在弹出的快捷菜单中选择“控制顶点”命令，选择圆环的 4 个顶角点，使用旋转工具对点进行旋转，调整圆环曲线为方形曲线，这时曲面的形状也会跟随横截面产生变化，如图 2-5-10 所示。

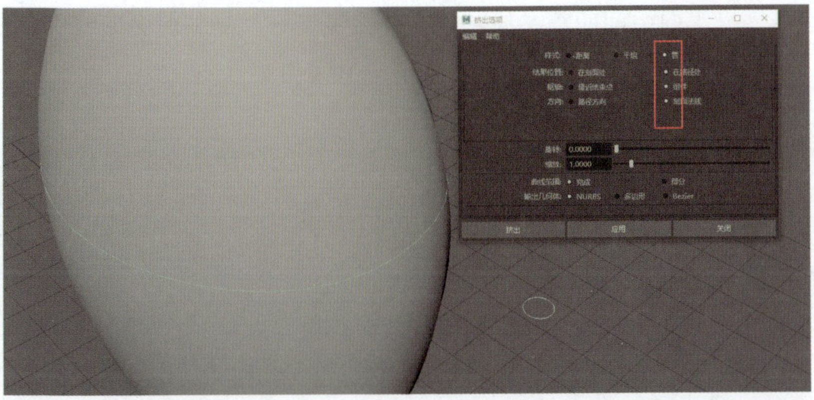

图 2-5-9

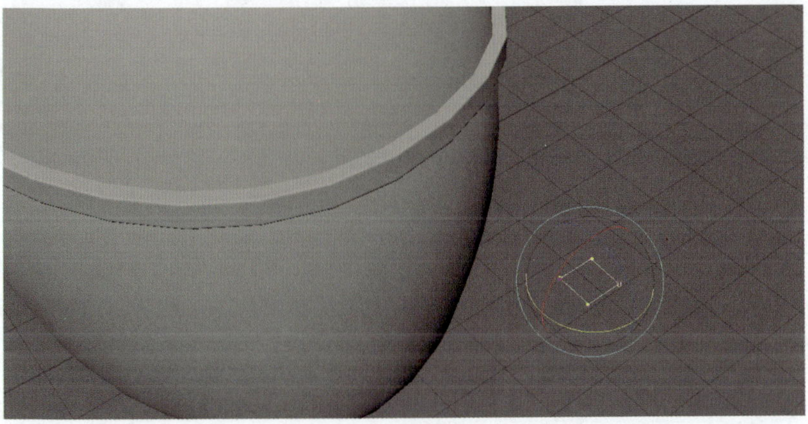

图 2-5-10

（7）对方形曲线的形状进行缩放调整，调整完成后对其进行复制，调整大小。选择壶身下方的一条等参线，单击“曲线”→“复制曲面曲线”命令，在这条等参线所在位置复制出一条独立的曲线，选择复制的方形截面曲线，按住 Shift 键的同时选中壶身复制的曲线，单击“曲面”→“挤出”命令，生成第二条壶带，如图 2-5-11 所示。

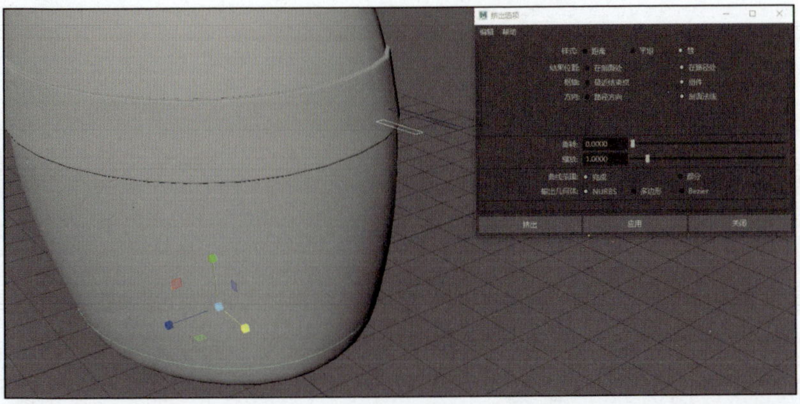

图 2-5-11

（8）选择壶身纵向中间的等参线，单击“曲线”→“复制曲面曲线”命令，在壶身的纵向中间位置复制出一条独立的曲线，如图 2-5-12 所示。

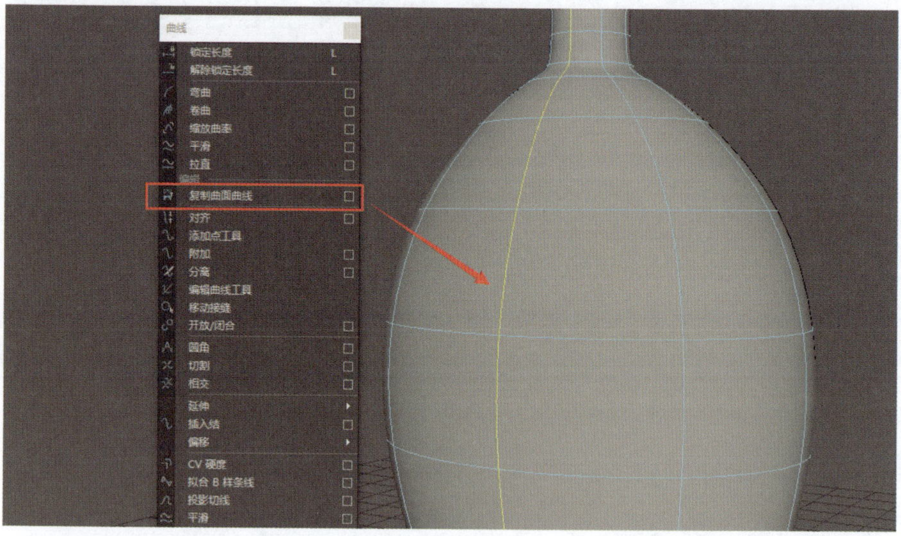

图 2-5-12

（9）选择复制的曲线，右击，在弹出的快捷菜单中选择“编辑点”命令，进入编辑点模式，选择线段中间的一个编辑点，单击“曲线”→“分离”命令，以这个编辑点为中心将这条曲线打断，如图 2-5-13 所示。

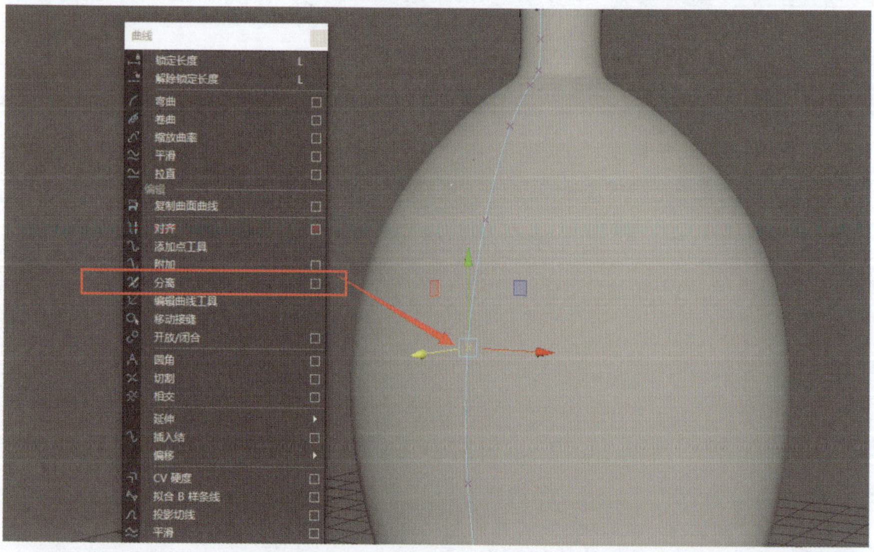

图 2-5-13

（10）选择上部的分离曲线并执行删除操作，选择复制的正方形曲线作为截面，按住 Shift 键的同时选中下侧的分离曲线，单击“曲面”→“挤出”命令，挤出生成纵向的壶带曲面，如图 2-5-14 所示。

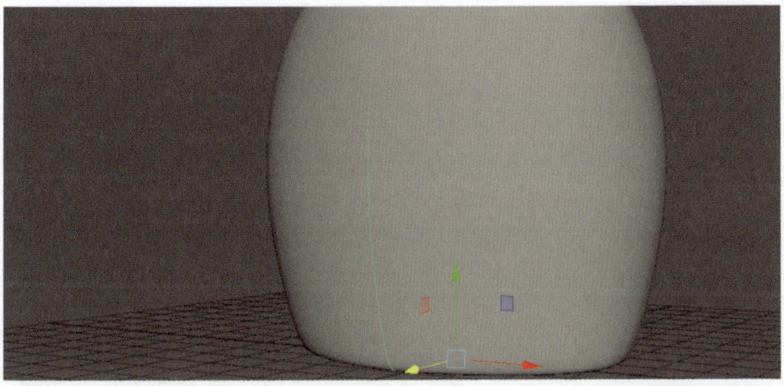

图 2-5-14

（11）切换到前视图，单击“创建”→“曲线工具”→“CV 曲线工具”，进入绘制 CV 曲线模式，在前视图中以中轴线为基准线绘制壶盖一侧的结构线，如图 2-5-15 所示。

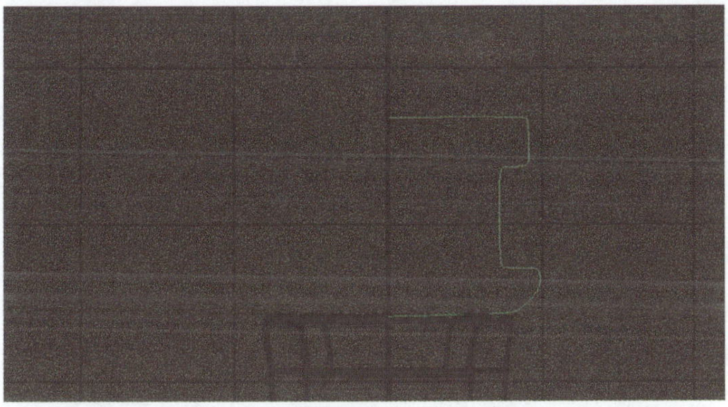

图 2-5-15

（12）选择绘制的结构线，单击“曲面”→“旋转”命令，选择生成壶盖曲面，如图 2-5-16 所示。

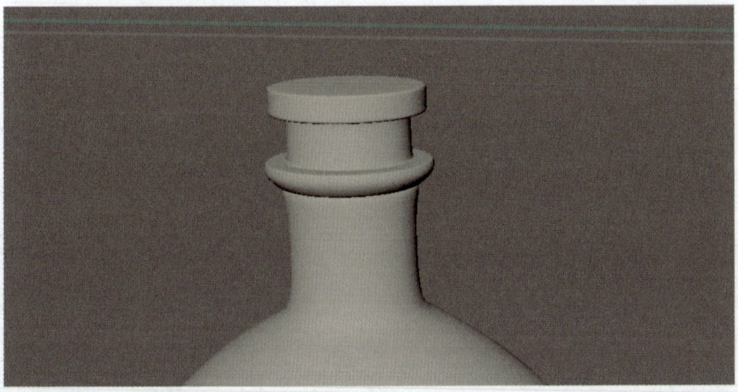

图 2-5-16

（13）选择壶盖模型，进入等参线模式，选择壶盖上方平面边缘的一圈等参线，单击“曲线”→“复制曲面曲线”命令，复制一条独立曲线，如图 2-5-17 所示。

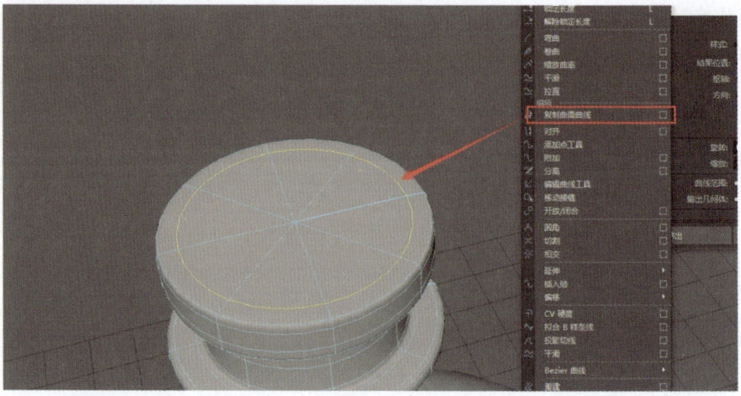

图 2-5-17

（14）选择曲线，单击“修改”→“居中枢轴”命令，将新创建曲线的中心点设置为物体中心位置（新创建的物体中心位置均在世界坐标原点位置）（图 2-5-18）。然后将曲线缩小至合适大小。

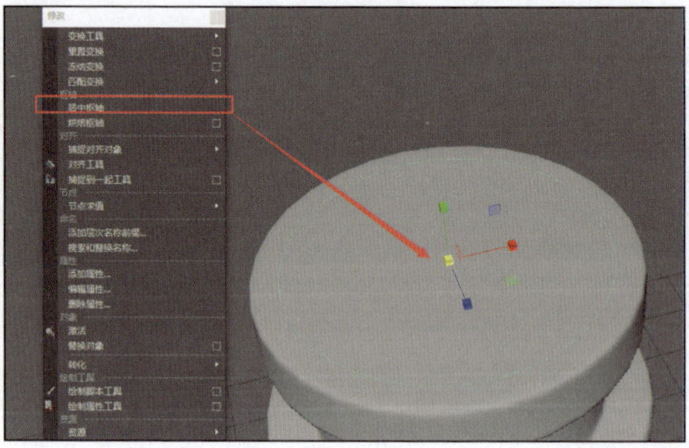

图 2-5-18

（15）在壶盖的上方绘制一条把手曲线，选择圆圈曲线，按住 Shift 键的同时选中把手曲线，单击“曲面”→“挤出”命令，生成把手曲面，如图 2-5-19 和图 2-5-20 所示。

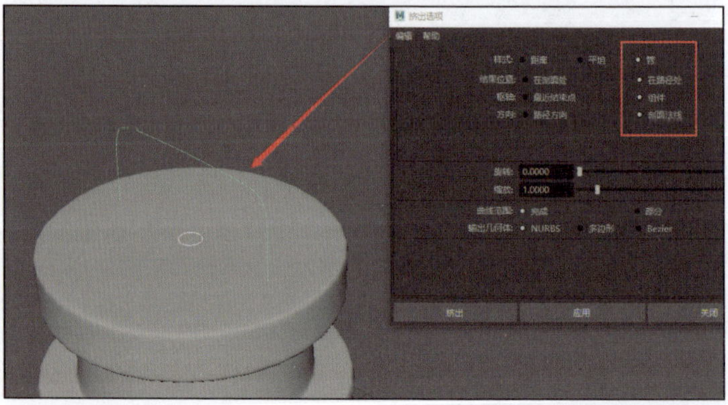

图 2-5-19

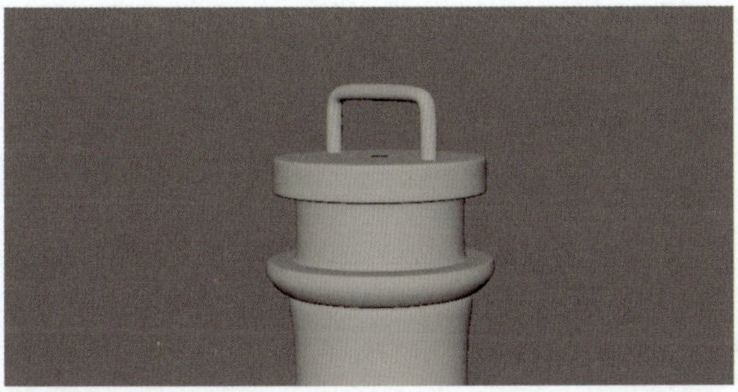

图 2-5-20

（16）创建一个多边形立方体，在右侧通道栏历史记录区域中调整立方体分段数，设置细分宽度为 3，高度细分数为 1，深度细分数为 1（图 2-5-21）。使用缩放工具对其进行缩放，如图 2-5-21 和图 2-5-22 所示。

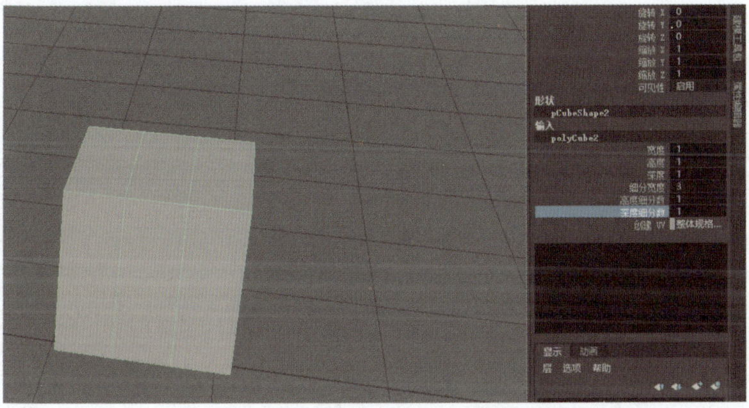

图 2-5-21

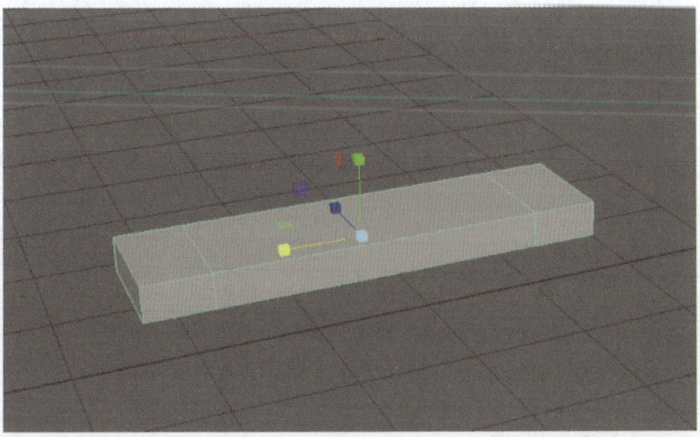

图 2-5-22

（17）调整好长宽比例后选择模型，单击“编辑”→“复制”命令，将长方体进行复制，使用移动工具调整复制长方体的位置，同时选择两个长方体，单击“网格”→“结合”命令，将两个多边形模型结合为一个模型，如图 2-5-23 所示。

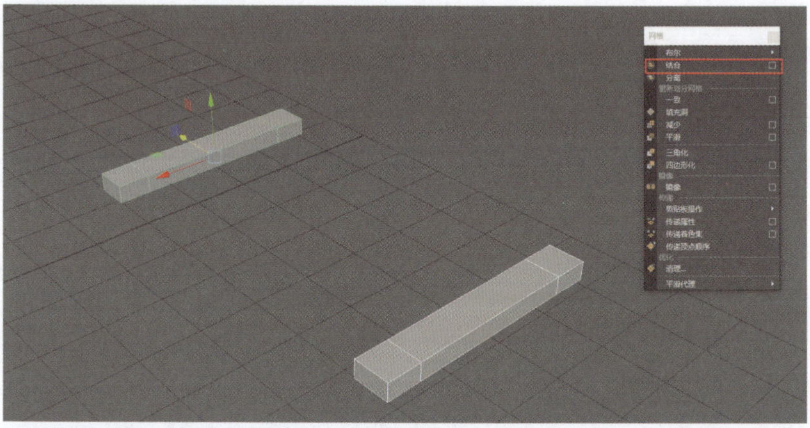

图 2-5-23

（18）选择长方体两侧对应的面，单击右侧建模工具包里的“桥接”命令，相对应的面将被连接在一起，如图 2-5-24 所示。

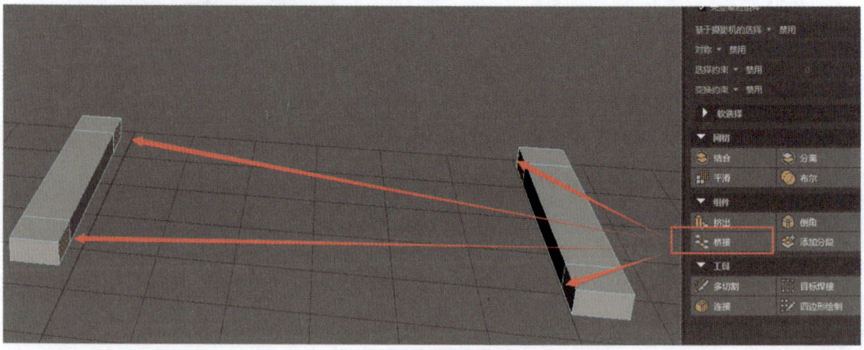

图 2-5-24

（19）在连接部位使用建模工具包里的“多切割”命令，在对应面之间形成的模型中间位置切割两条线段，如图 2-5-25 所示。

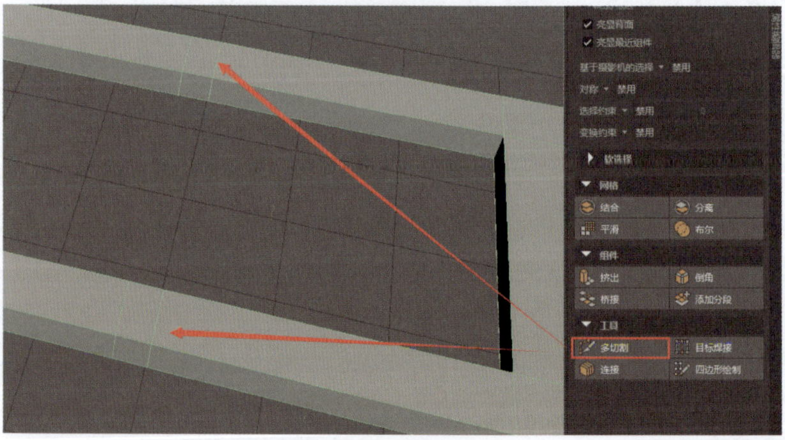

图 2-5-25

（20）选择切割部分内侧对应的面，使用“桥接”命令在面中间生成一个连接构造，然后单击“倒角”命令的按钮，为整个模型添加倒角效果，如图 2-5-26 所示。

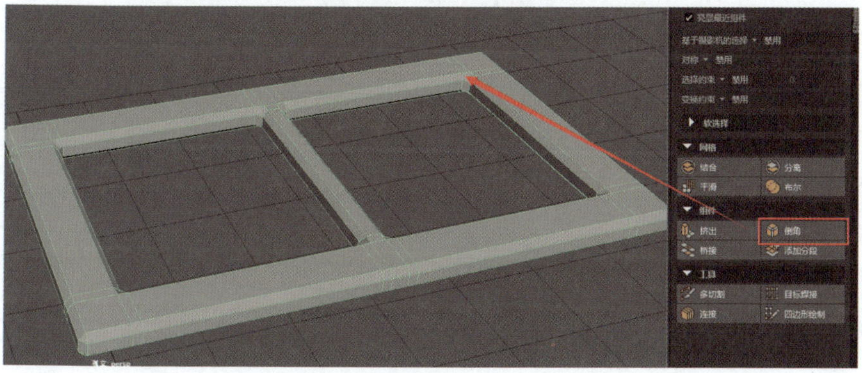

图 2-5-26

（21）使用 CV 曲线，在水壶侧面位置画一条曲线，使用之前制作的长方形曲线作为横切面，按住 Shift 键的同时选中绘制曲线，单击“曲面”→“挤出”命令，生成水壶侧面的壶带，调整卡扣和壶带的位置，如图 2-5-27 所示。

图 2-5-27

项目拓展

通过军用水壶的制作，学习如何使用 CV 曲线绘制模型的结构线，并且通过曲面建模中的“旋转”命令将曲线沿中心轴旋转 360 度生成曲面模型，制作水壶主体。水壶的背带使用了曲面建模中的“挤出”命令（将一个作为横切面的封闭曲线沿着绘制的路径进行挤出，从而生成曲面模型）。接下来请使用这两个曲面命令制作一个台灯的曲面模型，如图 2-5-28 所示。

台灯的灯罩和主体使用“绘制曲线”和“旋转”命令制作，灯罩上方的支架和底座的钩子通过绘制横切面和路径后，使用“挤出”命令制作。

图 2-5-28

思考与练习

在这个实例中涉及的曲面建模工具有“旋转”和“挤出”，“旋转”命令是将绘制好的结构线沿所在视图的中心轴旋转 360 度生成曲面模型，注意这里所说的中心轴在不同的视图里代表的轴向也是不一样的，前视图和侧视图的纵向中心轴都是 Y 轴，前视图横向中心轴是 X 轴，侧视图横向中心轴是 Z 轴，而顶视图纵向中心轴是 Z 轴，横向中心轴是 X 轴，在使用“旋转”命令的时候一定要清楚对齐的是哪条轴向，只有正确的旋转轴才能创建正确的模型。确定旋转轴后可以在“旋转”命令的设置窗口里对轴向进行修改设置，轴向的默认设置为 Y 轴，可根据需要进行调整。使用“挤出”命令时，先选择制作好的横切面曲线再同时选中绘制的路径曲线，然后单击“曲面”→“挤出”命令。“挤出”命令除了可以制作曲面模型，还可以制作类似植物生长的动画。这两个命令在曲面建模中的使用频率非常高，要熟练掌握其使用方法。

军号的制作

任务6 军号的制作

【任务描述】

根据前期角色设计稿，使用 Maya 曲面建模工具制作军号模型。

【任务要求】

本任务要根据设计图和实物图按照正确的比例进行制作，在军号主体号管处要注意弯曲结构的层次感，在画 CV 曲线时要在不同视图中沿不同的角度去观察空间位置，防止出现曲线交错的现象。

【知识链接】

在之前军用水壶的模型制作实例中，使用的是曲面建模里的“旋转”和“挤出”命令。考虑到军号模型的结构特点，本实例也可以使用与制作军用水壶相同的曲面建模命令进行制作。

【任务实施】

首先用一张军号的照片作为参考，如图 2-6-1 所示。

图 2-6-1

（1）在前视图中使用“CV 曲线工具”命令绘制军号号管的结构路径，如图 2-6-2 所示。

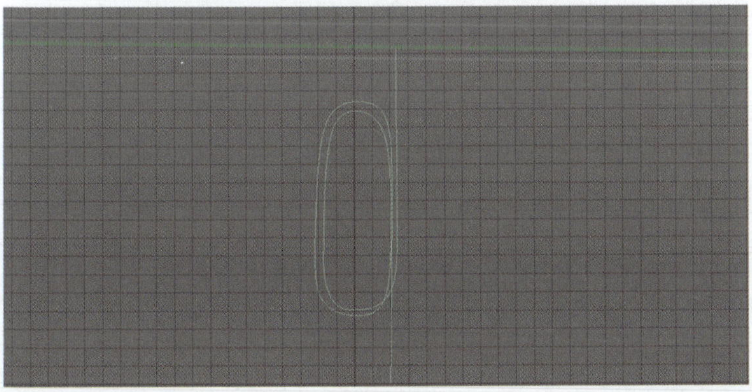

图 2-6-2

（2）选择曲线，右击，在弹出的快捷菜单中选择“控制顶点”命令，进入控制点模式，通过调整控制点来调整曲线的形状，如图 2-6-3 所示。

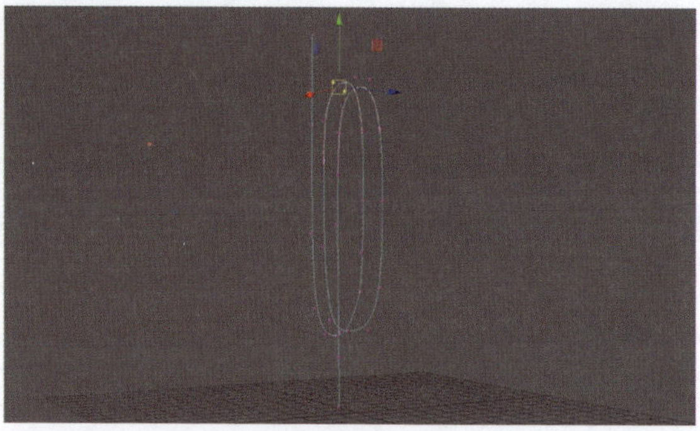

图 2-6-3

（3）创建一个圆环曲线，调整圆环大小，选择圆环，按住 Shift 键的同时选中曲线，单击“曲面”→“挤出”命令后面的方块图标，打开工具设置窗口，具体设置如图 2-6-4 所示，设置完成后的模型效果如图 2-6-5 所示。

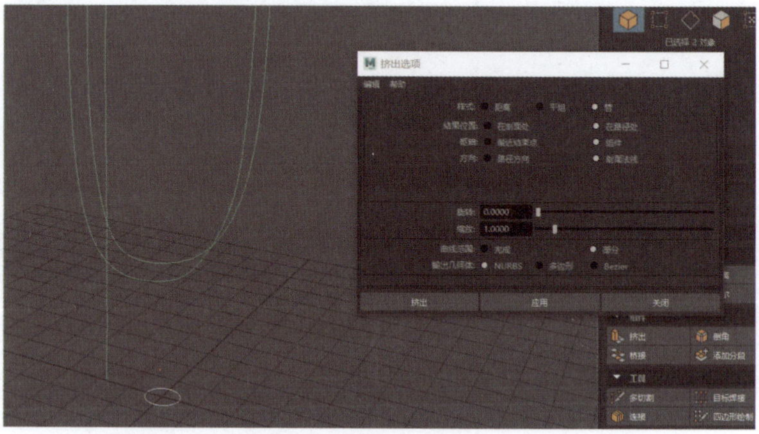

图 2-6-4

图 2-6-5

（4）选择模型，右击，在弹出的快捷菜单中选择“等参线”命令，进入等参线模式，选择相应的等参线，单击“曲面”→“插入等参线”命令，打开工具设置窗口，选择“在当前选择之间”选项，设置“要插入的等参线数”为 2，为号管添加新的等参线来增加细节，如图 2-6-6 所示。

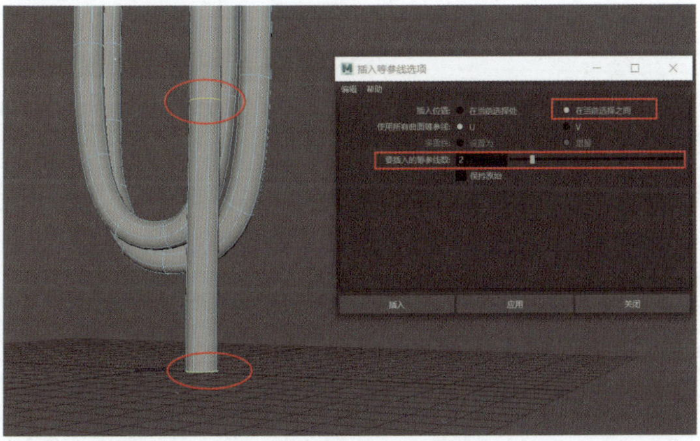

图 2-6-6

（5）选择模型，右击，在弹出的快捷菜单中选择“壳线”命令，进入壳线模式，选择号管最下沿的一条壳线，使用缩放工具将其放大，制作出军号号口的形态，如图 2-6-7 所示。

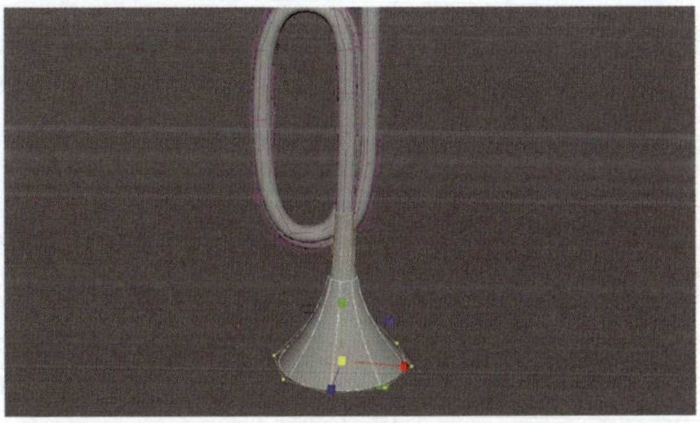

图 2-6-7

（6）再次进入等参线模式，选择号口边缘的等参线，单击“曲线”→“复制曲面曲线”命令，将等参线复制出来，如图 2-6-8 所示。

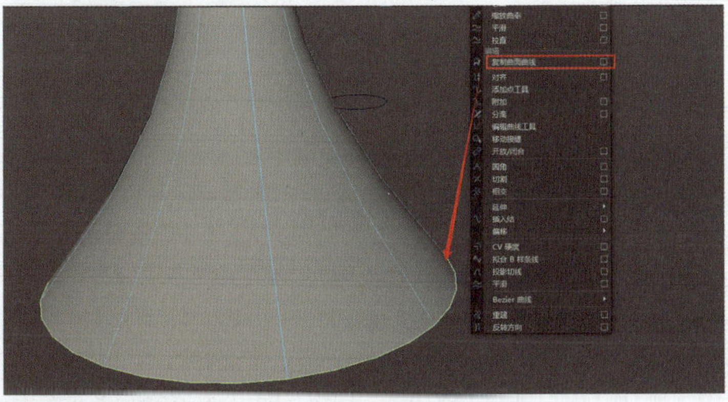

图 2-6-8

（7）创建一个圆形曲线，选择该圆形曲线，按住 Shift 键的同时选中上一步骤复制的曲线，单击“曲面”→“挤出”命令，如图 2-6-9 所示。

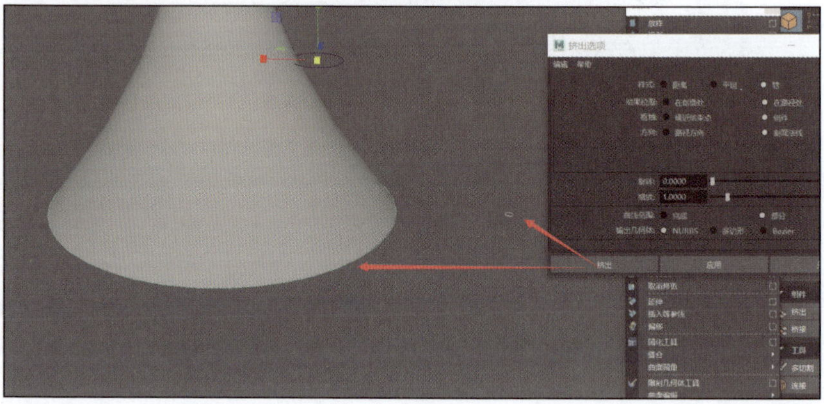

图 2-6-9

（8）选择号管吹嘴附近的两条等参线，单击“曲面”→“插入等参线”命令，在两条等参线之间插入两条线段，如图 2-6-10 所示。

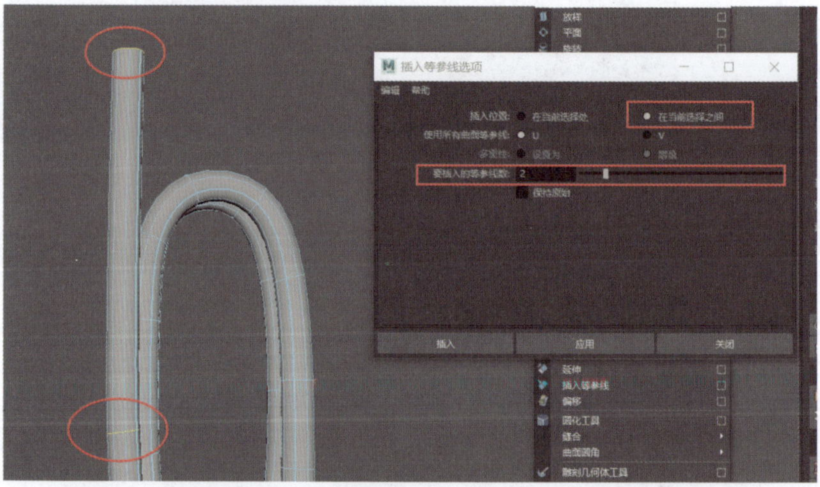

图 2-6-10

（9）选择模型，右击，在弹出的快捷菜单中选择“壳线”命令，进入壳线模式，选择壳线进行编辑，如图 2-6-11 所示。

（10）在顶部吹嘴的位置处拖拽等参线，拉出一条虚线，打开“插入等参线”命令的设置窗口，在“插入位置”选项中选择“在当前选择处”，多重性设置为 1，即可增加该区域的细节，对形态进行调整，如图 2-6-12 所示。

（11）选择吹嘴顶端的等参线，单击“曲线”→“复制曲面曲线”命令，将这条等参线复制成一条独立曲线，单击“创建”→“NURBS 基本体”→“圆形”命令创建一个圆形曲线作为横切面，选择该圆形曲线，按住 Shift 键的同时选中复制曲线，单击“曲面”→“挤出”命令，制作吹嘴处的包边结构，如图 2-6-13 所示。

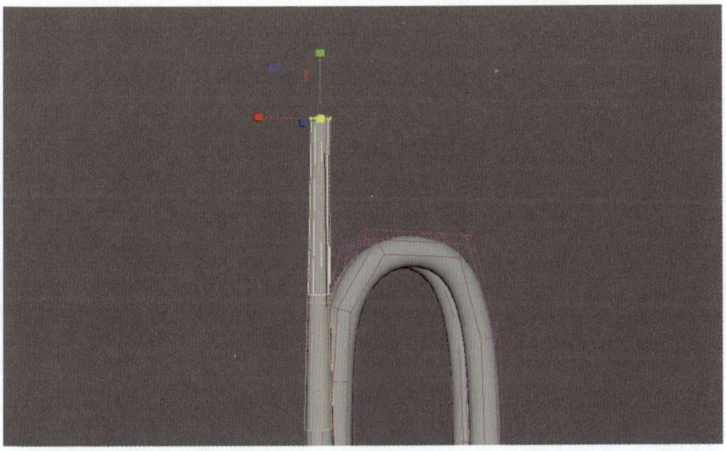

图 2-6-11

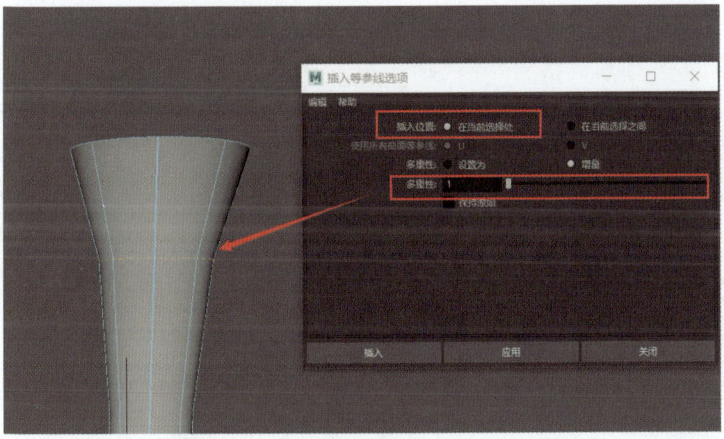

图 2-6-12

图 2-6-13

（12）使用相同的方法为号管各个位置添加相应的细节（2-6-14），完成军号的制作。

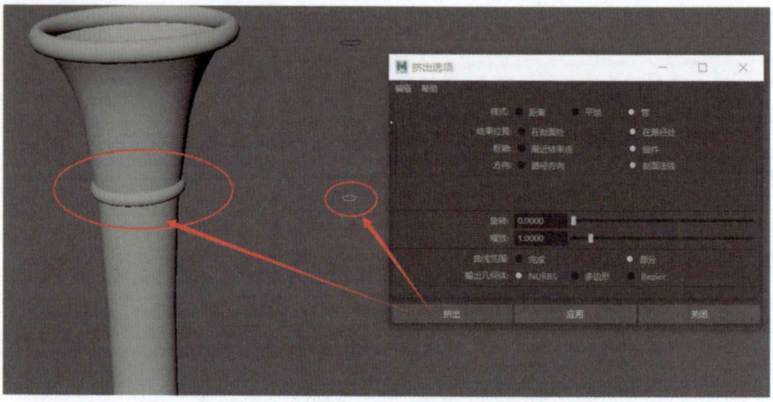

图 2-6-14

项目拓展

通过军号的制作，学习如何使用 CV 曲线来绘制曲线，并且通过曲面建模里的“曲面”→“挤出”命令将截面曲线通过路径挤出从而生成曲面模型。接下来通过已经学习过的曲面“旋转”命令与“挤出”命令制作一个静物场景，如图 2-6-15 所示。

图 2-6-15

思考与练习

本实例依然使用曲面建模方式对其进行成型操作，绘制军号号管曲线后，对其进行挤出操作，生成曲面后通过调整曲面上的壳线和控制点来修改号管不同位置的粗细，再通过“复制曲面曲线”命令复制曲面的等参线得到独立的曲线，创建切面曲线后对其进行挤出操作生成号嘴部分的结构，最后将曲面转换为多边形。本实例中所有模型最终形态都是多边形形态，以便于后期导入 Substance Painter 对其进行材质的绘制。

项目 3

红军角色模型的制作

项目导读

通过学习 ZBrush 雕刻技术配合 Maya 的拓扑工具来制作红军角色模型。根据角色设计稿，使用 ZBrush 快速雕刻出红军模型，并为其添加相应的细节。由于雕刻的模型是百万级别的高精度模型，不适用于动画制作，因此，将其导入到 Maya 中，使用 Maya 的四边形绘制命令对模型进行拓扑，将高精度模型拓扑为几万面的低分辨率模型，同时对模型的 UV 进行展开，使模型适用于流畅的动画效果的制作。

教学目标

★掌握 ZBrush 的基本操作和常用雕刻笔刷的使用方法。

★掌握人物角色雕刻的规律和技巧。

任务 1 ZBrush 基本操作

ZBrush 基本操作

【任务描述】

学习 ZBrush 的基本操作。

【任务要求】

了解 ZBrush 的界面布局，掌握 ZBrush 的基本操作方法，以及常用工具的使用方法。

【知识链接】

首先打开 ZBrush 软件，软件界面如图 3-1-1 所示。

图 3-1-1

ZBrush 的软件布局有很多特别之处，首先最上方的菜单并不是按照传统布局（文件、编辑、创建等）进行排列，而是根据英文字母的顺序进行排列，如图 3-1-2 所示。

图 3-1-2

软件界面的左侧托盘中从上到下分别是笔刷、笔触、遮罩、贴图、材质和颜色选项，具体的使用方法将在制作过程中以及通过视频教学进行讲解。右侧窄边区域依次是 BPR 渲染、滚动文档、缩放文档、实际大小、抗锯齿、透视、地网格、局部旋转、XYZ 旋转、Y 旋转、Z 旋转、中心点、移动、旋转、缩放等按钮。在默认情况下，右侧工具托盘中对应的是“工具”菜单中的命令，可以将菜单栏所有的菜单拆分排列到右侧的托盘中。里面命令的具体使用方法会在视频教学中展示。菜单下方，操作视图上方的按钮从左至右分别是主页、灯箱、预览布尔渲染。单击“主页”按钮进入 ZBrush 的官方主页，单击“灯箱”按钮进入工程文件夹，“预览布尔渲染”按钮主要针对 ZBrush 布尔运算效果的预览显示。再往右分别是 Edit（编辑）、绘制、移动轴、旋转轴和缩放轴按钮。Edit 对应编辑模式，当创建新物体后，需要进入编辑模式对其进行编辑操作。当单击“绘制”按钮后，可以在右侧工具托盘中选择需要的基本体，在操作视图中将基本体拖拽出来。也就是说当 Edit 按钮没有被单击，只单击“绘制”按钮时，这个按钮的作用就是创建新的模型基本体；当拖拽出新物体以后，再单击 Edit 按钮进入编辑模式，这时“绘制”按钮的作用就变为了在物体上进行雕刻。“绘制”按钮右侧的移动轴、旋转轴和缩放轴按钮分别对应模型的移动、旋转和缩放操作。再往右便是笔刷属性效果的调节按钮，如图 3-1-3 所示。

图 3-1-3

- Mrgb：颜色和材质的绘制。
- Rgb：颜色绘制。
- M：材质绘制。
- Zadd：笔刷向外。
- Zsub：笔刷向内。
- Zcut：切割模式。
- Rgb 强度：颜色强度。
- Z 强度：笔刷强度。
- 焦点衰减：笔刷从中心向外部的强度衰减。
- 绘制大小：笔刷半径尺寸。

创建物体以后，在操作视图中的空白处单击拖动物体，对视图摄像机进行旋转操作，可以在不同角度观察物体。按 Alt 键 + 鼠标左键或右键，可对摄像机进行移动操作。按 Ctrl 键 + 鼠标右键，可对摄像机进行推拉操作。

在软件界面的右上角最顶端有一排 UI 界面转换按钮，如图 3-1-4 所示。

图 3-1-4

透视的数值可以控制软件界面的透明度，当数值为 0 时界面不透明，当数值为 100 时界面完全透明。右侧的几个按钮可以变换软件界面的颜色和布局。

以上是 ZBrush 软件界面基本布局和基本操作，具体内容在视频教学中展示给大家。

【任务实施】

创建一个基本几何体，对其进行操作。

（1）单击软件界面右侧工具托盘里的 SimpleBrush 按钮，在弹出的选择界面中选择一个基本几何体，如图 3-1-5 所示。

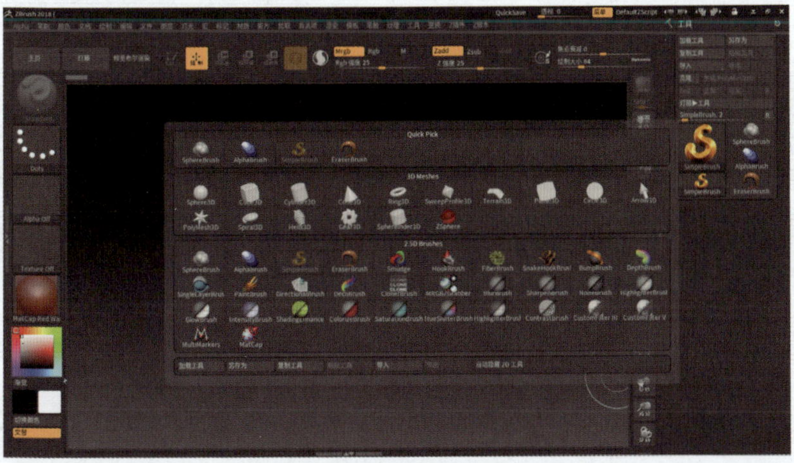

图 3-1-5

（2）选择任意一个基本体在操作界面中拖拽出来，然后点击 Edit 按钮进入编辑模式，这时的几何体还不能进行雕刻，单击右侧工具托盘中的“生成 PolyMesh3D”按钮，将基本体转化为可编辑的几何体模型，如图 3-1-6 所示。

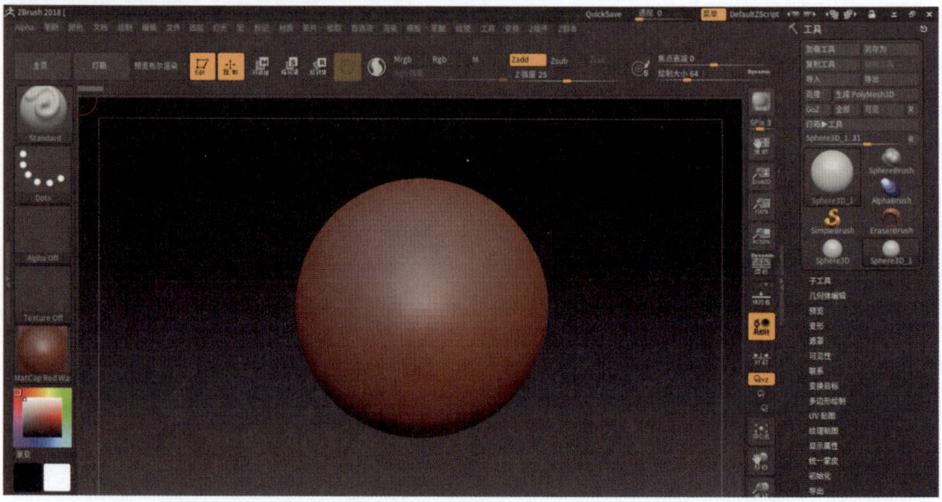

图 3-1-6

（3）单击界面左侧上方的 Brush 按钮，弹出笔刷选择界面，选择需要的笔刷，具体的笔刷效果在视频教学中进行讲解，操作如图 3-1-7 所示。

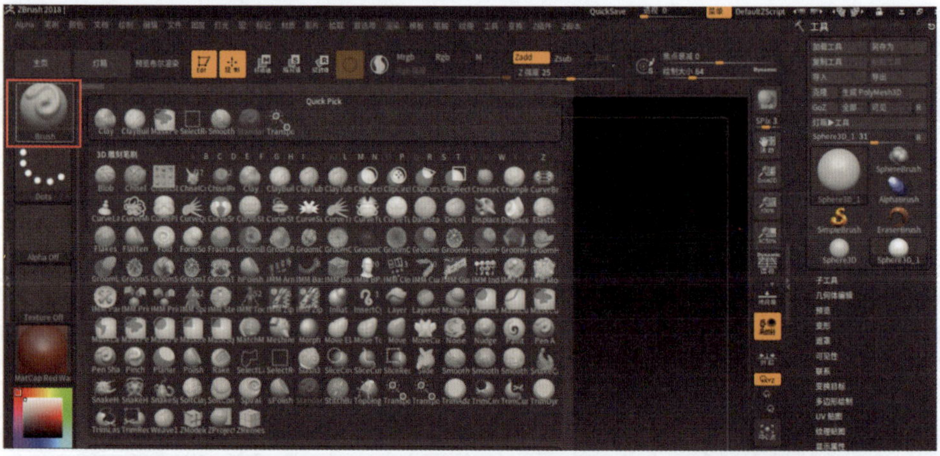

图 3-1-7

（4）选择笔刷后，在创建的几何体上按住鼠标左键拖拽，或者使用数位板在几何体上进行雕刻绘制，如图 3-1-8 所示。

（5）选择不同的笔触、添加遮罩、贴图以及修改材质，观察绘制效果。

（6）单击左侧下方的“移动”“旋转”和“缩放”按钮，对视图摄像机进行位置上的变化。

图 3-1-8

项目拓展

使用 ZBrush 的“Z 球”工具制作一个昆虫模型，如图 3-1-9 所示。

图 3-1-9

思考与练习

通过 ZBrush 基础命令的学习，可掌握 ZBrush 界面布局、常用笔刷的特性、工具托盘命令的使用方法以及创建基本模型，并对其进行雕刻的方法。灵活使用动态网格和细分级别两种细化方法对模型的面数进行控制，可达到最理想的编辑效果。

ZBrush 雕刻红军模型

任务2 ZBrush 雕刻红军模型

【任务描述】

根据角色设计稿，使用 ZBrush 雕刻红军角色模型。

【任务要求】

掌握 ZBrush 的雕刻流程和各个工具的使用方法，了解人物角色的构造和形态特点。

【知识链接】

了解工具托盘中常用工具的使用方法。

子工具：子工具主要用于对层级的管理。在制作模型时，不同的部分要放置到不同的层级里，层级列表的下方分别是“拆分”“合并”“布尔运算”“重分网格”“投影”“提取”命令栏，在视频教程和实例制作里会有详细的讲解。

几何体编辑：此命令栏中的命令在雕刻中使用的频率最高，特别是“细分网格”、“Dynamesh”“ZRemesher”这几个命令，是 ZBrush 雕刻中的重要工具。

再往下依次是“ArrayMesh”“NanoMesh”“图层”“FiberMesh”“HD 几何”“预览”“表面”“变形”“遮罩”“可见性”“多边形组”“联系”“变化目标”“多边形绘制”“UV 贴图”“纹理贴图”“置换贴图”“法线贴图”“矢量置换贴图”“显示属性”“统一蒙皮”“初始化”“导入”“导出”命令，这些命令在整个雕刻过程中各司其职。通过不同命令的搭配帮助可完成角色模型的雕刻工作。其中常用命令的使用方法会在制作实例和视频教学中会进行讲解。

【任务实施】

（1）在绘制模式下单击 SimpleBrush 按钮，选择球体多边形体在操作视图中拖拽出来，然后单击 Edit 按钮进入编辑模式，单击右侧工具托盘中的“生成 PolygonMesh3D”按钮将球体转化为可编辑的多边形网格，如果不进行转换，则不能在球体表面使用笔刷进行雕刻操作。转化完成后单击左侧列表里的 Material 按钮，为当前被默认为红色的网格物体更换一种便于观察模型细节的材质。打开 Material 后，在列表里选择 MatCap Gray 材质，这时新的材质就会自动附着到编辑网格模型上，如图 3-2-1 所示。

（2）单击左上角的 Brush 按钮，其默认笔刷是 Standard（标准）笔刷，这个笔刷适用于在模型上进行雕刻，但在开始塑形时一般使用 Move（移动）笔刷来调节模型的大型，在调节大型的同时配合雕刻笔刷进行修改，现在将笔刷调整为 Move 笔刷（图 3-2-2）。Move 笔刷的作用类似于 Maya 中的软选择，可以对模型表面进行大范围的调整，调整范围的大小取决于笔刷半径的大小，可以按 S 键，在弹出的快捷菜单中拖动滑杆来改变笔刷的大小，使用 Move 笔刷把球体调整为身子的形状，效果如图 3-2-3 所示。

图 3-2-1

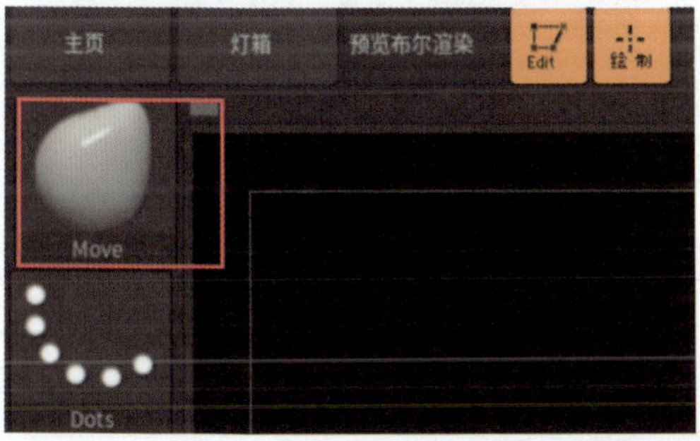

图 3-2-2

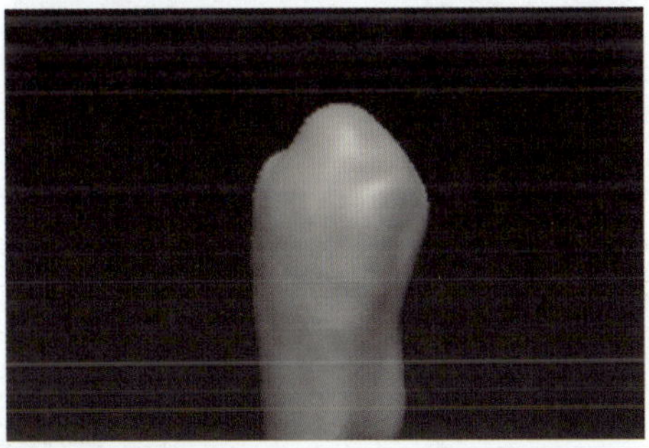

图 3-2-3

（3）将圆球调整为身子的形状后，在视图右侧工具托盘中单击“几何体编辑”命令栏中 Dynamesh（动态网格）命令，将分辨率调整为 64，然后按住 Ctrl 键，使用鼠标左键或者数位板在窗口空白区域拖拽一下，这时模型的面就会被重新地分布和细化，且每个面都平均分布到模型上，同时因为分辨率的增加，模型的面数也得到了提升，增加了可编辑细节（图 3-2-4）。Dynamesh 是 ZBrush 多边形雕刻中非常重要的工具，其功能十分强大，需要熟练掌握该工具的使用方法。

（4）切换笔刷为 ClayBuildup（黏土）笔刷，笔刷可以进行粗线条刻画，十分适合用于塑形阶段。结合 Move 笔刷对模型进行进一步调整，雕刻出红军军服的一些简单结构，如图 3-2-5 和图 3-2-6 所示。

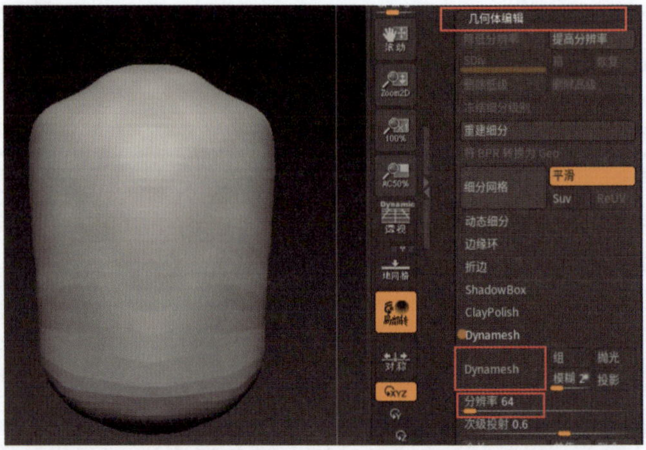

图 3-2-4

图 3-2-5

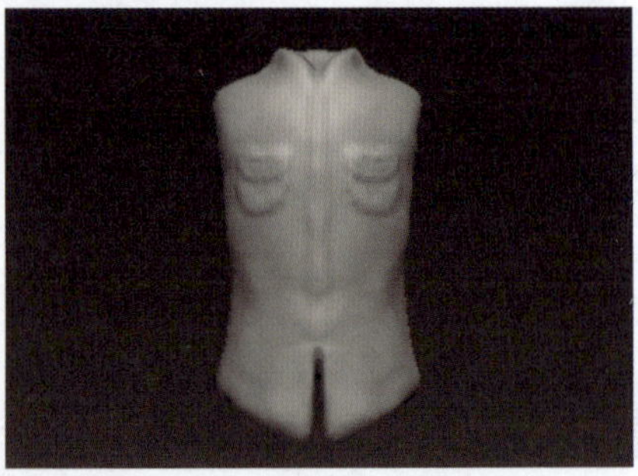

图 3-2-6

（5）调整好上身衣服模型后，要以此模型为基础，添加身体的其他部分。首先添加胳膊。将笔刷调整为 IMM Primitives，该笔刷可以在指定模型上插入几何体。选择圆柱几何体，如图 3-2-7 所示。

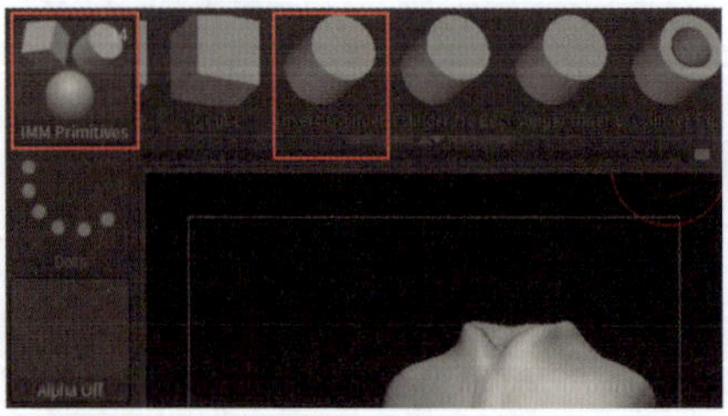

图 3-2-7

（6）在身体模型两侧胳膊的位置拖拽鼠标，这时在身体模型两侧会各出现一个圆柱基本体，同时身体模型会变成黑色，这是因为身体部分暂时被遮罩起来，防止调节胳膊的时候发生误操作，使用移动轴、旋转轴和缩放轴工具对新创建的模型进行位置、方向和大小上的修改，对应的快捷键是 W（移动）、E（缩放）、R（旋转），如图 3-2-8 所示。

（7）调整好新创建的两个圆柱体的位置、方向和大小后，按住 Ctrl 键，在空白处框选一下，这时会对原有几何体和新创建的两个圆柱体进行一次 Dynamesh（动态网格）操作，使三个网格物体合并为一个，如图 3-2-9 所示。

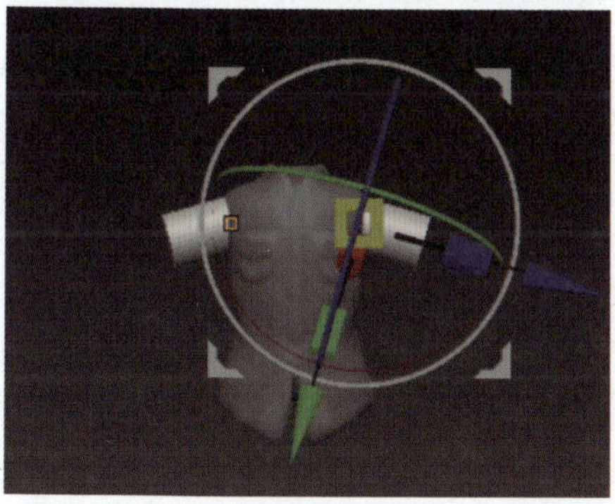

图 3-2-8

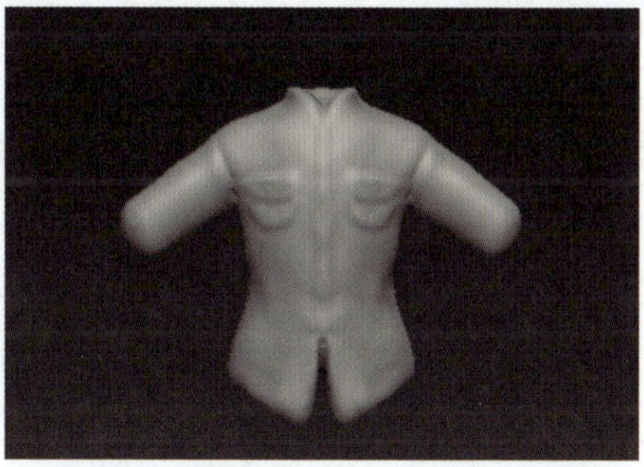

图 3-2-9

（8）使用相同的方法，制作出角色模型的小臂结构，根据角色设计稿，使用 ClayBuidup 笔刷和 Move 笔刷在小臂与上臂结合处雕刻出袖子挽起的效果，如图 3-2-10 和图 3-2-11 所示。

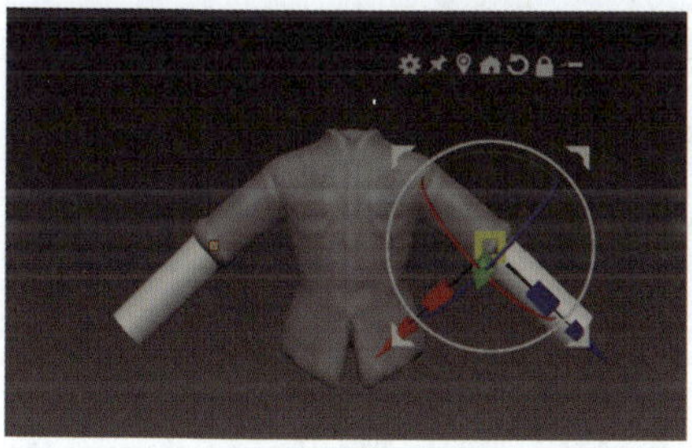

图 3-2-10

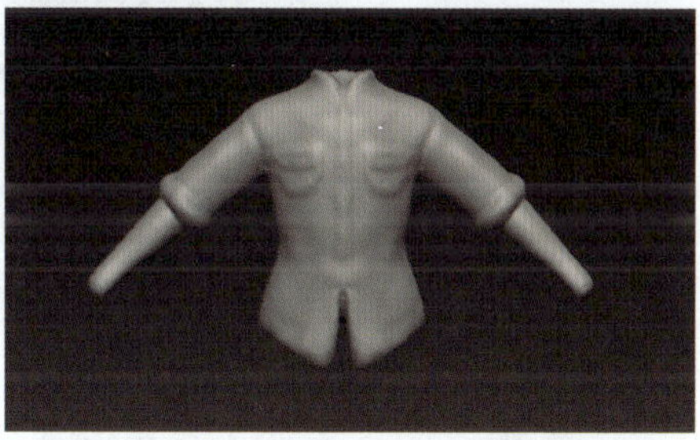

图 3-2-11

（9）使用与制作手臂相同的方法制作腿部，先创建大腿，再创建小腿，中间衔接位置雕刻裤腿挽起的褶皱效果，如图 3-2-12 至图 3-2-13 所示。

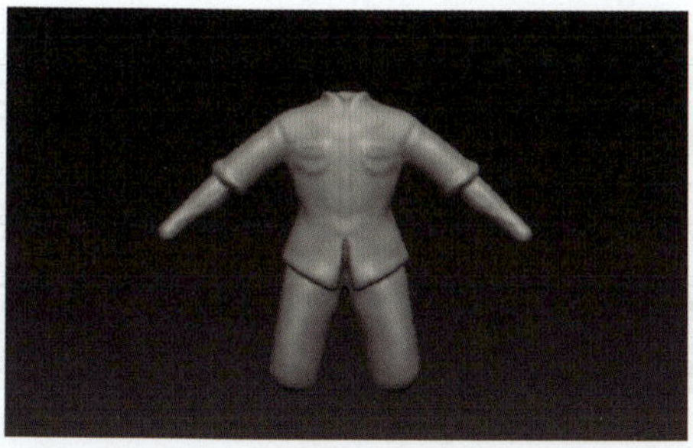

图 3-2-12

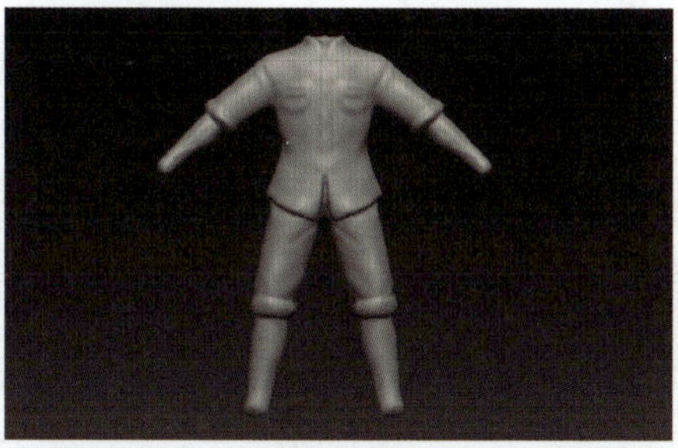

图 3-2-13

（10）接下来使用 IMMPrimitives 笔刷中的圆球基本体在小腿下沿处各加入一个圆球来制作脚部结构，使用 Move 笔刷调整脚部模型，因为角色脚穿布鞋，所以只需要雕刻出布鞋的大体形态就可以，不需要雕刻脚部细节，如图 3-2-14 和图 3-2-15 所示。

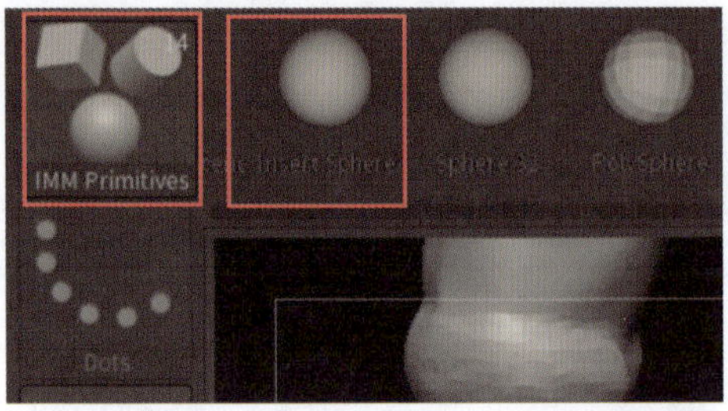

图 3-2-14

图 3-2-15

（11）接下来制作头部结构，首先在衣领处加入一个圆柱体做脖子，调整结构后再在圆柱体上方加入一个球体，进行动态网格操作后使用 ClayBuidup 笔刷和 Move 笔刷调整头部结构形态，如图 3-2-16 所示。

图 3-2-16

（12）在小臂的末端加入一个圆球模型，使用 Move 笔刷调整其结构形态，制作手掌部分，将笔刷种类切换到 CurveTube 笔刷，该笔刷可以拖拽出一个管状模型，使用 CurveTube 笔刷在手掌前沿位置拖拽出一个管状网格，使用移动工具调整其形态制作手指，如图 3-2-17 和图 3-2-18 所示。

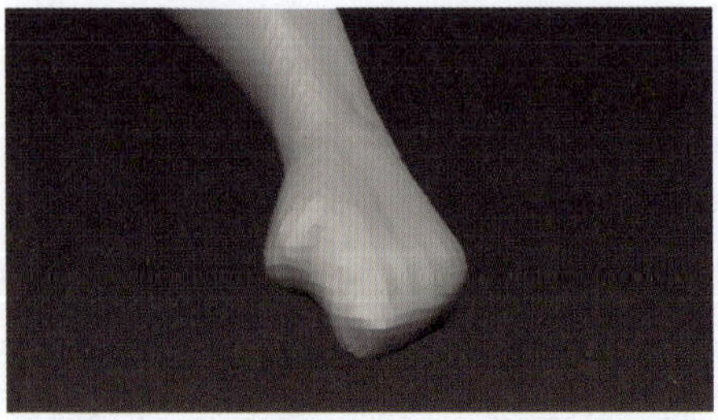

图 3-2-17

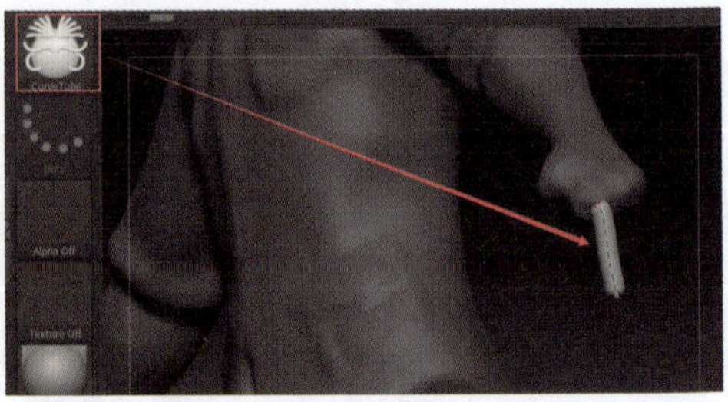

图 3-2-18

（13）调整完成以后在视图空白处按住 Ctrl 键框选一下，在指头和手掌之间做动态网格操作，将两个模型进行合并。使用 CurveTube 笔刷依次为手掌添加其余的手指，使用 Move 笔刷和 ClayBuidup 笔刷调整手指和手掌的形态，最终效果如图 3-2-19 所示。

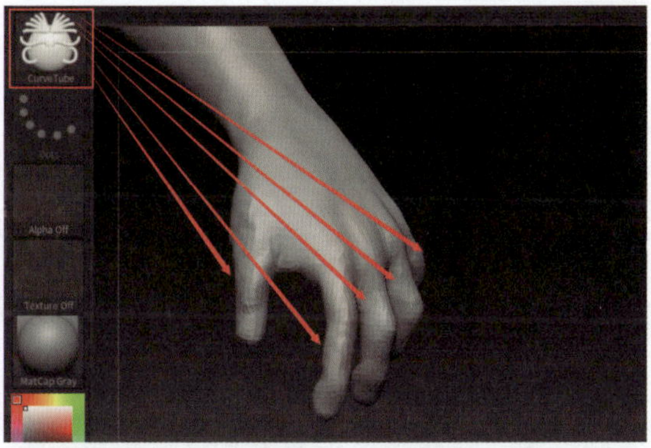

图 3-2-19

（14）红军角色身体结构添加完毕，接下来使用 Damstandard 笔刷为衣服上的口袋以及袖口裤腿添加褶皱和接缝效果（图 3-2-20）。Damstandard 笔刷主要用于绘制缝隙效果，最终效果如图 3-2-21 所示。

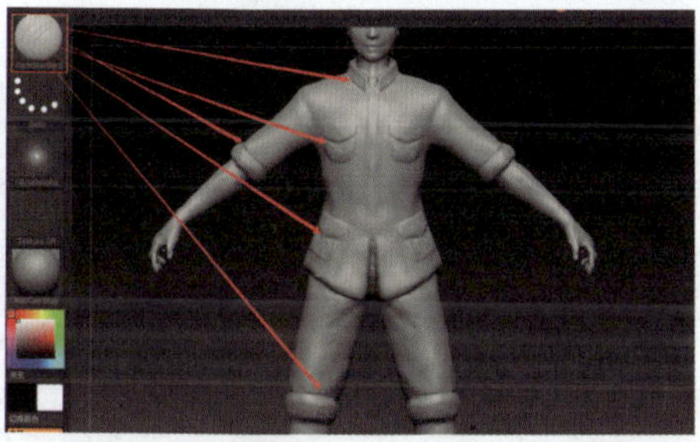

图 3-2-20

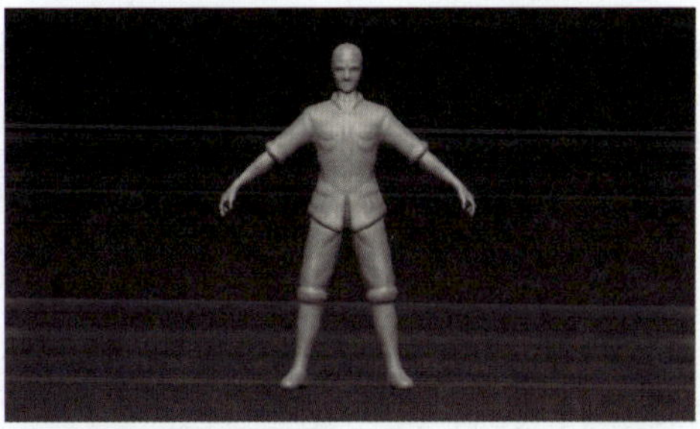

图 3-2-21

（15）对头部进行细节雕刻，调整五官的形态。因为现阶段模型面数较少，所以不能进行更细致的雕刻。打开右侧工具托盘中的“几何体编辑”命令栏，单击“细分网格”，将模型细分为 2 级，增加模型的面数，如图 3-2-22 和图 3-2-23 所示。

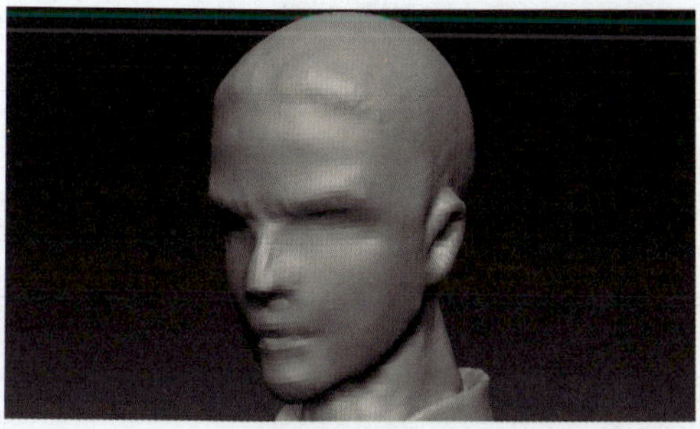

图 3-2-22

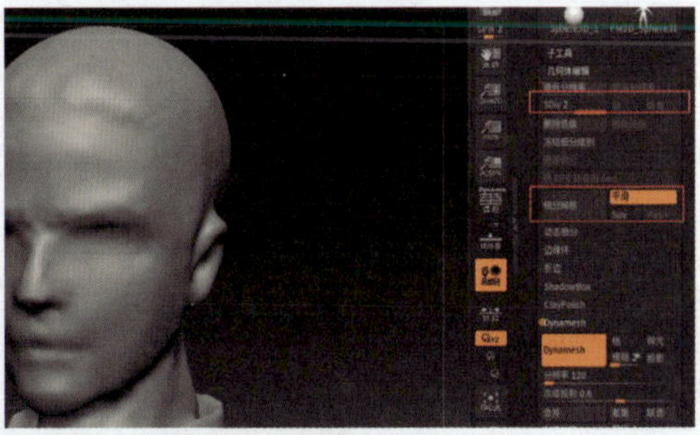

图 3-2-23

（16）制作眼皮细节前首先要制作一个眼珠作为参考，在右侧工具托盘中单击“子工具”命令栏中的“追加”命令，在弹出的列表中选择球体网格（图 3-2-24），为模型添加一个眼珠，这个球体模型会被创建在一个新的层级里面。

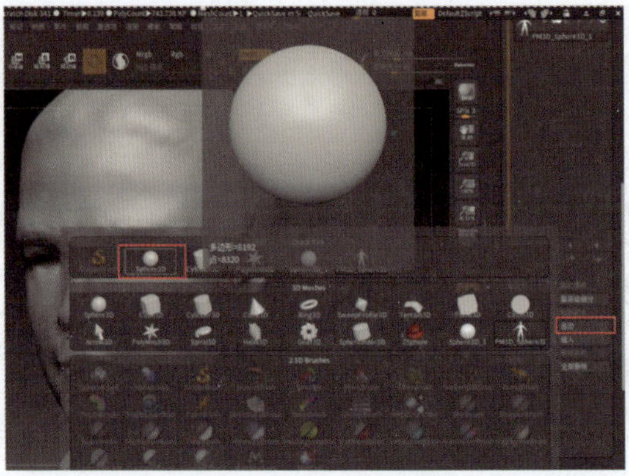

图 3-2-24

（17）添加球体网格后调整球体的大小和位置，将球体安放到眼眶之内，将笔刷调整为 Layer（层）笔刷，把笔触形式改为 DragRect（拖拽），在球体上进行进行拖拽，制作黑眼珠结构，如图 3-2-25 和图 3-2-26 所示。

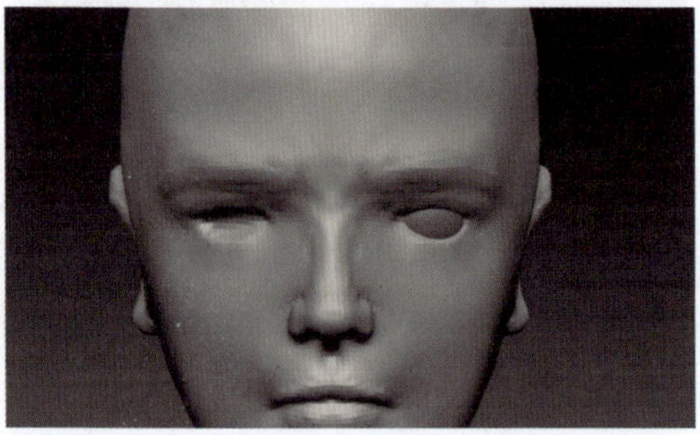

图 3-2-25

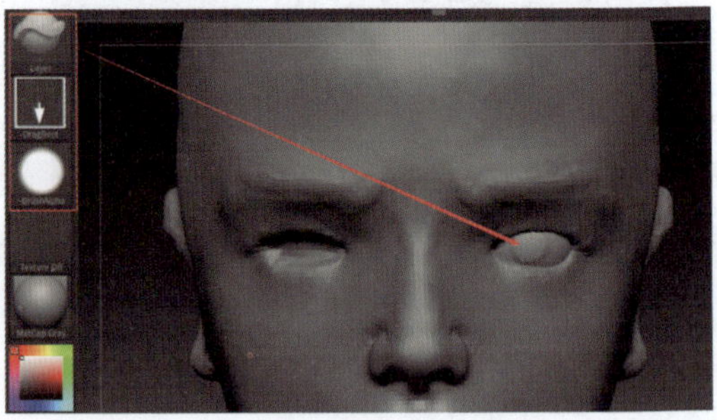

图 3-2-26

（18）选择菜单栏中的“Z 插件”菜单，单击“子工具大师”命令栏中的“镜像”命令，将眼球镜像复制到另一侧，如图 3-2-27 所示。

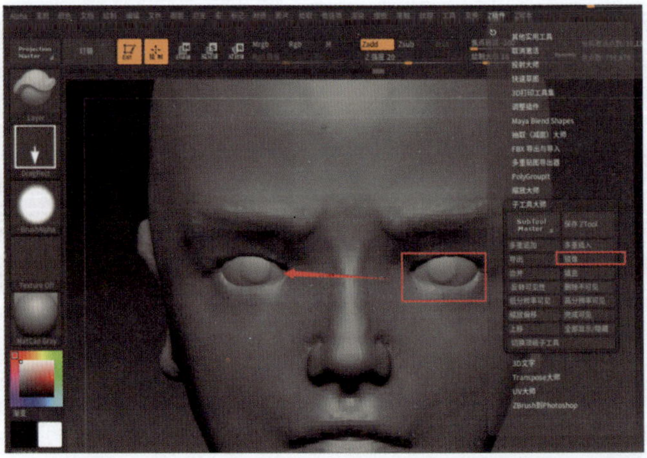

图 3-2-27

（19）以眼珠为参考对眼睛周围的结构进行调整，同时调整鼻子、嘴巴、耳朵的结构，如图 3-2-28 所示。

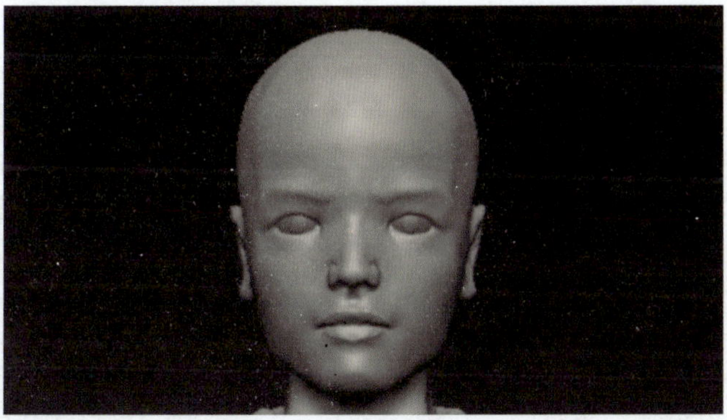

图 3-2-28

（20）将笔刷设置为 Pinch（收缩）笔刷，该笔刷可以对网格进行收缩，制作锐利的边界效果（图 3-2-29）。配合 Move 笔刷调整衣领的形状，效果如图 3-2-30 所示。

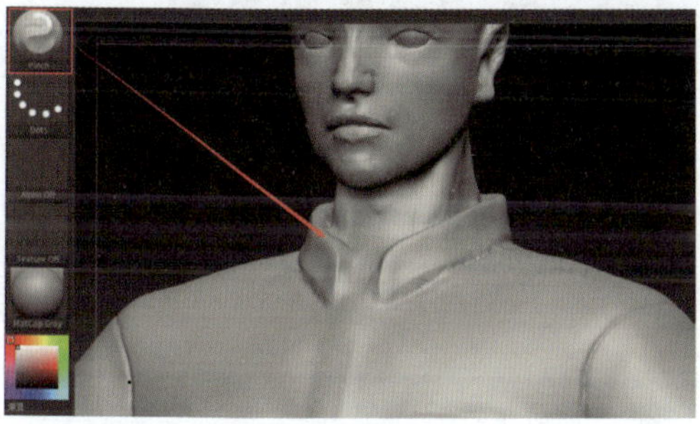

图 3-2-29

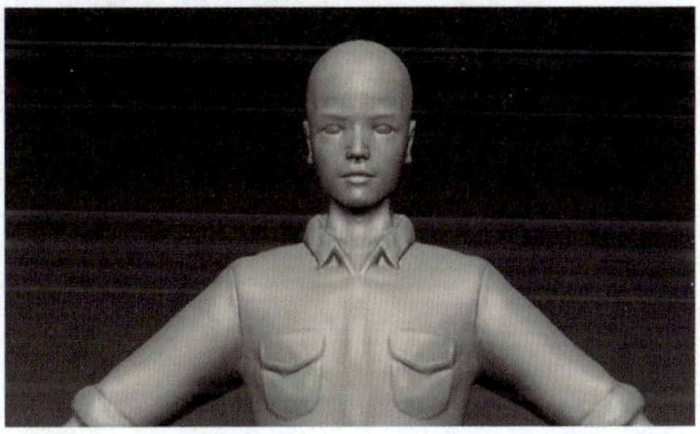

图 3-2-30

（21）按住 Ctrl 键和鼠标左键在角色的腰部拖拽出一条遮罩区域，用来制作腰带部分的结构，如图 3-2-31 所示。

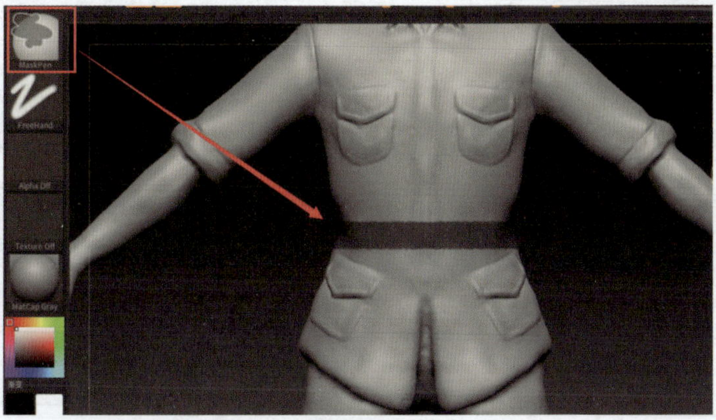

图 3-2-31

（22）单击右侧工具托盘里的子工具命令栏中的“提取”命令，将提取的厚度设置为0.02，这时在遮罩区域会生成一个带有厚度的以遮罩为基本型的网格物体，如图3-2-32所示。

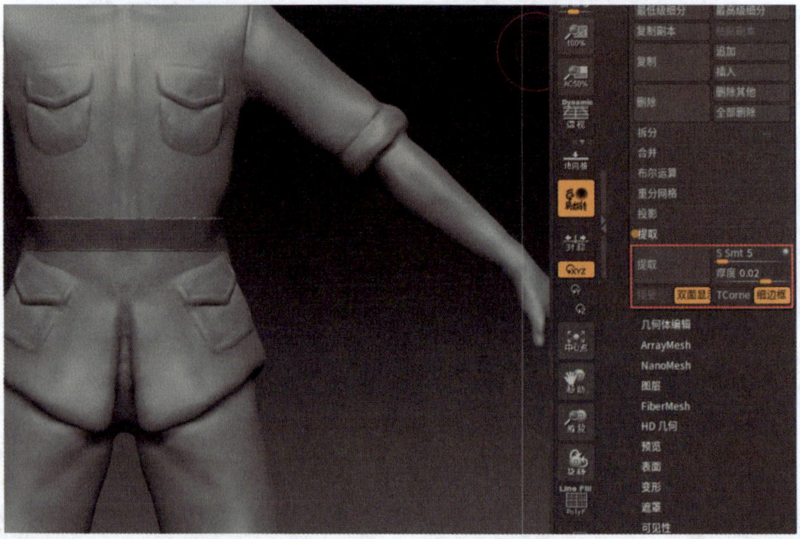

图 3-2-32

（23）当生成的模型效果符合要求后单击“提取”命令下面的“生成”按钮，这时会在一个新的层里面生成网格模型，按住Ctrl键，在视图空白处使用鼠标左键拖拽，将网格模型上的遮罩去除掉。将笔刷设置为Standard（标准）笔刷，标准笔刷是ZBrush的默认笔刷，使用该笔刷可以完成大部分的雕刻工作，其特点是雕刻的纹路比较柔和，使用此笔刷雕刻衣服与腰带之间形成的褶皱效果，如图3-2-33所示。

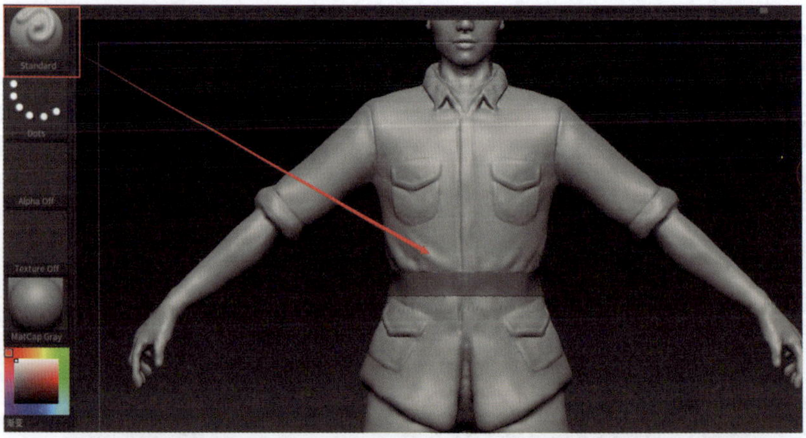

图 3-2-33

（24）继续使用Standard笔刷配合Damstandard笔刷对袖口和裤子挽起部分区域进行褶皱雕刻，如图3-2-34所示。

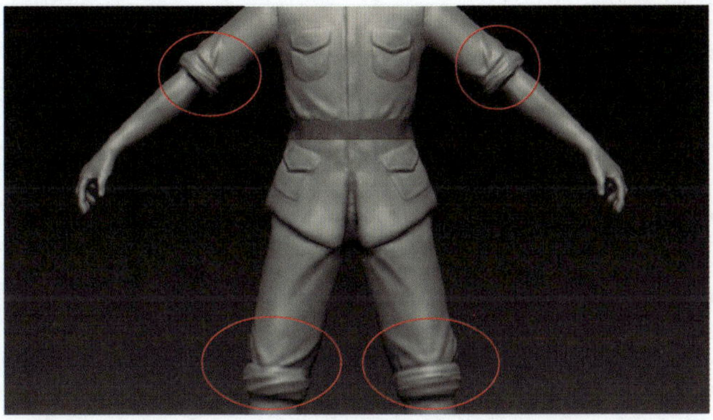

图 3-2-34

（25）按住 Ctrl 键，这时笔刷会自动切换到 MaskLasso 遮罩笔刷，单击笔刷按钮，会弹出遮罩笔刷的列表，里面罗列了各种遮罩笔刷，选择 MaskLa 遮罩笔刷，其效果类似于 PS 中套索选择工具的效果。在小腿部分使用 MaskLa 笔刷绘制出遮罩区域，如图 3-2-35 和图 3-2-36 所示。

图 3-2-35

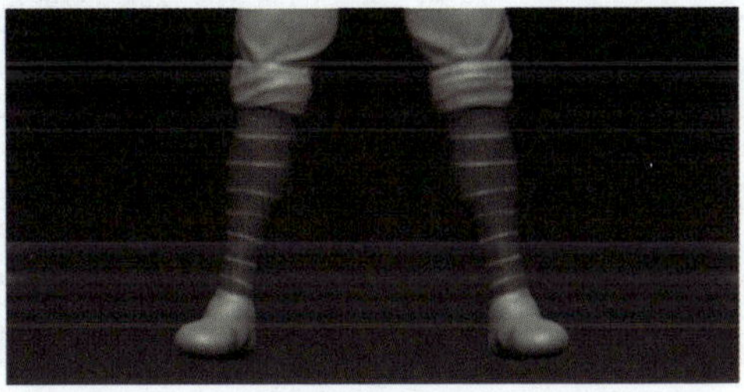

图 3-2-36

（26）和制作腰带方法相同，单击右侧工具托盘中子工具命令栏里的“提取”命令，提取遮罩部分，单击“接受”按钮，在新层里生成一个新的网格模型，如图 3-2-37 所示。

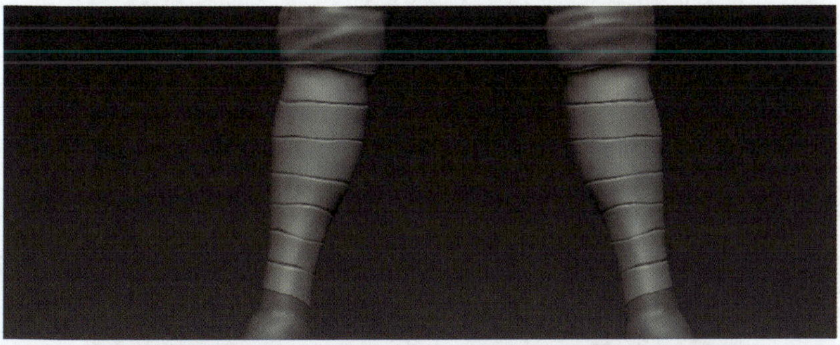

图 3-2-37

（27）使用 Standard 笔刷配合 Damstandard 笔刷雕刻手部的细节效果，提升多边形的细分等级，增加更多的面以便对细节进行进一步雕刻，首先将关节处的褶皱结构雕刻出来，如图 3-2-38 所示。

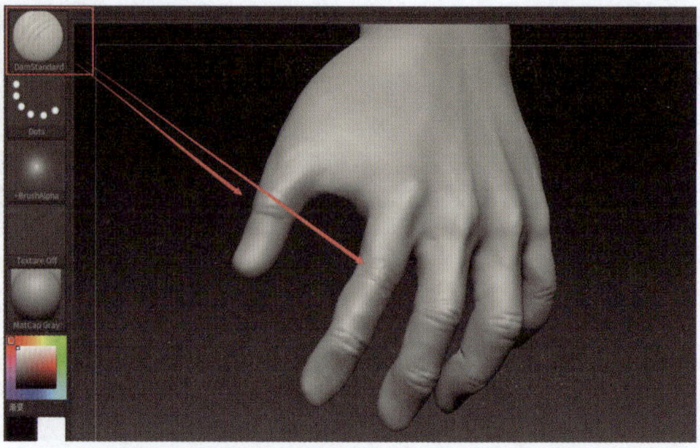

图 3-2-38

（28）制作指甲，首先使用遮罩工具在指尖位置绘制遮罩区域，然后按住 Ctrl 键在视图空白处单击，进行反选，此时除了指尖区域，其余部分均被遮罩。使用 Move 笔刷对遮罩区域进行拖拽，将指甲的形态拖拽出来，如图 3-2-39 和图 3-2-40 所示。

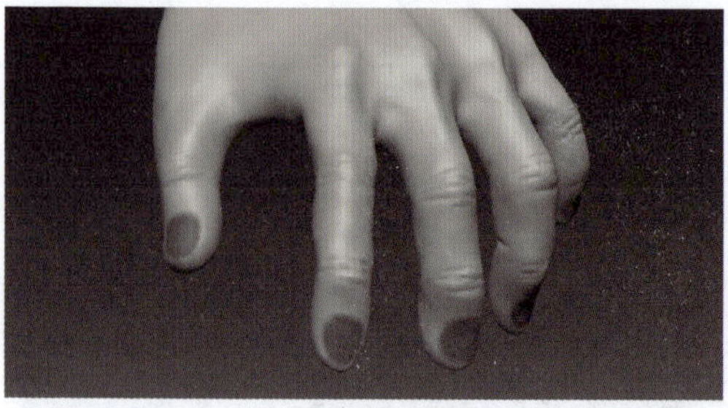

图 3-2-39

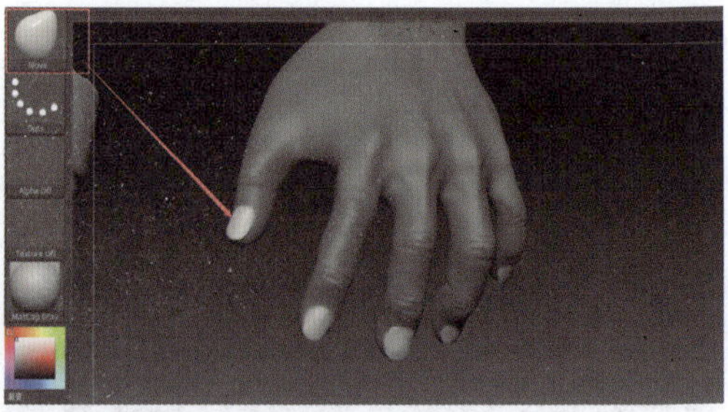

图 3-2-40

（29）调整手腕和小臂的连接区域形态，使用 Standard 笔刷雕刻手腕的细节和小臂的肌肉线条，如图 3-2-41 所示。

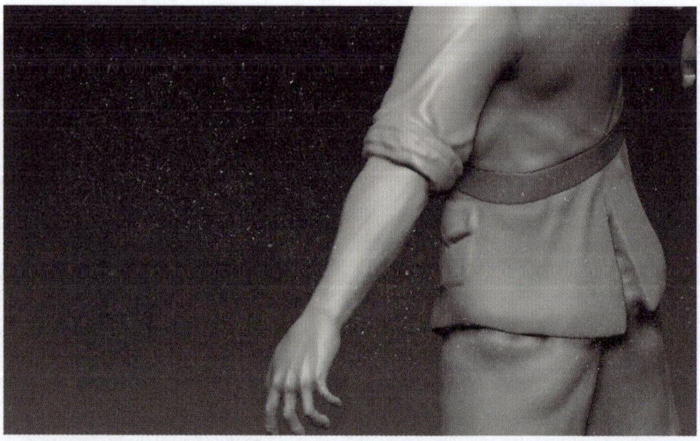

图 3-2-41

（30）继续调整头部的细节，使用 Standard 笔刷对面部五官进行雕刻，并且将头发区域划分出来，如图 3-2-42 所示。

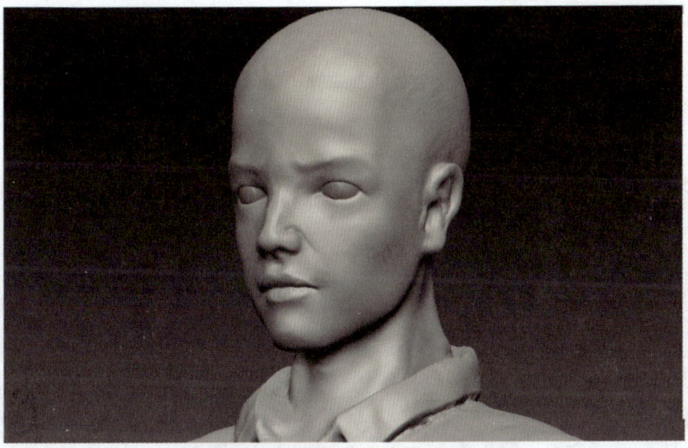

图 3-2-42

（31）对场景模型进行整理，使用工具托盘中“子工具”命令栏下面的“合并”→“向下合并”命令将每一层进行合并，如图 3-2-43 和图 3-2-44 所示。

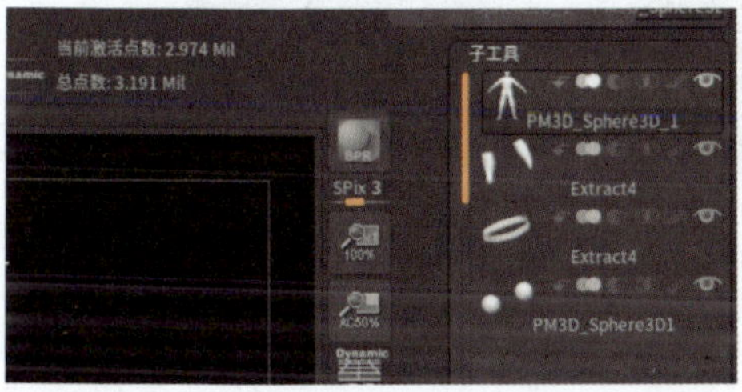

图 3-2-43

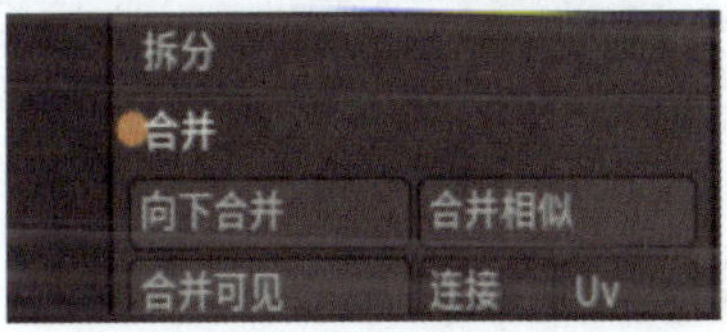

图 3-2-44

（32）单击右侧“显示网格群组”按钮，因为雕刻的模型是由不同的网格组组成的，所以可以在视图中看到模型出现了不同的颜色，每一种颜色都代表了一个网格组，如图 3-2-45 所示。

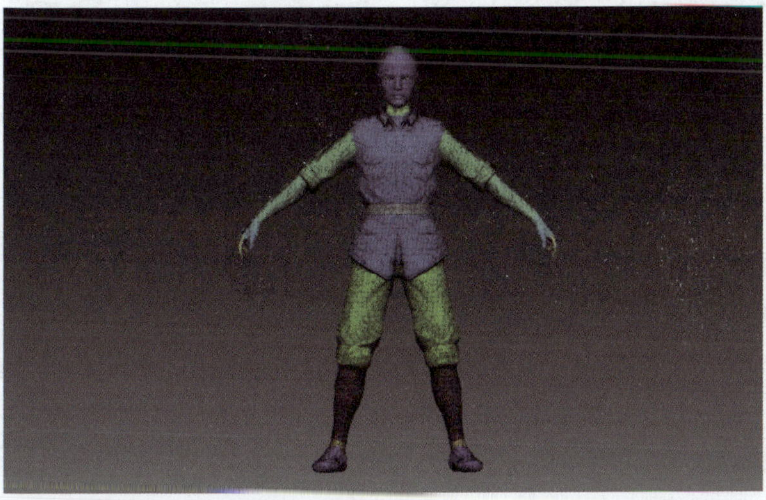

图 3-2-45

（33）将所有的组进行合并，从而减少导入 Maya 后的数据运算量，使用组合键 Ctrl+W 对模型组进行合并，合并完成后单击工具托盘中的“导出”命令，以 OBJ 格式进行模型导出，如图 3-2-46 所示。

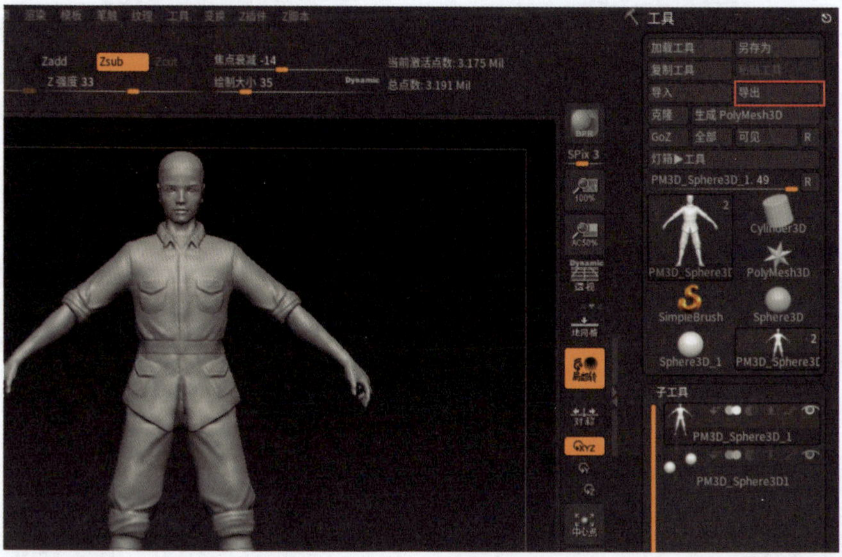

图 3-2-46

项目拓展

通过红军角色的雕刻制作，掌握人物角色的雕刻方法。利用通过这个实例学习到的雕刻工具和制作命令，制作一个动画手办角色模型，如图 3-2-47 所示。

图 3-2-47

思考与练习

对于角色的雕刻，除了掌握雕刻常用笔刷和工具以外，最重要的是掌握人体和四足动物的肌肉结构形态，任何动画角色设计本源都是人或动物，熟练地掌握人和四足动物的身体构造是动画角色设计的基础，因此要通过大量的练习来熟悉它们的构造。而在人体雕刻中，头和手是最难掌握的部分，需要经过大量的练习去了解和掌握其构造特点，这也是课下大家需要着重加强的方面。

任务3 模型导入 Maya 进行结构拓扑

角色模型拓扑

【任务描述】

将在 ZBrush 中雕刻好的红军角色模型以 OBJ 的格式导入 Maya 中，对模型进行拓扑。

【任务要求】

了解模型拓扑的概念和意义，掌握 Maya 拓扑的操作流程，能够对各种模型进行拓扑。

【知识链接】

拓扑是在原有模型的表面重新建立一个新的模型。在 Maya 中主要使用软件界面右侧建模工具包中的“四边形绘制”命令对导入的模型进行拓扑。

拓扑模型的特点

（1）和原有模型的形态高度一致，表面布线更加合理科学。其中生物模型要根据生物的肌肉走向进行布线，这样可避免在后期的动画制作中模型表面由于动作变化而出现的撕扯现象。

（2）面数更加精简。在动画项目中，主要角色的面数尽量控制在 5 万个面以下，而经 ZBrush 软件雕刻的高精度模型面数可达几百万面，这样的模型是不能在三维动画软件中进行动画制作的。这时就要将高精度模型拓扑为低分辨率模型，通过拓扑可以将面数减少的同时尽量保持模型的形态不发生变化，同时通过后面所学习的烘焙贴图技术将高分辨率模型的细节体现在低分辨率模型上，从而在制作动画中不但保证了动画的流畅性，也展现了模型的细节。

【任务实施】

（1）将在 ZBrush 中雕刻好的模型以 OBJ 格式导出，在 Maya 中新建一个场景，单击“文件”→“导入”命令，选择在 ZBrush 中导出的 OBJ 模型进行导入，导入后效果如图 3-3-1 所示。

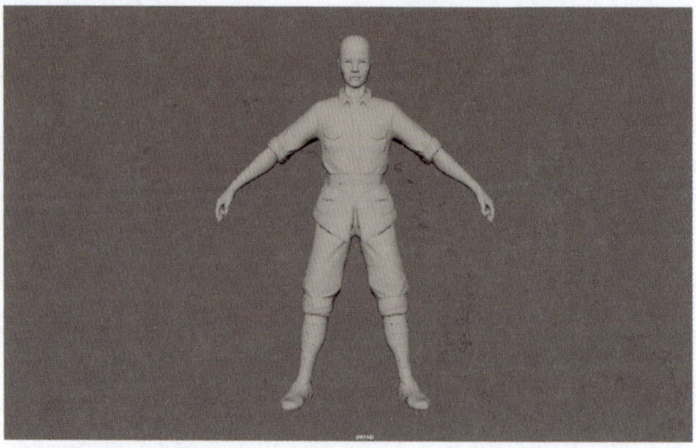

图 3-3-1

（2）在“修改”菜单栏中单击“激活”命令，激活模型（图 3-3-2），被激活后的模型便可以通过单击来进行选择了，这时可以在模型的表面进行画线或绘制多边形等操作。

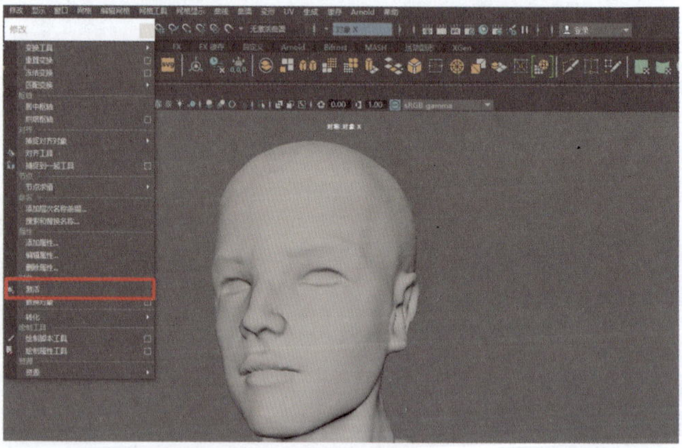

图 3-3-2

（3）单击界面右侧的“建模工具包”选项卡，打开“对称”选项，设置为 X 轴向对称，单击下面的“四边形绘制”命令，该工具是 Maya 中用于拓扑的主要工具，如图 3-3-3 所示。

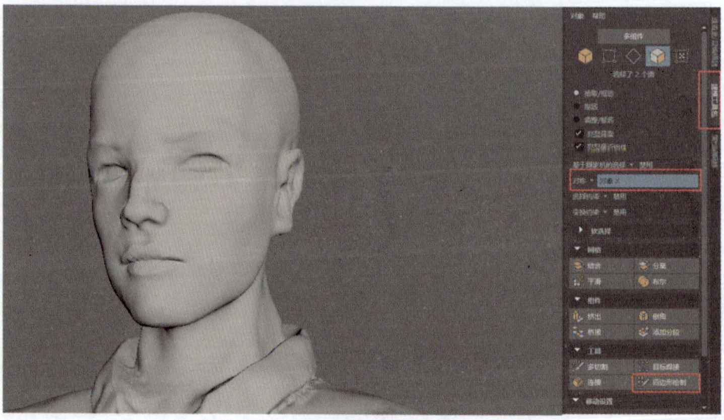

图 3-3-3

（4）单击“四边形绘制”命令后，鼠标指针会变成十字针形，将鼠标指针移动到模型上，从眼睛区域开始进行拓扑。首先在眼睑位置单击，会出现1个定位点，这个点是四边形绘制的起始点。然后在第一个定位点的上方不同位置单击3下，生成另外3个定位点，这4个点围成了1个四边形面的形状，同时这4个点完全附着在模型表面。将鼠标指针放到4个点的中间位置，按住Shift键并单击，这时4个点之间就会生成1个四边形面，这个四边形面也紧贴在模型表面。由于之前在“建模工具包”选项中打开了“对称”选项，因此，在模型一侧进行绘制的同时，另一侧同步生成了对称四边形。最后在生成面的旁边再单击2下，生成2个新的定位点，这2个点都在四边面的同一侧，将鼠标指针移动到2个点和四边面中间，按住Shift键并单击，生成第二个四边形面。在生成第一个四边形面后，继续创建四边形面只需要在第一个四边形面的同一侧位置单击2下，创建2个定位点就可以继续生成四边形面，也可以按住Tab键，将光标放到四边形面的一侧边上，使用鼠标左键向外部拖拽生成1个新的四边形面，可根据模型实际情况选择相对容易的方式进行切换。通过上述操作在模型眼部周围创建一圈四边形面，如图3-3-4和图3-3-5所示。

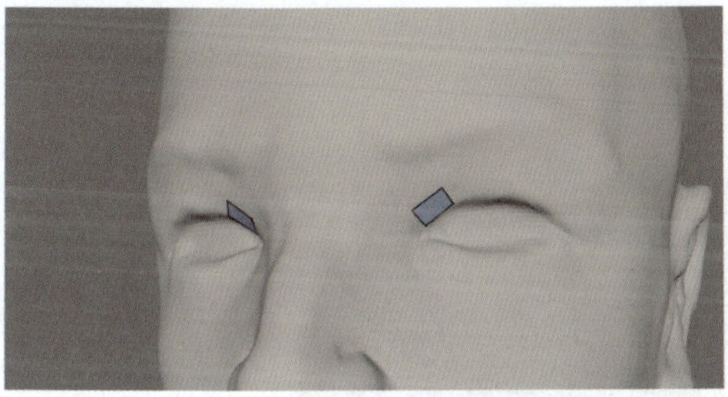

图 3-3-4

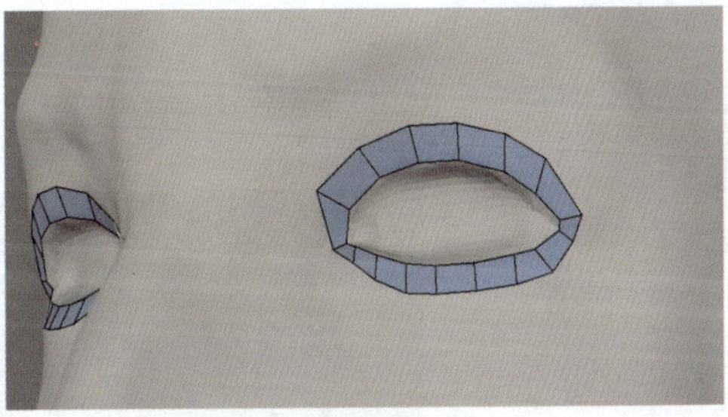

图 3-3-5

（5）做好眼眶第一层拓扑之后，使用相同的方法向眼眶外部延伸，同时将嘴部的拓扑绘制出来，如图3-3-6所示。

图 3-3-6

（6）按照人物脸部肌肉走向，从嘴唇部分面向眼眶位置绘制四边形面（眼睛周围的肌肉群叫作眼轮匝肌，嘴部周围肌肉群的叫作口轮匝肌，在制作角色面部动画时，眼睛和嘴部的动作尤为丰富，需要沿着眼轮匝肌和口轮匝肌多绘制几圈四边形面，以保证在制作动画时不会由于动作幅度过大引起模型的撕裂现象），将两部分连接起来，中间部分机构对应的肌肉叫作颧上肌和颧下肌，属于纵向肌肉群，沿着机构走向绘制四边形进行连接，如图 3-3-7 所示。

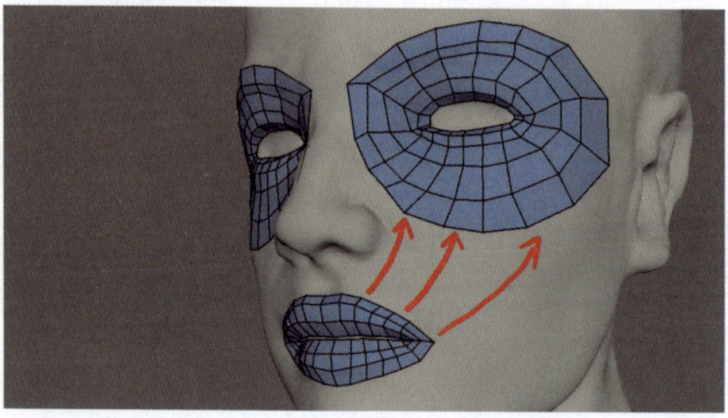

图 3-3-7

（7）继续对鼻子、额头、耳朵、下巴以及脖子部分进行拓扑，拓扑的走向依据就是人物的肌肉走向，如图 3-3-8 所示。

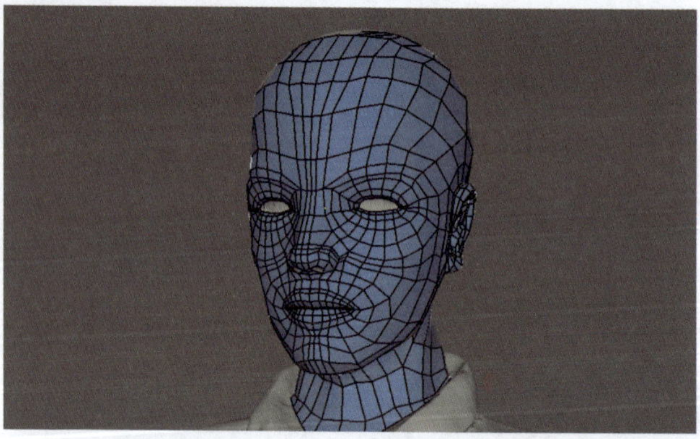

图 3-3-8

（8）继续对角色的全身进行拓扑，由于角色穿着衣服，因此身体部分不用考虑肌肉走向问题，尽量将面绘制得均匀一些即可，如图 3-3-9 和图 3-3-10 所示。

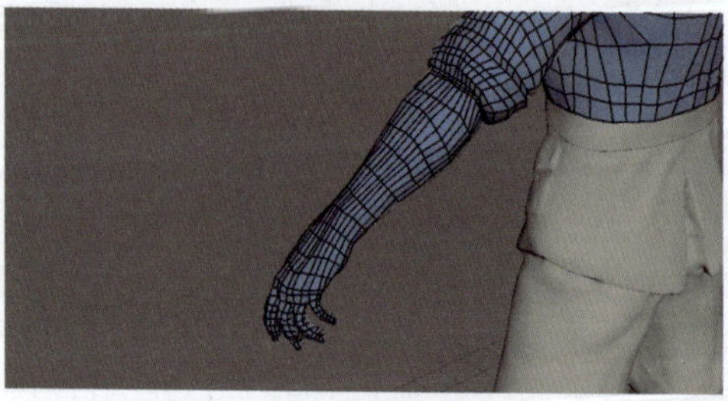

图 3-3-9

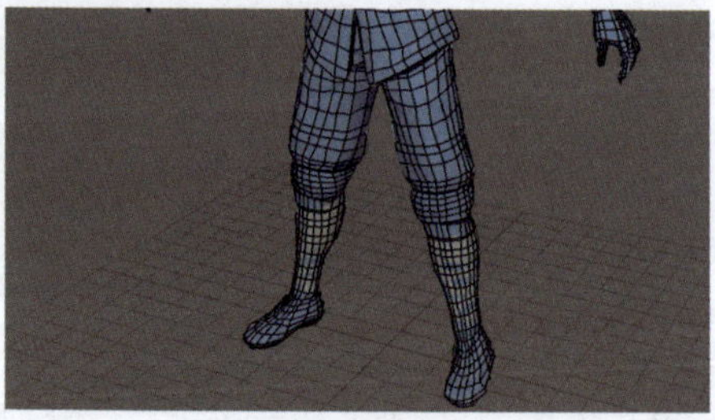

图 3-3-10

（9）完成全身拓扑后，单击“修改”菜单栏的“取消激活”命令，完成拓扑，如图 3-3-11 所示。

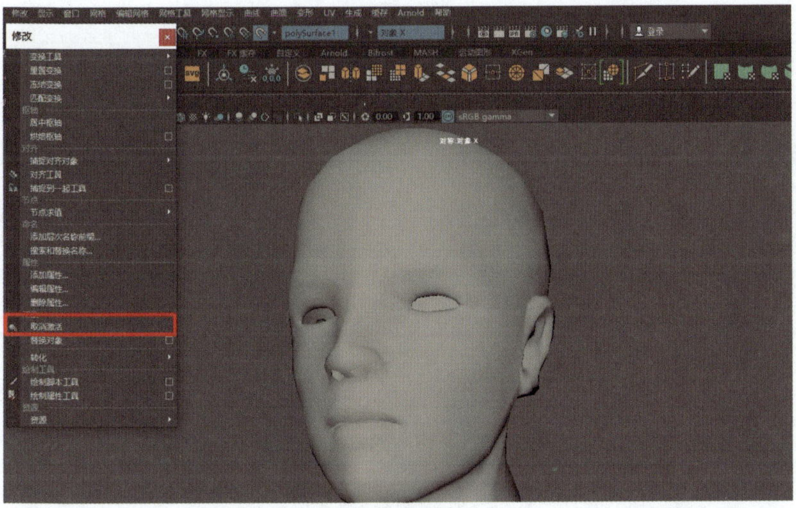

图 3-3-11

项目拓展

通过角色拓扑的制作学习模型拓扑的基本流程，掌握 Maya 拓扑工具的使用方法。项目重点是掌握人体的构造，接下来的拓展训练是对之前制作的手办模型进行结构拓扑。

思考与练习

通过在 Maya 中对红军角色模型进行拓扑，可了解到动画项目对模型的一些硬性指标。在动画项目中，主要角色的面数不能超过 5 万面，大部分的细节（包括场景）都是通过贴图来实现的。在 ZBrush 中根据角色设计稿雕刻出的模型面数一般在 300 万～ 600 万面之间，这种级别的模型叫作高精度模型，能够表现出角色的各种细节，包括皮肤的纹理、衣服的细小配饰等。但是这样的模型并不能应用于动画项目中，要想既能保留模型的各种细节，又能制作出流畅的动画效果，就需要对高精度模型进行拓扑，将高精度模型进行减面，使其变为低分辨率模型，但是从高精度模型上直接减面显然是不现实的，这里就用到了拓扑这个方法。其工作流程如下：

（1）将高精度模型从 ZBrush 中以 OBJ 格式导出；

（2）导入 Maya，对模型进行激活操作；

（3）使用多边形绘制工具在激活的模型上进行绘制四边形面的操作；

（4）根据肌肉走向在整个模型上绘制出一层新的多边形模型；

（5）取消激活完成模型拓扑工作。

新创建的模型具有面数低、与高精度模型形态相近的特点。这里的重点是要掌握角色的肌肉结构走向。接下来的练习分别对角色的头和手部进行拓扑练习，因为这两个部分是角色动画中运动最为频繁的部分，所以对模型的要求也是最高的，特别是面部拓扑，一定要根据面部肌肉走向来进行四边形的绘制。人体面部肌肉走向如图 3-3-12 所示。

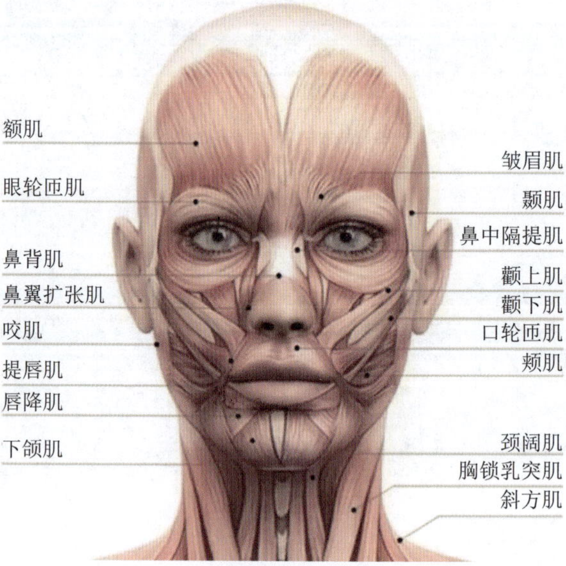

图 3-3-12

项目 4

为红军角色添加材质贴图

项目导读

从这一环节开始将进入学习如何为制作的动画角色添加材质阶段。将模型制作好以后要根据设计稿角色为其添加颜色、材质等效果，不同的动画风格对材质的要求也不尽相同。例如，动画片《哪吒之魔童降世》与《新神榜：哪吒重生》就是两种截然不同的动画风格，前者的材质接近于传统手绘动画风格，后者则更贴近于显示效果。我们要根据不同的设计风格来确定相应的材质风格。这个项目中的材质介于上述两种风格之间，所使用的软件工具为 Maya 和 Substance Painter 两款软件。

教学目标

★掌握 Maya 基础材质和灯光的使用方法。

★掌握 Substance Painter 的基本使用方法。

任务 1 Maya 的基础材质和灯光

Maya 的基础材质和灯光

【任务描述】

学习 Maya 基础材质和灯光的创建方法。

【任务要求】

掌握 Maya 的基础材质和灯光使用方法。

【知识链接】

1. Maya 材质

Maya 材质分为 Maya 基础材质和 Arnold 材质两部分。由于 Arnold 渲染器可以满足绝大部分场景的渲染要求，而且渲染效果极为优秀，再加上材质属性条件易于满足，因此 Arnold 已经逐渐取代了 Maya 基础材质，但了解 Maya 基础材质对于掌握材质渲染的工作原理有很大的帮助，也就是说 Maya 基础材质是学习材质和灯光的基础，只要掌握 Maya 基础材质的使用方法，不管学习什么插件材质，都会手到擒来。

打开 Maya 软件，在菜单栏里单击“窗口”→“渲染编辑器”→ Hypershade 命令，打开材质选项编辑器，Maya 所有的材质都集中于这个编辑器中，如图 4-1-1 所示。

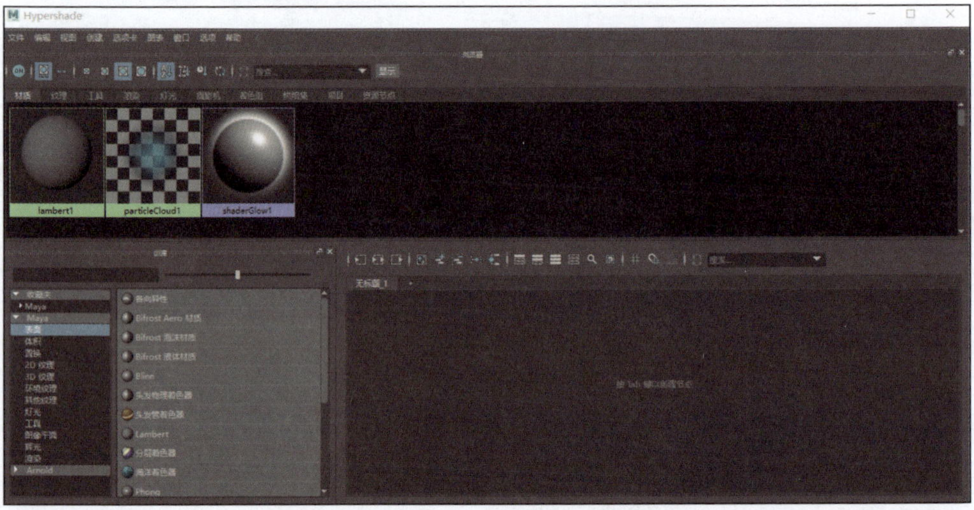

图 4-1-1

图 4-1-1 为 Hypershade 操作视图，最顶端为菜单栏，菜单栏罗列了所有材质创建与编辑的命令。下方为材质浏览器，在场景中所创建的所有材质、纹理、工具节点、渲染、灯光、摄像机等信息都会在这里面显示，不同的节点对应不同的工具标签，如图 4-1-2 所示。

图 4-1-2

下方左侧为创建窗口，该窗口又分为了左右两部分。左侧分割窗口中罗列了 Maya 所有的材质、贴图、工具等节点。右侧分割窗口则是对应左侧窗口中的选项，当用户在左侧窗口单击不同标签时，其相应的内容会显示在右侧窗口中，如图 4-1-3 所示。

创建窗口右侧为操作视图，材质节点的链接就是在这个视图中完成的，如图 4-1-4 所示。

图 4-1-3

图 4-1-4

打开“创建”列表中的 Maya 卷展栏，在列表中选择“表面”选项，在右侧的列表中会显示出 Maya 的基础材质，如图 4-1-5 所示。

- 各向异性：各项异性材质主要用于制作光盘表面和头发效果。
- Bifrost Aero 材质：用于表现 Bifrost 流体插件制作出来的流体材质效果。
- Bifrost 泡沫材质：用于 Bifrost 流体泡沫效果的制作。
- Bifrost 液体材质：用于 Bifrost 流体液体效果的制作。
- Blinn：Blinn 材质也被称为万能材质，利用 Blinn 材质可以调节出任何的效果，在动画制作中，其主要用于调节各种金属材质。
- 头发物理着色器：用于头发效果的制作。
- 头发管着色器：用于头发效果的制作。
- Lambert：主要用于制作表面粗糙的物体，如石头、木头等。

图 4-1-5

- 分层着色器：可以将多个不同的材质进行融合，从而生成一种新的效果，主要用于制作复合材质。
- 海洋着色器：用于制作海洋效果。
- Phong：用于制作高亮度材质，如玻璃、高亮度金属。
- Phong E：用于制作塑料材质。
- 渐变着色器：也叫作超级 Blinn 材质，是 Blinn 材质的升级版，其每一个属性都加入了一个 Ramp 贴图。
- 着色贴图：主要用于表现“三渲二”卡通材质效果。
- 表面着色器：多用于制作一些表面发光的特效。
- 使用背景:此材质用于分层渲染、单独提取遮罩物体和场景阴影、反射、高光等。

Maya 默认材质除了表面材质以外还有环境材质和置换材质。环境材质是一种用于创建大气效果的材质，比如环境雾、流体形状、灯光雾、粒子云、体积雾和体积着色器，这些都是用来表现环境的材质，动画中的氛围设计经常会用到此种材质效果。置换材质可以让用户使用纹理图形来指定对象表面凹凸不平的特征，比如墙砖等。

在这些材质中，使用频率比较高的有 Blinn 材质、Lambert 材质、分层着色器、Phong 材质、渐变着色器。后面会通过实例来展示这几个常用材质的使用方法。

列表中除了材质以外还有纹理、工具等选项。纹理分为 2D 纹理和 3D 纹理和环境纹理，这些纹理都是 Maya 的程序纹理，用于链接到材质的各类属性上来调节效果。具体的使用方法会在实例和视频教学中展示给大家。工具节点可以对纹理的属性进行各种类型的计算，产生不同的表现效果。2D 纹理、3D 纹理、环境纹理、工具节点如图 4-1-6 至图 4-1-9 所示。

图 4-1-6

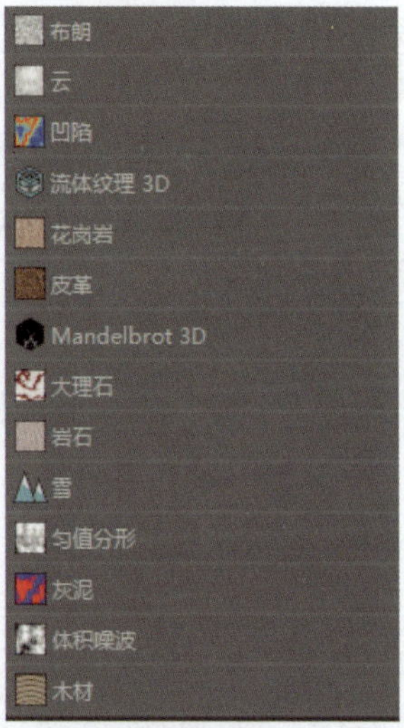

图 4-1-7

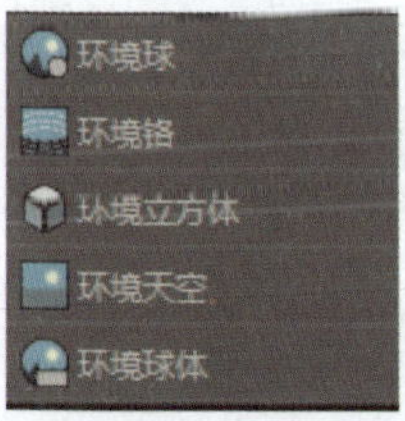

图 4-1-8

图 4-1-9

在 Hypershade 窗口中，如果要创建一个材质，只需要单击相应的图标即可，如需要创建一个 Blinn 材质，单击创建栏左侧窗口里的 Blinn 图标，这时在材质浏览器和操作视图中会同时出现 Blinn 材质节点，如图 4-1-10 和图 4-1-11 所示。在材质浏览器中显示的是 Blinn 材质球图标，操作视图显示的是材质连接网络节点。

在场景中选择物体，将鼠标指针移动到材质浏览器中里的 Blinn 材质球图标上，右击，在弹出的快捷菜单中选择“为当前选择指定材质”命令，将材质赋予物体表面。

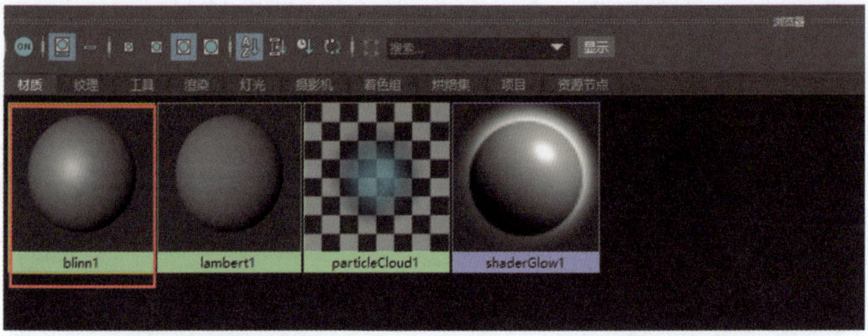

图 4-1-10

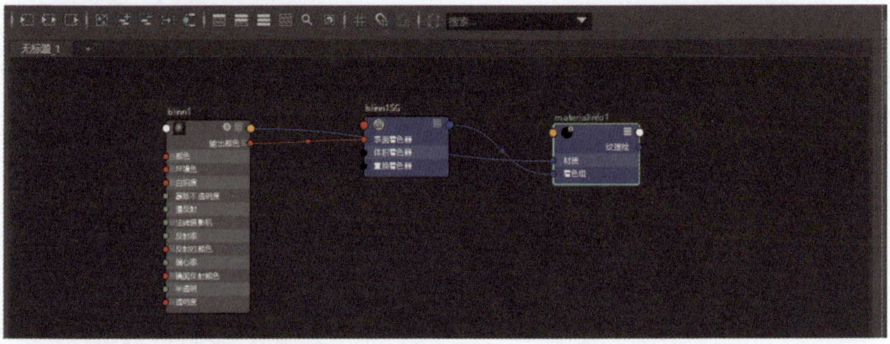

图 4-1-11

在单击材质浏览器和操作视图中的任意一个材质图标时，在界面右侧的属性栏里会显示这个材质的各项属性，通过属性的调节可改变材质的显示效果。大部分属性后面都会有一个棋盘格式的图标，单击图标，会弹出贴图窗口（图 4-1-12），选择需要的纹理进行连接，纹理可以对相应的属性数值进行控制。

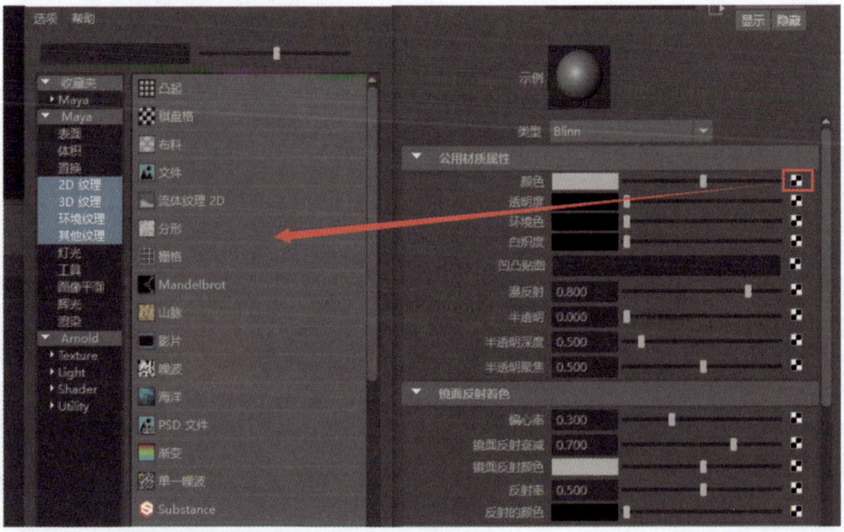

图 4-1-12

通过节点的链接生成材质节点网络，所有的材质效果都有各自的材质节点网络，用户也可以在操作视图中对节点网络进行添加节点、删除节点等操作来改变材质的表现效果。在视频教学中会详细讲解材质节点的链接。

下面介绍一下常用材质中的一些基本属性。

Lambert 材质

Lambert 材质是在 Maya 创建物体时物体附带的默认材质，在给物体调节材质的时候一定要重新创建一个 Lambert 材质赋予物体，即使要使用 Lambert 材质也是如此，因为如果在默认的材质上进行调节，那之后创建的所有物体都会出现调节材质后的效果。单击 Lambert 材质球图标，在界面右侧的属性栏里显示其各项属性数值。第一个卷展栏是“公用材质属性”，这里面的属性是每个材质都具有的公共属性，如图 4-1-13 所示。

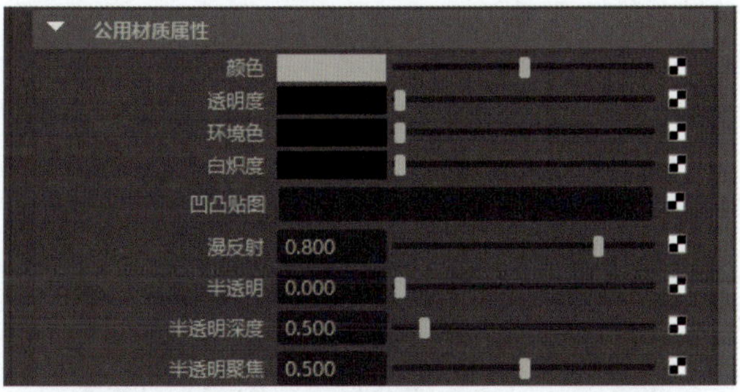

图 4-1-13

- 颜色：用于调整材质颜色数值。单击颜色方块，在弹出的颜色选项卡中可以选择需要的各种颜色。将滑杆拖拽到最左侧变为黑色，右侧为白色，单击滑杆的右侧棋盘格图标，可以在弹出的贴图列表里选择需要的贴图贴在属性数值上，以使用贴图来控制数值。
- 透明度：在 Maya 中，白色代表数值 1，黑色代表数值 0。在透明属性中，黑色代表数值 0，即不透明；白色代表数值 1，即透明。
- 环境色：即环境对物体颜色的影响，如不同的场景灯光具有不同的冷暖色调，由于漫反射等原因，需要将材质的环境色进行修改，让材质的效果更加逼真。
- 白炽度：也叫作自发光属性，在制作发光体时可以将这个属性提亮。
- 凹凸贴图：主要用于模拟物体表面凹凸效果。
- 漫反射：也叫作固有色，表面越粗糙的物体，漫反射越强，表面越光滑的物体，漫反射越弱。
- 半透明、半透明深度、半透明凝焦：这几个属性都用于制作半透明效果，例如用于树叶模型的制作等。

第二个卷展栏是“特殊效果”，该栏中只有“隐藏源”和“辉光强度”两个属性，如图 4-1-14 所示。

- 隐藏源：默认状态为关闭，当单击打开后，模型材质会被隐藏。
- 辉光强度：默认数值为 0，不产生任何辉光。数值越大，物体发出的辉光越强。

图 4-1-14

第三个卷展栏是“光线跟踪选项”，这里面的属性主要用于设置渲染时物体对于灯光的反射、折射，如图 4-1-15 所示。

- 折射：默认状态为关闭，渲染时不产生折射效果，单击打开后产生灯光折射效果。
- 折射率：不同物体有不同的折射率，在制作过程中根据所要调节的效果设置不同的折射率数值。
- 折射限制：即灯光的折射次数。数值越大，折射的次数越多，场景效果也会越好，但是运算速度会降低。
- 灯光吸收：即对光线的吸收强度。
- 表面厚度：用于模拟物体表面厚度，根据厚度产生不一样的折射效果。
- 阴影衰减：即阴影的衰减强度。
- 色度色差：默认状态为关闭，单击打开后将显示色差效果。

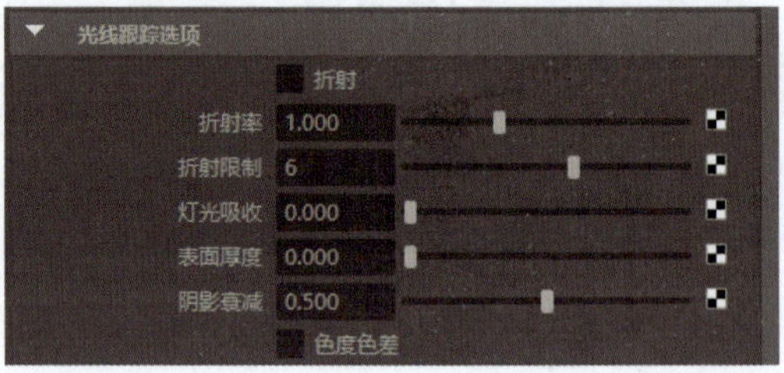

图 4-1-15

以上是 Lambert 材质常用的属性，掌握这些属性的调节方法，可以熟练地进行材质效果的调节。

Blinn 材质

Blinn 材质又称为万能材质，可以通过 Blinn 材质调节出现实世界中大部分的材质效果。Blinn 材质的公用材质属性与 Lambert 材质以及其他材质完全一样，这里就不再重复讲述相同的属性，只讲解每个材质特有的属性。

“镜面反射着色”为 Blinn 材质特有的属性，其作用是控制材质高光属性。“镜面反射着色”卷展栏如图 4-1-16 所示。

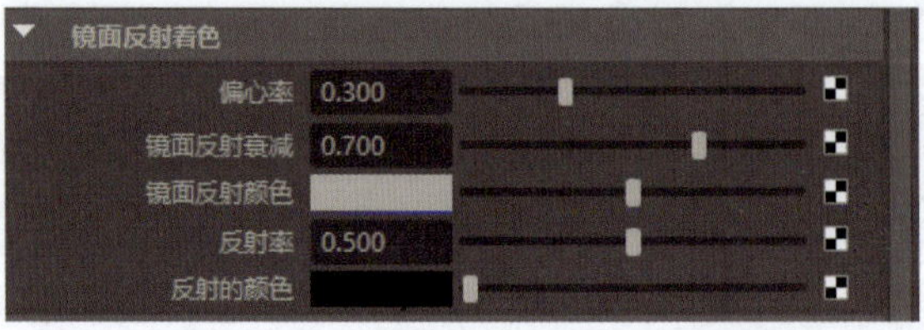

图 4-1-16

- 偏心率：控制材质高光范围，数值越大，高光范围越大，反之亦然。
- 镜面反射衰减：控制材质高光强度，数值越大，高光越亮，数值越小，高光越暗。
- 镜面反射颜色：控制高光的颜色。
- 反射率：不同的物体有不同的反射率，数值越大，反射越强，数值越小，反射越弱。
- 反射的颜色：控制物体反射镜面的颜色。

分层着色器

分层着色器主要用于多材质混合效果的制作，有时需要调节的复合材质效果仅依靠单个材质无法完成，需要几个甚至十几个材质进行融合，而分层着色器就是材质融合的一个媒介。

“分层着色器属性”的属性界面与其他材质属性界面不同，打开后首先是一个列表，最左侧是一个绿色的长方形，这是分层着色器的默认层级，单击这个默认层级，可以看到下面的属性列表（图 4-1-17）。

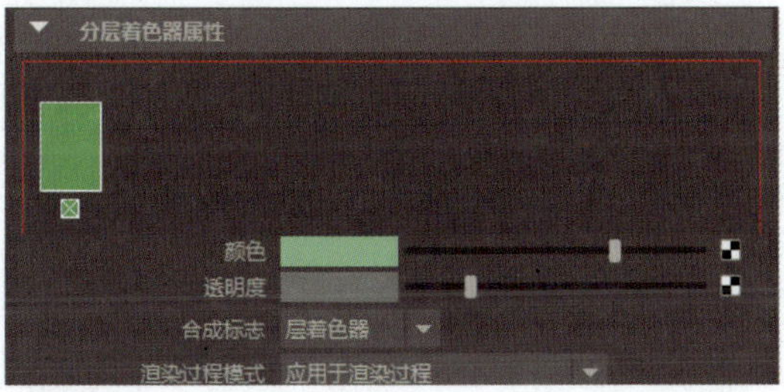

图 4-1-17

- 颜色：控制层级颜色。
- 透明度：根据不同的制作要求来调整层的透明度，也可以通过添加贴图或者自己制作遮罩来控制层透明度效果，最左侧为最顶端层级，后面添加的层级都在这一层的下方。
- 合成标志：合成标志分为着色层和纹理层，可根据制作需要进行选择。
- 渲染过程模式：用于选择在渲染过程中的显示模式。

Phong 材质

Phong 材质主要用于制作玻璃、高反射金属等效果。

“镜面反射着色”为 Phong 材质特有的属性，其作用是控制材质表面高光属性（图 4-1-18）。

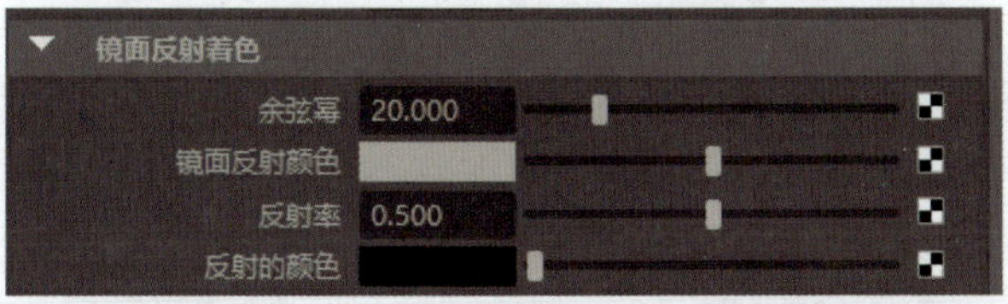

图 4-1-18

- 余弦幂：控制高光范围，数值越大，高光范围越小，数值越小，高光范围越大。
- 镜面反射颜色：高光的颜色。

- 反射率：控制物体反射的强度。
- 反射的颜色：为反射面添加颜色。

Phong E 材质

Phong E 材质与 Phong 材质非常相似，主要用于制作硬塑料等效果。

“镜面反射着色”为 Phong E 材质特有的属性，其作用是控制材质表面高光（图 4-1-19）。

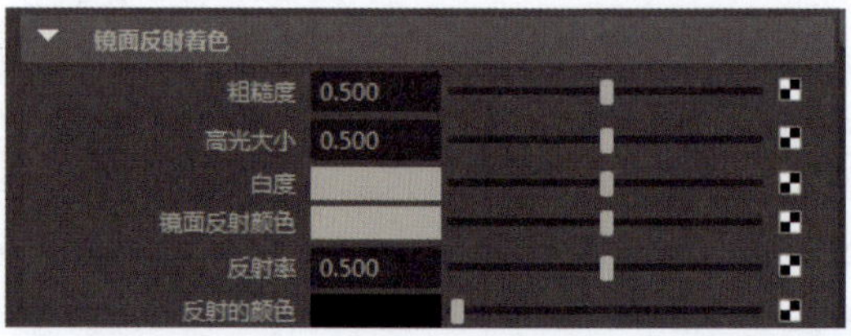

图 4-1-19

- 粗糙度：和漫反射属性比较相似，数值越大，高光范围越大，数值越小，高光范围越小。如果是表面粗糙的物体可以将这个数值调大，如果是表面光滑的物体则把数值调小。Phong E 材质的高光有别于其他材质，其高光分为外圈和内核两部分，这两部分中间有一个比较光滑的过渡。而粗糙度是控制外圈高光的范围。
- 高光大小：控制内核高光的范围。
- 白度：控制高光的亮度，但是数值变化带来的效果变化比较柔和。
- 镜面反射颜色：控制高光的颜色，数值变化带来的效果变化要强烈一些。
- 反射率：控制物体反射的强弱。
- 反射的颜色：控制物体反射区域的颜色。

渐变着色器

渐变着色器也被称为超级材质，是 Blinn 材质的升级版，属性和 Blinn 材质基本相同，此处不再重复介绍，其不同之处在于，渐变着色器在每个颜色信息属性中添加一个 Ramp（渐变）贴图来进行控制，通过渐变贴图控制属性可以更加高效地制作出多种材质效果。具体使用方法将在实例制作中进行讲解。渐变着色器属性卷展栏如图 4-1-20 所示。

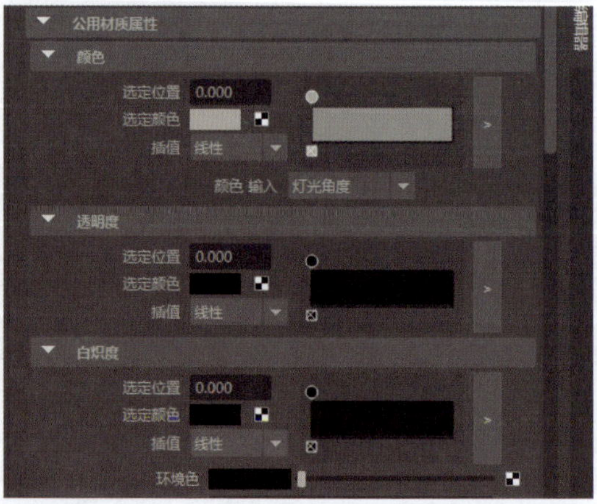

图 4-1-20

2. Maya 灯光

Maya 有 6 种基础灯光，其在“创建”菜单栏中的“灯光”选项中被罗列出来，分别是环境光、平行光、点光源、聚光灯、区域光和体积光。

（1）环境光：主要用于室外的环境光源，没有位置的概念，相当于给整个环境加一个颜色。

（2）平行光：按照一个方向对场景进行照明，主要模拟太阳光。

（3）点光源：从一个点发射出光线，多用于辅助照明和灯光特效。

（4）聚光灯：聚光灯顾名思义，灯光从一个点发出，沿着一定的方向和角度进行传播，多用于室内灯光布局和角色的三点打光。

（5）区域光：创建后出现一个方形灯光图标，根据所显示的方向对相应的区域进行照明。其主要用于模拟物理光源，效果非常真实，但是缺点是运算速度慢，需要采样积分。

（6）体积光：体积光照明一个特定区域，区域的形状根据体积光的设置进行变化。

在场景中创建灯光后，选择灯光，在界面右侧属性栏中会显示灯光的属性，每个灯光都具有自己的专属属性，接下对上述 6 种基础灯光的基本属性进行介绍。

环境光

创建环境光后选择灯光，在属性栏显示灯光属性，如图 4-1-21 所示。

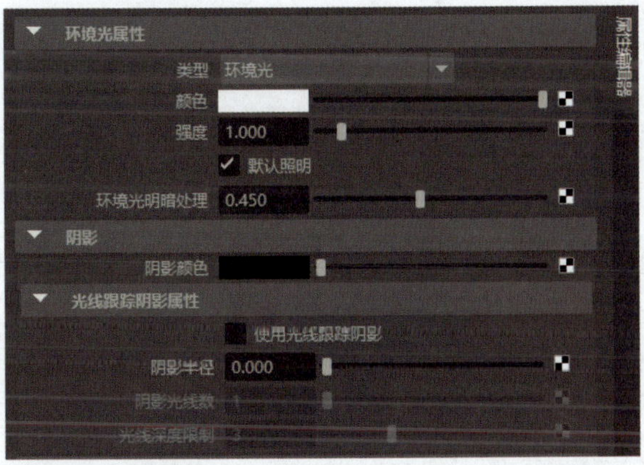

图 4-1-21

- 颜色：控制灯光光线颜色。
- 强度：控制灯光的强度，数值越大，光线越强，数值越小，光线越弱。
- 环境光明暗处理：控制物体光照面与阴影面之间的关系。数值为 0 时，明暗交界处没有过渡变化，数值为 1 时，明暗交界有着非常细腻的过渡。数值为 0 和 1 时的效果分别如图 4-1-22 和图 4-1-23 所示。
- 阴影颜色：控制物体阴影部分的颜色。
- 使用光线跟踪阴影：默认状态为关闭，单击打开后软件会根据真实光照的反射、折射去计算阴影，使效果更加逼真，但是运算速度会降低。

图 4-1-22

图 4-1-23

- 阴影半径：数值为 0 时，阴影周边会有明显的颗粒，数值越大，阴影边缘越模糊。
- 阴影光线数：控制光线跟踪生成的阴影边缘的细腻程度，改善由阴影半径参数生成的颗粒现象。数值越大，阴影的边缘就越细腻，但是运算速度相应降低，渲染速度变慢。
- 光线深度限制：用于限制生成光线跟踪阴影时光线进行反射或折射的计算次数。默认数值为 3，只有当数值不小于 3 时，才会显示透明物体后边的阴影。

平行光

平行光的基本灯光属性和环境光一样，唯一不同的是多出了一个“深度贴图阴影属性”，其卷展栏如图 4-1-24 所示。

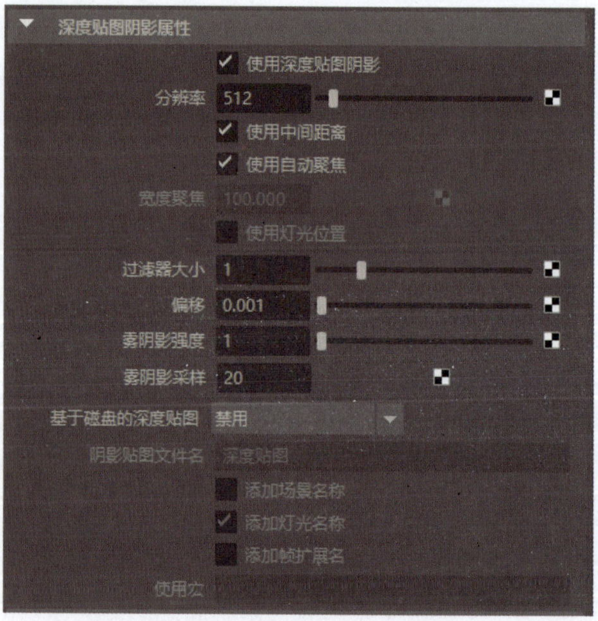

图 4-1-24

- 使用深度贴图阴影：默认状态为关闭，单击打开后启用深度贴图阴影。
- 分辨率：控制阴影边缘的锯齿度，数值越小，分辨率越低，锯齿越大，边缘越模糊；数值越小，分辨率越高，锯齿越小，边缘越清晰锐利。
- 使用中间距离：如果不勾选，Maya 会为深度贴图中每个像素计算从灯光到最近投射曲面间的距离，作为判断另一个表面是否处在这个表面的阴影中的依据。

如果勾选，灯光会计算灯光到最近的投射曲面间的距离，再计算灯光到下一个最近投射曲面间的距离，然后取平均值，作为判断另一个表面是否处在这个表面的阴影中的依据。

- 使用自动聚焦：勾选状态下自动缩放深度贴图文件，不勾选状态则需要手动缩放深度贴图文件大小。
- 宽度聚焦：只应用于平行光。Maya 创建的深度贴图文件使用的是绝对分辨率，所以减小深度贴图的尺寸能有效增加深度贴图的分辨率，而不增加渲染时间。不勾选使用自动对焦时激活这个选项。
- 使用灯光位置：只应用于平行光，当使用自动聚焦关闭时，该选项被激活，主要用于控制平行光是否在图标前后都产生照明和阴影效果。如果勾选则平行光仅在图标前面产生照明和阴影效果；如果不勾选对图标的两侧都发生作用。默认状态为不勾选。
- 过滤器大小：用于控制深度贴图阴影边缘的模糊程度。
- 偏移：控制深度贴图阴影偏移投影物体的程度。
- 雾阴影强度：控制灯光雾的阴影强度，数值越大，灯光雾的阴影效果就越强。
- 雾阴影采样：控制灯光雾效果的阴影采样值，用来改善灯光雾的阴影的颗粒现象。数值越高，灯光雾的阴影越细腻，但是渲染速度会变慢。
- 基于磁盘的深度贴图：该属性和其下的参数用于设置 Maya 重复使用深度贴图信息文件，合理地设置这部分参数可以大大提高 Maya 的渲染效率。Maya 允许用户将灯光的深度贴图保存于磁盘中，在以后的渲染中可以直接调用这个文件，不必再次计算深度贴图文件，从而加快渲染速度。该文件被保存在预定的“工程项目”下的 depth 目录中。该属性包括“禁用”覆盖现有深度贴图“重用现有深度贴图”3 个选项，其详细介绍如下：
    - ◆ 禁用：每次渲染时都计算深度贴图文件。不读取磁盘上保存的深度贴图文件，也不保存新生成的深度贴图文件。
    - ◆ 覆盖现有深度贴图：每次渲染时重新计算深度贴图文件，并且把修改后的文件保存到磁盘上，如果磁盘已存在深度贴图文件，则覆盖原文件。
    - ◆ 重用现有深度贴图：渲染时先检查磁盘上是否有保存的深度贴图文件，如果有就使用该文件，如果没有则重新计算一个深度贴图文件，并保存在磁盘上。
- 阴影贴图文件名：自定义深度贴图文件名。
- 添加场景名称：将场景文件名添加到生成的深度贴图文件名中。
- 添加灯光名称：将灯光名添加到生成的深度贴图文件名中。
- 添加帧扩展名：如果勾选，动画的每一帧都会保存深度贴图，并且把帧数添加到深度贴图名中；如果不勾选，则整个动画只保存一个深度贴图文件。

点光源

点光源光线从一点向四周发射，多作为辅助光使用。其属性卷展栏如图 4-1-25 所示。

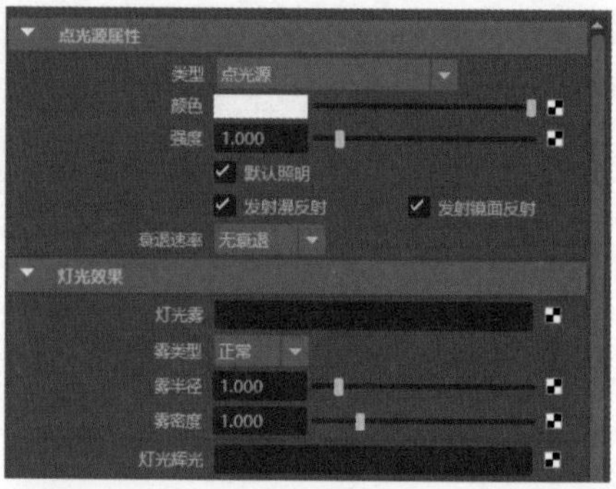

图 4-1-25

点光源的基本属性界面包括“点光源属性”和“灯光效果”2 个卷展栏，其中“点光源属性”中的特有属性为“衰退速率”。

- 衰退速率：控制灯光从光源射出后的衰减强度，默认是“无衰减”，此外还有“线性衰减”“二次方”和“立方衰减”选项。

接下来介绍“灯光效果”卷展栏。

- 灯光雾：单击右侧棋盘格图标会自动生成灯光雾特效。进入灯光雾特效属性窗口，如图 4-1-26 所示。

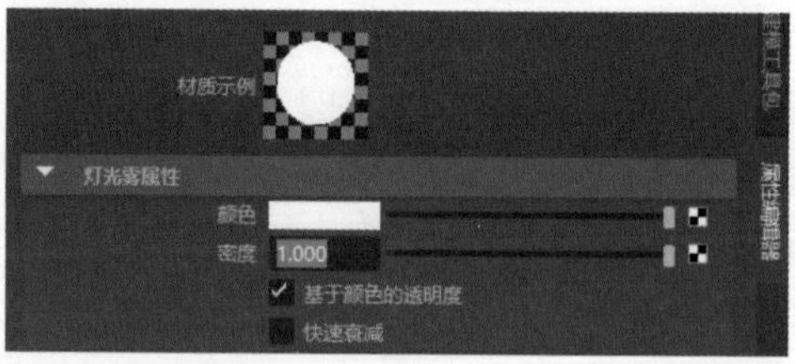

图 4-1-26

  - ◆ 颜色：控制灯光雾的颜色。
  - ◆ 密度：控制灯光雾的强度。
  - ◆ 基于颜色的透明度：雾的透明度受到颜色的影响而产生变化，颜色越亮，透明度越弱，颜色越暗，透明度越强。默认状态为打开。
  - ◆ 快速衰减：打开后，灯光雾产生衰减效果。

- 雾类型：默认类型为“正常”，打开下拉菜单还有“线性”和“指数”两个类型，3 种类型的效果依次如图 4-1-27 至图 4-1-29 所示。

正常

图 4-1-27

线性

图 4-1-28

指数

图 4-1-29

- 雾半径：用于确定雾在点光源光束的每个方向上的扩散程度。
- 雾密度：控制雾的亮度，滑块范围为 0 ～ 5，默认值 1。
- 灯光辉光：单击属性后面的棋盘格图标，可进入“光学效果属性”卷展栏添加辉光特效，如图 4-1-30 所示。

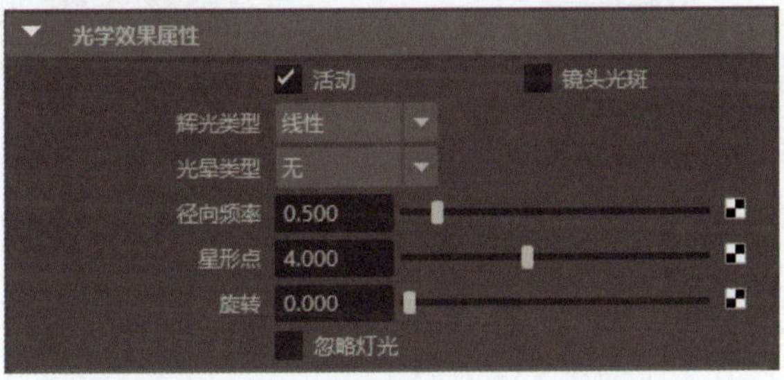

图 4-1-30

◆ 活动：启用或禁用光学效果。

◆ 镜头光斑：模拟照明摄像机镜头的曲面的强光源。

◆ 辉光类型：查看灯光产生的辉光类型，下拉菜单中有几种不同的辉光类型。

➢ 无：未出现辉光。

➢ 线性：辉光从灯光的中心缓慢减弱，效果如图 4-1-31 所示。

➢ 指数：辉光从灯光中心快速减弱，效果如图 4-1-32 所示。

图 4-1-31

图 4-1-32

➢ 球：辉光朝着由“辉光扩散”值制定的距离（距离灯光中心）快速减弱，效果如图 4-1-33 所示。

➢ 镜头光斑：模拟照明多个摄像机镜头的曲面的强光源，效果如图 4-1-34 所示。

➢ 边缘光晕：形成具有柔和中心辉光的圆环。环的大小取决于“光晕扩散”值，效果如图 4-1-35 所示。

◆ 光晕类型：查看灯光产生的光晕的类型。光晕类似于辉光，只不过光晕减弱更为缓慢，并且可以使用不同的减弱类型。

➢ 无：未出现光晕。

图 4-1-33

图 4-1-34

➢ 线性：光晕从灯光的中心缓慢减弱，效果如图 4-1-36 所示。
➢ 指数：光晕从灯光的中心快速减弱，效果如图 4-1-37 所示。
➢ 球：光晕朝着由“光晕扩散”值指定的距离（距离灯光中心）快速减弱，效果如图 4-1-38 所示。

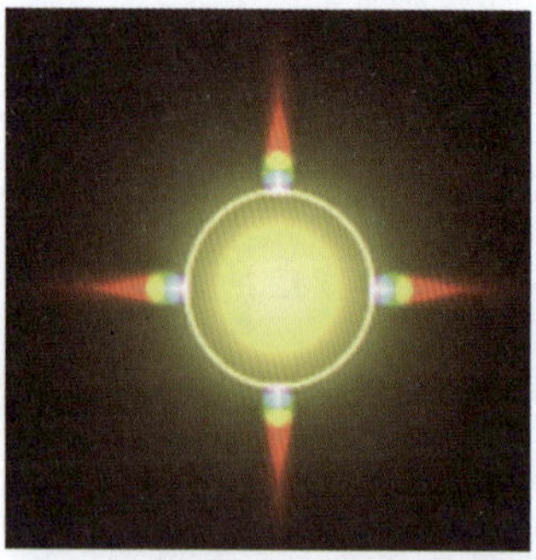

图 4-1-35

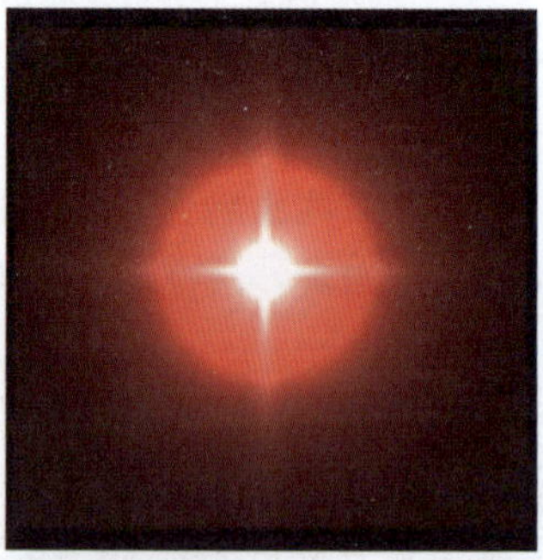

图 4-1-36

图 4-1-37

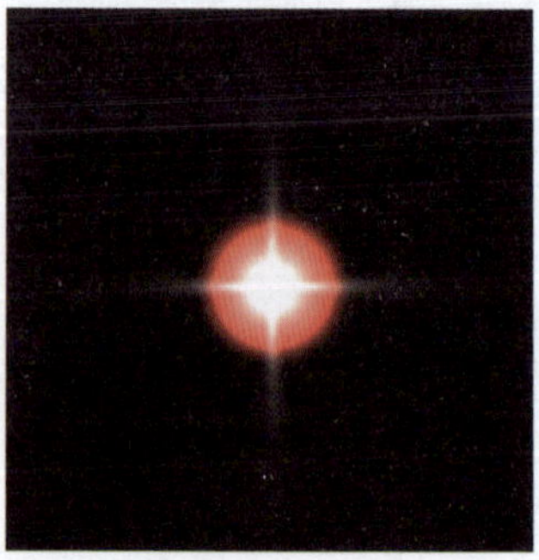

图 4-1-38

➢ 镜头光斑：模拟照明多个摄像机镜头的曲面的强光源，效果如图 4-1-39 所示。
➢ 边缘光晕：形成具有柔和中心辉光的圆环。环的大小取决于“光晕扩散”值，效果如图 4-1-40 所示。

图 4-1-39

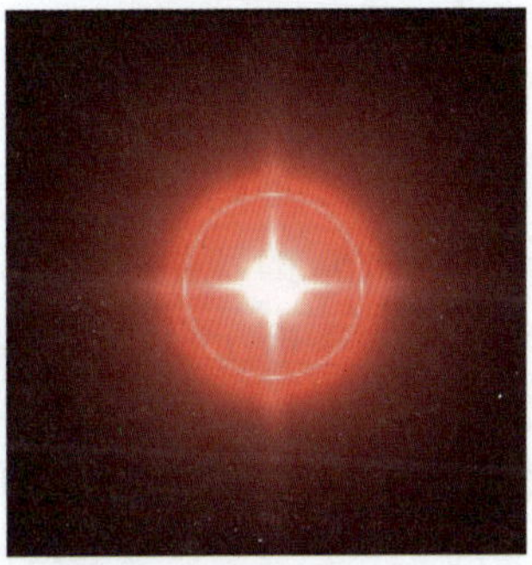

图 4-1-40

- ◆ 径向频率：控制辉光径向噪波的平滑度。数值范围为 0 ～ 5，默认值为 0.5。
- ◆ 星形点：表示辉光星形过滤器效果的点数。使用“旋转”属性来调整星形点的角度，值为 20 和 1 的两个“星形点”的效果分别如图 4-1-41 和图 4-1-42 所示。
- ◆ 旋转：围绕灯光的中心旋转辉光噪波和星形效果。滑块范围为 0 ～ 360 度，默认值为 0。
- ◆ 忽略灯光：默认状态为关闭，如果打开，则会自动设定着色器辉光的阈值。如果要手动控制场景中辉光的量，则禁用该选项。

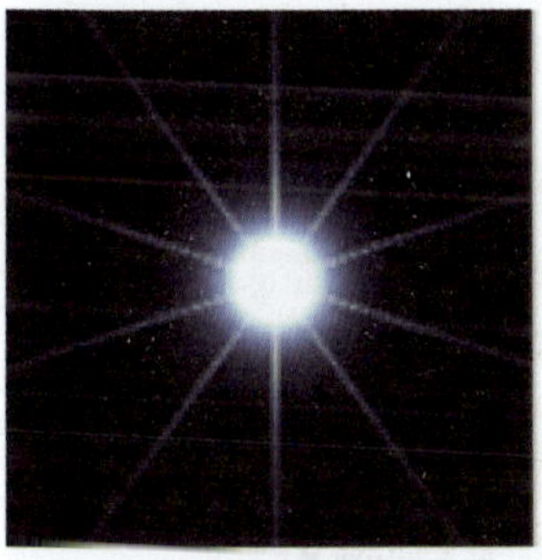

图 4-1-41

图 4-1-42

点光源的“辉光属性”卷展栏如图 4-1-43 所示。

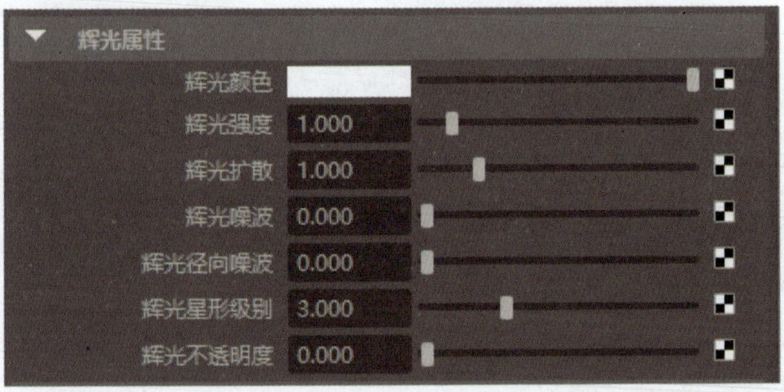

图 4-1-43

- 辉光颜色：控制辉光的颜色，单击颜色样例可打开“颜色选择器”进行颜色修改。
- 辉光强度：控制辉光的亮度。随着数值增加，辉光效果的外观尺寸也会增加。

若数值为负，则会使其辉光减弱。数值范围为 0 ～ 10，默认值为 1。

- 辉光扩散：控制辉光效果的大小。
- 辉光噪波：控制应用于辉光的 2D 噪波的强度。该噪波是在以灯光位置为中心的平面上生成的，并且始终朝向摄像机。数值范围为 0 ～ 1，默认值为 0。
- 辉光径向噪波：将辉光的扩散随机化，以模拟星光和折射灯光的结构。
- 辉光星形级别：模拟摄像机星形过滤器效果。
- 辉光不透明度：控制辉光暗显对象的程度。不透明度与透明度相反。

点光源的“光晕属性”卷展栏如图 4-1-44 所示。

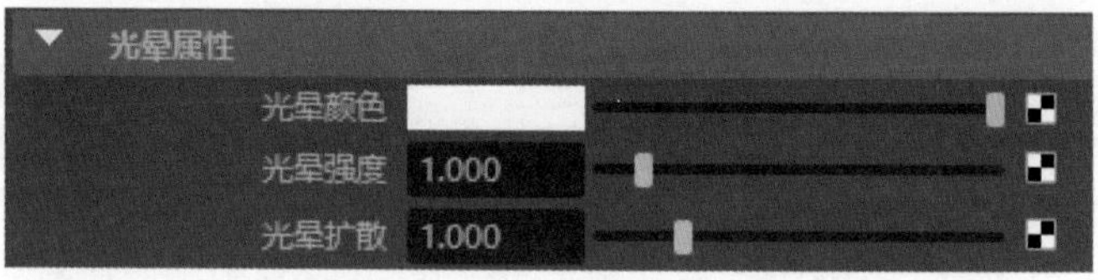

图 4-1-44

- 光晕颜色：控制调节光晕的颜色。
- 光晕强度：控制光晕的亮度。随着数值的增加，光晕的外观尺寸也会增加。
- 光晕扩散：控制光晕效果的大小。“光晕扩散”和“辉光扩散”的值相同时，光晕大小通常大于辉光大小。

“镜头光斑属性”卷展栏如图 4-1-45 所示。

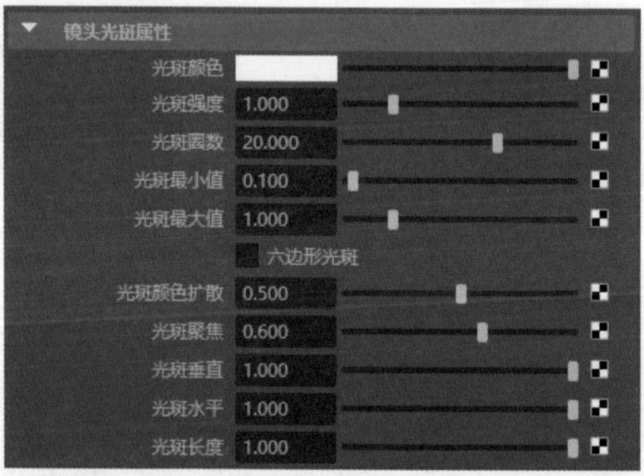

图 4-1-45

- 光斑颜色：镜头光斑圈的颜色。单击“颜色选择器”来更换颜色。
- 光斑强度：控制光斑效果的亮度。
- 光斑圈数：表示镜头光斑效果中的圈数。
- 光斑最小值、光斑最大值：在这两个值之间随机化圆形大小。
- 六边形光斑：生成六边形光斑元素，效果如图 4-1-46 所示。

图 4-1-46

- 光斑颜色扩散：控制基于光斑颜色锐度，随机化的各个圆形的色调度。
- 光斑聚焦：控制圆边的锐度。
- 光斑垂直、光斑水平：相对于图像中心控制光斑效果的轴。
- 光斑长度：相对于灯光位置控制光斑效果长度。

点光源的“噪波属性”卷展栏如图 4-1-47 所示。

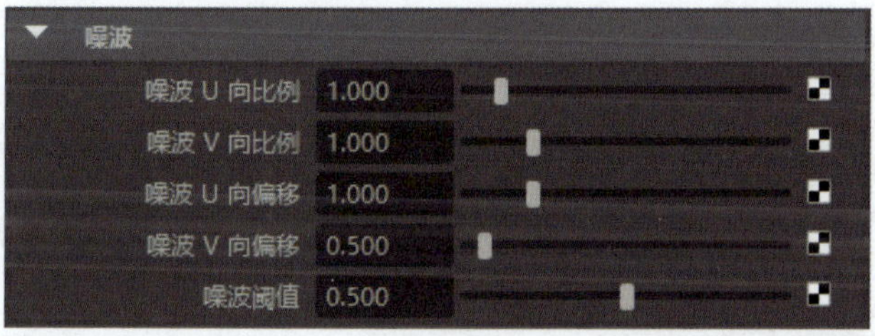

图 4-1-47

- 噪波 U 向比例、噪波 V 向比例：在水平方向和垂直方向缩放辉光噪波。
- 噪波 U 向偏移、噪波 V 向偏移：在水平方向和垂直方向偏移辉光噪波。
- 噪波阈值：噪波的中止值。

聚光灯

聚光灯也称锥形光，可用于模拟室内射灯灯柱，灯光从一点向一个方向发射，属性如图 4-1-48 所示。

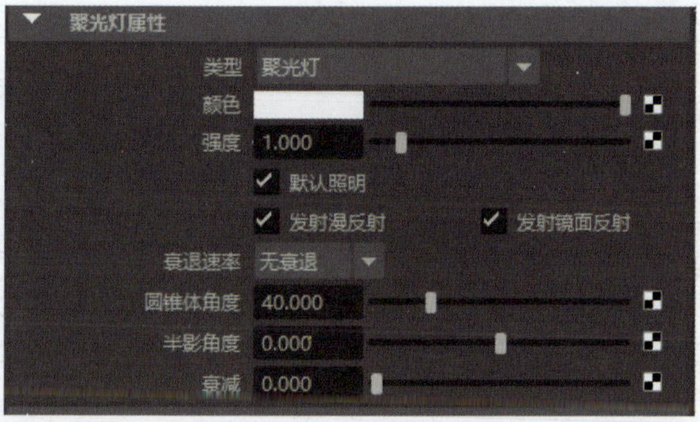

图 4-1-48

在灯光属性里，颜色、强度、衰退速率这几个属性和之前的点光源完全一样，这里就不再重复介绍。

发射漫反射和发射镜面反射的关系如图 4-1-49 至图 4-1-51 所示。

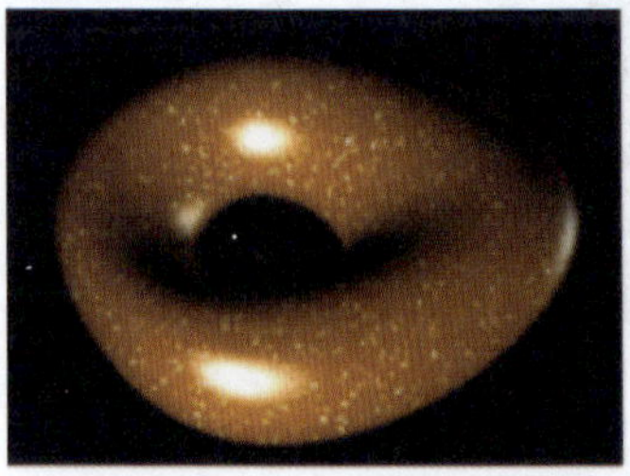

发射镜面反射 打开

图 4-1-49

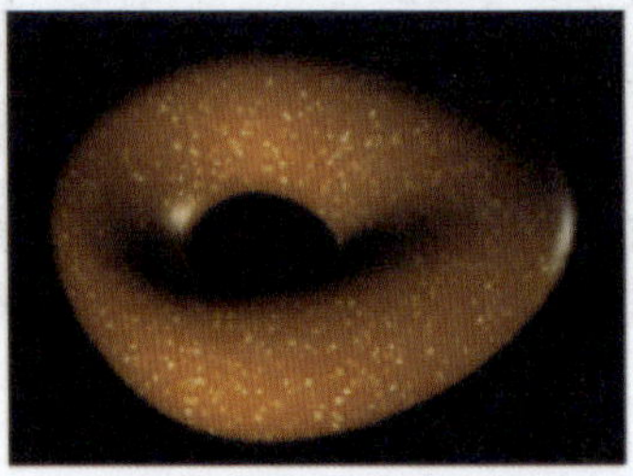

发射镜面反射 关闭

图 4-1-50

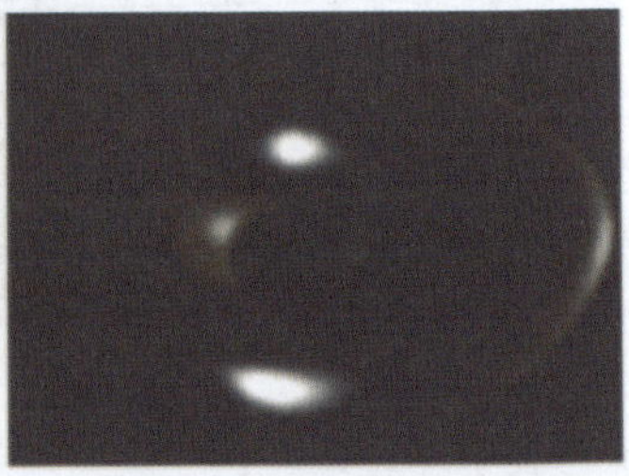

发射漫反射 关闭

图 4-1-51

- 圆锥体角度：聚光灯光束边到边的角度，有效范围是 0.006 ～ 179.994。
- 半影角度：聚光灯光束的边的角度，在该边上，聚光灯的强度以线性方式下降到 0。
- 衰减：控制灯光强度从聚光灯光束中心到边缘的衰减速率。

聚光灯的“灯光效果”属性卷展栏如图 4-1-52 所示。

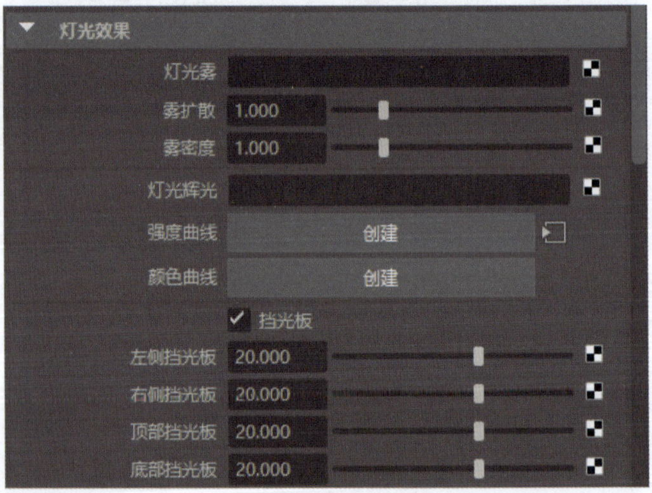

图 4-1-52

相对于点光源的灯光效果，聚光灯的灯光效果多出了 7 个属性。

- 强度曲线：创建用于控制聚光灯强度衰退的强度曲线。
- 颜色曲线：创建用于控制聚光灯的颜色随距离变化的颜色曲线。
- 挡光板：用于将圆锥形光束的圆形处理成方形。
- 左侧、右侧、顶部、底部挡光板：控制从聚光灯光束的中心到每个挡光板位置的角度。

区域光

对一个区域进行照明，主要用于物理照明。

其灯光的各项属性与之前介绍的灯光完全一样。

体积光

按照特定的体积形态照明其所包含的区域。“体积光”属性卷展栏如图 4-1-53 所示。

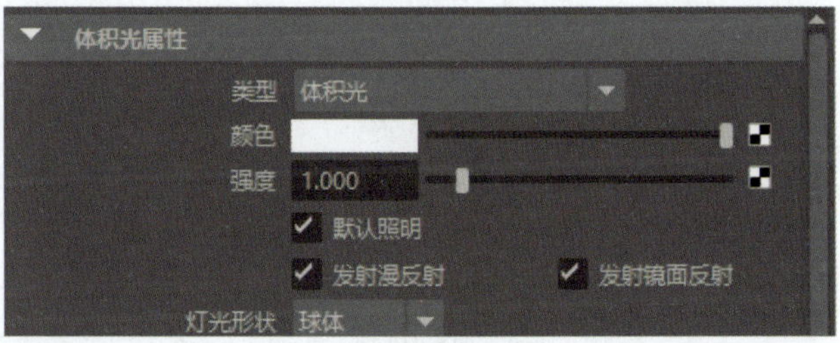

图 4-1-53

体积光属性里多出了一个灯光形状。

灯光形状：决定灯光的体积形态。下拉列表中包含的灯光形态有长方体、球体、圆柱体和圆锥体。

体积光的“颜色范围”属性卷展栏和“半影”属性卷展栏如图 4-1-54 所示。

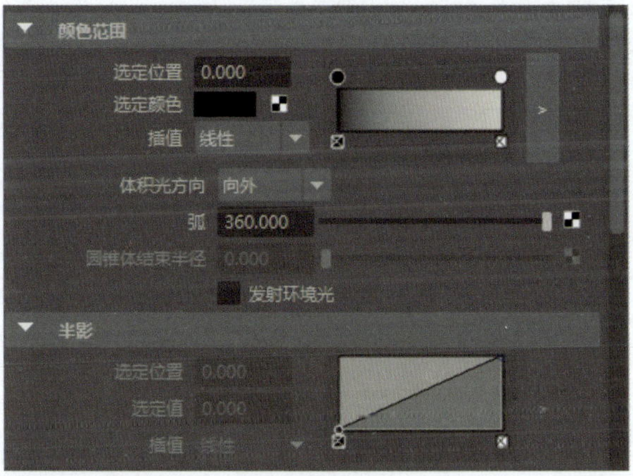

图 4-1-54

颜色范围属性控制从体积中心到边缘的灯光颜色。通过更改渐变色条上的值，可以沿已定义灯光方向衰退或更改颜色。渐变色条右侧表示在体积中心的灯光颜色，左侧表示在外边界的颜色。通过从内部颜色到外部颜的差值来获得衰退效果。最外部的颜色应为黑色，以避免出现体积边的硬边界。

- 选定位置：渐变色条中的活动颜色条目的位置。
- 选定颜色：活动颜色条目的颜色。
- 插值：控制渐变色条中的颜色混合方式。从下拉菜单中可选择“无”“线性”“平滑”“样条线”选项。
  - ◆ 无：没有插值。
  - ◆ 线性：在 RGB 颜色空间中线性插入该值。

- ◆ 平滑：沿贝尔曲线插值，以便渐变色条上的每种颜色占据它周围的区域，然后快速过渡到下一种颜色。
- ◆ 样条线：考虑了邻近的索引以获得更平滑的效果。

- ● 体积光方向：控制体积内的灯光的方向。从下拉列表中可选择："向外""向内""向下轴"选项。
  - ◆ 向外：灯光从长方体或球体中心移开，并从圆锥体或圆锥体的中心轴移开。该属性效果类似于点光源。
  - ◆ 向内：灯光方向向灯光的中心移动。这不是模拟区域光，而是对用于灯光计算的方向进行简单更改的特殊效果。
  - ◆ 向下轴：灯光方向是灯光中心轴的下方向。该属性效果类似于平行光。
- ● 弧：通过指定旋转度数，使用该选项来创建部分球体、圆锥体、圆柱体形状的灯光。数值范围为 0 ～ 360。最常用的设置是默认值 180 和 360。数值设为 180 时的效果类似于将灯光体积切成一半，数值设为 360 时的效果是完整的灯光。该选项不适用于长方体形的灯光。
- ● 圆锥体结束半径：该选项仅适用于圆锥体形状的灯光。其数值表示圆锥体末端的相对大小。数值为 1.0 时是一个圆柱体，而数值为 0 时则是一个圆锥体。
- ● 发射环境光：启用后，灯光将以多向方式影响曲面。默认设置为"禁用"。

半影属性只适用于圆锥体和圆柱体形状的灯光，其管理半影，即阴影边界和灯光周围部分照明的区域。使用卷展栏右侧的图形（图 4-1-55），可以调整灯光的扩散和掉落效果。图形左侧表示圆锥体或圆柱体外边的强度，图形右侧表示从光束中心到边缘的强度。

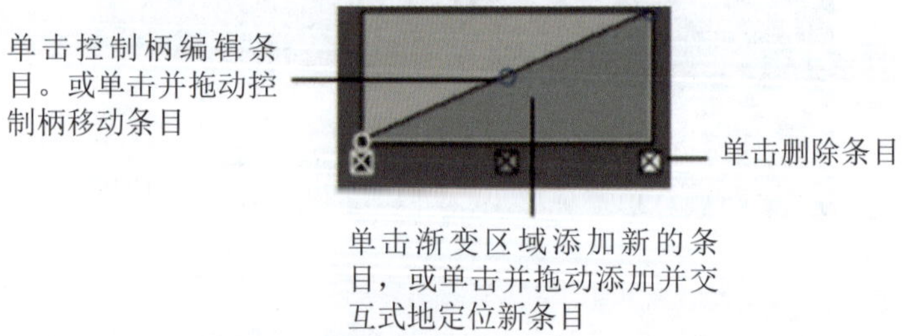

图 4-1-55

- ● 选定位置：该值会影响图形中的活动条目，同时在图形的 x 轴上显示。
- ● 选定值：该值会影响图形中的活动条目，同时在图形的 y 轴上显示，如图 4-1-56 所示。
- ● 插值：用于控制计算值的方式。从下拉列表中可选择"无""线性""平滑""样条线"选项。4 种插值效果如图 4-1-57 所示。
  - ◆ 无：没有插值，不同颜色在最终结果中显示为不同色带。
  - ◆ 线性：线性插入该值。

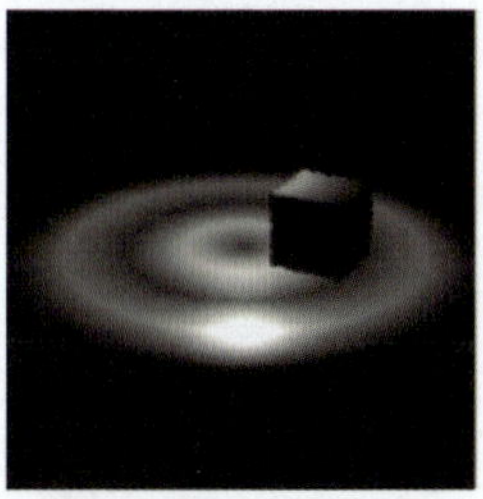

可以使用半影图形上具有不同值的多个位置来创建光环。这个方法可用于模拟手电的灯光效果

图 4-1-56

- 平滑：沿贝尔曲线插值，以便渐变色条上的每个值占据它周围的区域，然后快速过渡到下一个值。
- 样条线：考虑了邻近的索引以获得更平滑的效果。

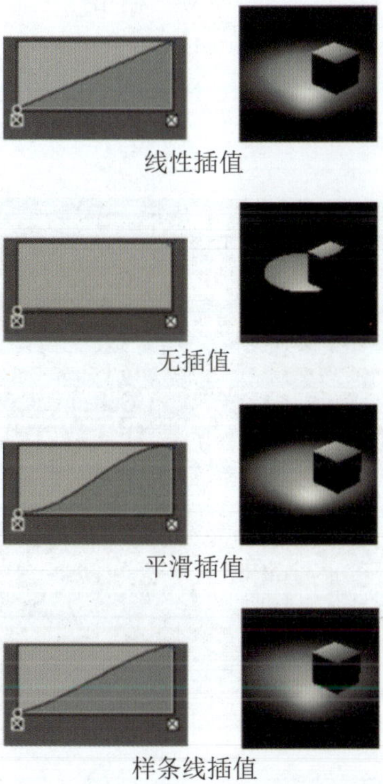

图 4-1-57

【任务实施】

玻璃材质的制作

（1）为玻璃杯模型创建 Phong 材质，调节“余弦幂”数值为 90，将“镜面反射颜色”设置为白色。

（2）在“透明度”属性后面的棋盘格图标上单击，在弹出的材质贴图列表里选择“渐变”贴图来控制透明度属性。调节渐变色条为灰白渐变。

（3）在“反射率”属性上使用相同的方式创建渐变贴图来控制反射率。调节渐变色条颜色为灰白渐变。

（4）创建“采样器信息”工具节点，使用鼠标中键将“采样器信息”拖拽到“渐变”节点上，在弹出的对话框中选择 Other 选项，弹出“链接”对话框，将左边的 facingRatio 和右边的 uvCoord 链接，且将两个“渐变”贴图链接相同的“采样器信息”节点。

（5）在 Hypershade 的“环境纹理”中单击“环境铬”图标，创建“环境铬”贴图。然后将其链接到 Phong 材质的“反射颜色”属性上，调节其属性参数卷展栏“环境铬属性”下面的灯光宽度为 0.678，灯光宽度增益为 0.711，灯光宽度偏移为 0.545，灯光深度为 0.504，灯光深度增益为 0.537，灯光深度偏移为 0.455。“天空属性”下面的天空颜色和天顶颜色为黑色，灯光颜色为白色。“地面属性”下面的地面颜色、地平线颜色为白色，栅格为黑色。“栅格放置”下面的栅格宽度为 0.190，栅格宽度增益为 0.149，栅格宽度偏移为 0，栅格深度为 0，栅格深度增益为 0.760，栅格深度偏移为 0.124。

（6）打开“环境铬”图标的上游节点 place3dTexture 的属性对话框，将“变换属性”下方的缩放数值设置为 35、55、35。使用 Maya 软件进行渲染，得到实例图中的效果，如图 4-1-58 所示。

图 4-1-58

生锈金属材质的制作

（1）在模型上创建 Blinn 材质球，单击材质球的“颜色”属性和“凹凸贴图”属性后面的棋盘格图标，链接到“文件”节点，在文件贴图的属性对话框中找到“图形名称”属性，单击后面的公文包图标，在弹出的窗口中导入生锈金属图片。

（2）对 Blinn 材质球的属性进行调节，将“漫反射”数值设置为 0.5。

（3）回到“文件纹理属性”对话框中，找到“效果”卷展栏下面的“颜色重映射”选项，单击“插入”按钮，在弹出的材质贴图窗口中选择“渐变”贴图，为属性链接上一个渐变贴图，调节渐变色条，选定位置为 0，则选定颜色为 H:350 S:0.8 V:0.33，选定位置为 0.4，则选定颜色为 H:22 S:0.85 V:0.63，选定位置为 0.68，则选定颜色为 H:110 S:0.03 V:1。

贴图颜色为生锈金属色的渐变。

（4）将生成的新贴图贴到 Blinn 材质球的“镜面反射颜色”属性上。最终效果如图 4-1-59 所示。

图 4-1-59

戒指的制作

（1）创建 Phong 材质，调节其颜色为 H:50 S:135 V:0.3，环境色为 H:3 S:0.35 V:0.05，如图 4-1-60 所示。

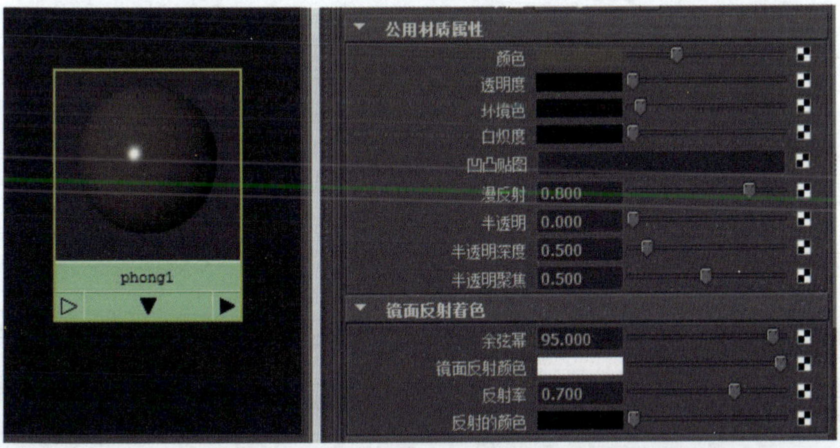

图 4-1-60

（2）设置“余弦幂”为 95，“镜面反射颜色”为白色，“反射率”为 0.7，从而设置为高反射金属。

（3）创建 Phong 材质，调节“透明度”为白色，“余弦幂”为 120，“镜面反射颜色”为白色，“反射率”为 0.107，如图 4-1-61 所示。

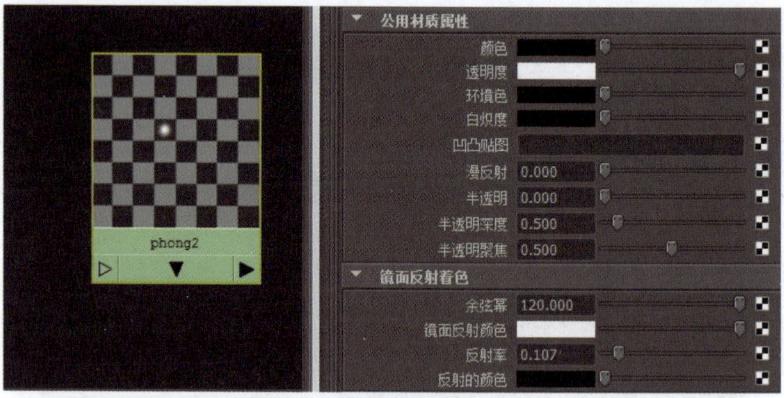

图 4-1-61

（4）找到“光线跟踪选项”卷展栏，勾选“折射”复选框，设置“折射率”为 2.4，“折射次数”为 6，“吸光率”为 10，“表面厚度”为 0.8，“阴影衰减”为 0.5。设置钻石材质。

（5）为环境球添加 Lambert 材质，在材质的颜色属性上添加文件贴图，在文件贴图中通过设置文件属性导入反射图片，如图 4-1-62 所示。

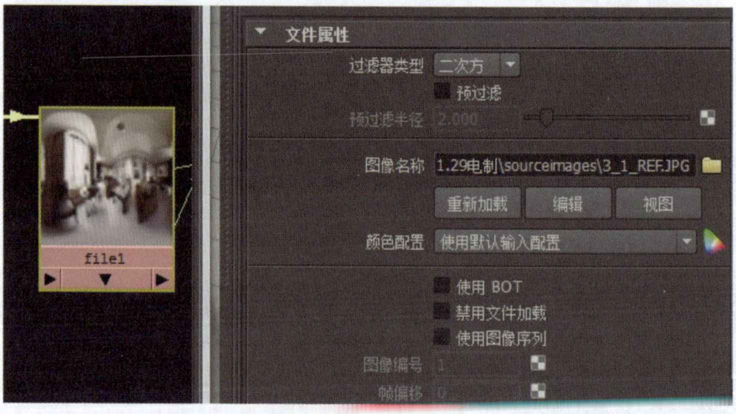

图 4-1-62

（6）在文件贴图属性栏里找到效果卷展栏，单击“插入”按钮，在文件贴图和 Lambert 材质球之间会添加 rgbToHsv 节点和 ramp 节点，如图 4-1-63 所示。

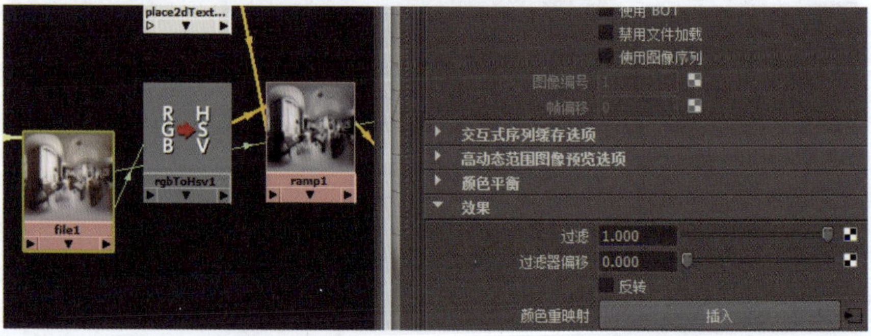

图 4-1-63

（7）将导入图片的颜色模式由 RGB 转化为 HSV，并且由渐变贴图控制图片的颜色信息，将图片调节成黑白色，如图 4-1-64 所示。

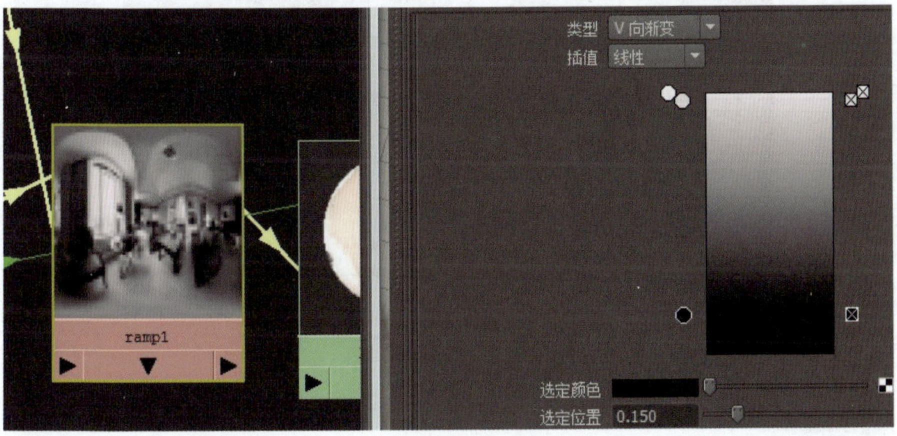

图 4-1-64

（8）选择环境球，在属性栏里找到“环境球形态”卷展栏，在子选项“渲染统计器信息”中取消勾选“主可见性”复选框，这样在渲染的时候就不会看到环境球背景了，如图 4-1-65 所示。

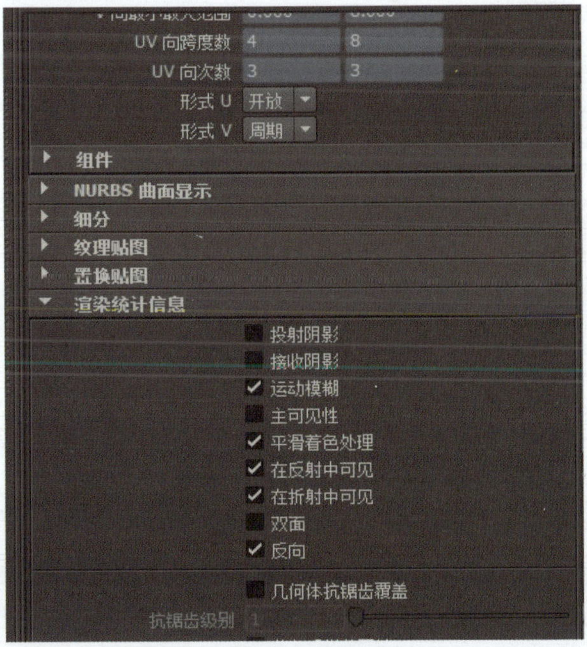

图 4-1-65

（9）最终效果如图 4-1-66 所示。

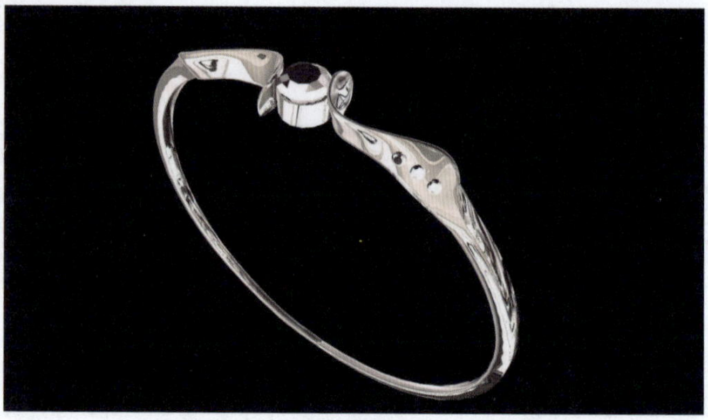

图 4-1-66

项目拓展

通过对 Maya 基础材质和灯光的讲解以及玻璃和金属材质的制作，掌握基本材质的调节方法，下面请利用“分层着色器”“渐变着色器”等材质分别制作车漆材质、“三渲二”卡通材质、水墨材质。在教学视频中会有具体方法的讲解。

思考与练习

Maya 基础材质和灯光是 Maya 材质模块的基础，通过这部分内容掌握 Maya 材质和灯光的工作流程，特别是 Hypershade 中材质节点的链接，通过不同节点的链接可以产生不同的材质效果。为之后学习 Arnold 高级材质打下良好的基础。

Arnold 材质和灯光

任务 2 Maya 的 Arnold 材质和灯光

【任务描述】

学习 Arnold 材质和灯光的创建方法。

【任务要求】

掌握 Arnold 材质的基本属性和使用方法。

【知识链接】

Arnold 材质有着自己独立的灯光系统和材质系统，也就是说 Arnold 的灯光材质和 Maya 自带的灯光材质并不能很好地融合，使用 Arnold 渲染器不能将 Maya 基础材质的效果全部表现出来，而 Maya 软件渲染也不能很好地将 Arnold 材质的效果呈现出来，它们是相对独立的渲染模块。

Arnold 灯光

Arnold 灯光在菜单栏 Arnold → Lights 选项里，共有 6 种，其分别是 Area Light、Skydome Light、Mesh Light、Photometric Light、Light Portal、Physical Sky。

（1）Area Light：与 Maya 自带的区域光功能相似，对一个区域进行照明，其属性如图 4-2-1 所示。

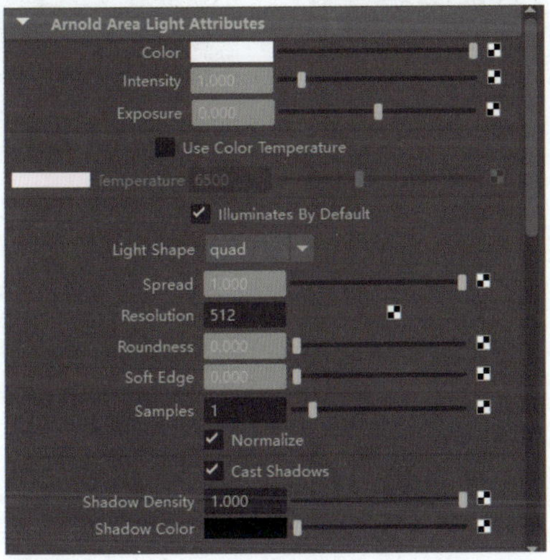

图 4-2-1

- Color：控制灯光颜色。
- Intensity：控制灯光强度。
- Exposure：控制灯光的曝光度。
- Use Color Temperature：使用色温，默认状态为关闭，打开后可以在下方的 Temperature 选项对色温进行调节。
- Illuminates By Default：灯光照明开关。
- Light Shape：灯光的形态，在下拉菜单中包含 quad（四方形）、cylinder（圆柱体）、disk（圆盘）3 种形态。
- Spread：控制灯光边缘的发散，发射沿法线方向聚焦的灯光。如果数值为 0，则光照区域为四边形，边缘非常锐利（图 4-2-2）。如果数值为 1，则边缘出现发散效果，如图 4-2-3 所示。

图 4-2-2

图 4-2-3

- Resolution：分辨率尺寸。
- Roundness：控制光照边缘的粗糙度。当数值为 1 时，边缘出现颗粒效果。
- Soft Edge：控制光照边缘软化度。当数值为 1 时，原四方形光照区域边缘变为圆形。同时光照区域的强度加大，如图 4-2-4 所示；数值为 0 时效果如图 4-2-5 所示。

图 4-2-4

图 4-2-5

- Samples：表面采样率。其数值越大，照明物体上的颗粒越小，表面越细致。
- Normalize：勾选该属性以后灯光的强度不随灯光图形的变化而改变，当关闭该属性以后，放大灯光图形，照明强度也随之增加。
- Cast Shadows：控制是否产生投射阴影。打开时才能让被照物体产生阴影，进行投射阴影计算。
- Shadow Density：控制被照物体阴影的密度。此选项控制阴影如何与在其上投射阴影的材质混合：值为 1 时会产生不透明的黑色阴影，而值为 0 时不会产生阴影。通常，此选项的值为 1。

Visibility 为可见性属性，用于控制渲染时相应属性的可见性和渲染质量。其属性卷展栏如图 4-2-6 所示。

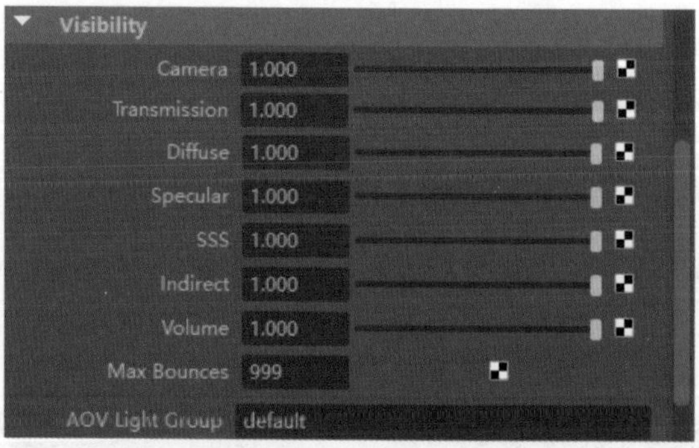

图 4-2-6

- Camera：控制摄影机光线的灯光影响，默认情况下，天顶灯光作为背景直接可见。降低该数值可使背景对摄影机不可见，让背景变得透明。
- Transmission：透射强度缩放。该属性数值默认为 1，以生成物理上精确的结果。
- Diffuse、Specular、SSS、Volume：“漫反射”（Diffuse）、“镜面反射”（Specular）、SSS 和“体积”（Volume）的强度缩放。属性数值影响每个组件对渲染效果贡献

的权重。这些选项值应保留为 1，以生成物理上精确的结果。

- Indirect：间接照明。每次反弹的相对能量损失（或增益）。该选项值应保留为默认值 1，以生成在物理上有意义的结果。当该值大于 1 时，GI 算法将无法收敛到稳定的解。
- Max Bounces：最大弹射次数。
- AOV Light Group：灯光通道。通过字符串参数提供逐灯光 AOV。AOV 为分层渲染。

（2）Skydome Light：天穹光。Skydome Light 基础属性和 Area Light 属性基本相同，此处只对不同属性进行讲解。

- Format：正在链接的贴图的类型。最常见的贴图类型是“经度 - 纬度”（Lat-long），除此之处还有“镜像球”（Mirrored Ball）或“角度”（Angular）类型。
- Portal Mode：定义天顶光与灯光入口交互的方式。选择 Off 关闭；interior_only 选项为阻挡入口外的任何灯光，这样可以更好地降低场景中的噪波，以构建权限内部的场景。选择 interior_exterior 允许入口外的灯光通过，以构建内部和外部混合场景。

（3）Mesh Light：网格灯光需要在创建一个多边形模型后选择模型，单击 Arnold → Lights → Mesh Light，生成 Mesh Light，灯光的形态与模型的形态保持一致，灯光属性与 Area Light 中的属性一致，如图 4-2-7 所示。

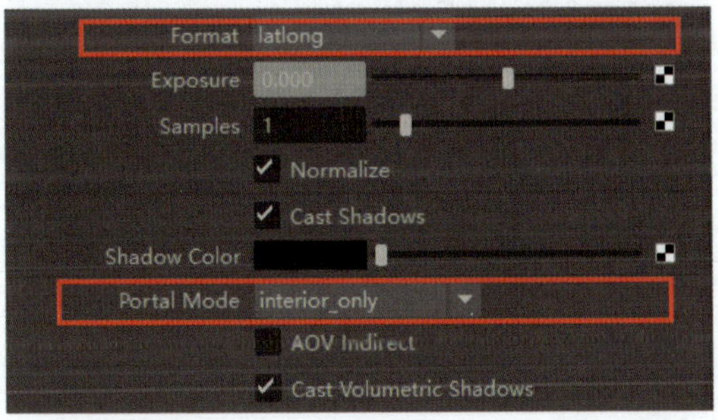

图 4-2-7

（4）Photometric Light：光度学灯光。光度学灯光需要导入相应的 ies 文件，不同的文件导入后形成不同的灯光效果。其主要用于室内灯饰灯光效果模拟，类似于 Maya 基础灯光里的聚光灯。Photometric Light 属性如图 4-2-8 所示。

图 4-2-8

（5）Light Portal：入口光。此光需要配合天光（Skydome Light）进行作用，在场景的入口处让天光进入更加强烈，达到降噪的目的。其效果如图 4-2-9 所示。使用这种光的时候，必须覆盖所有的窗户、门和其他开口，通过该光进入现场。其效果如图 4-2-10 所示。

图 4-2-9

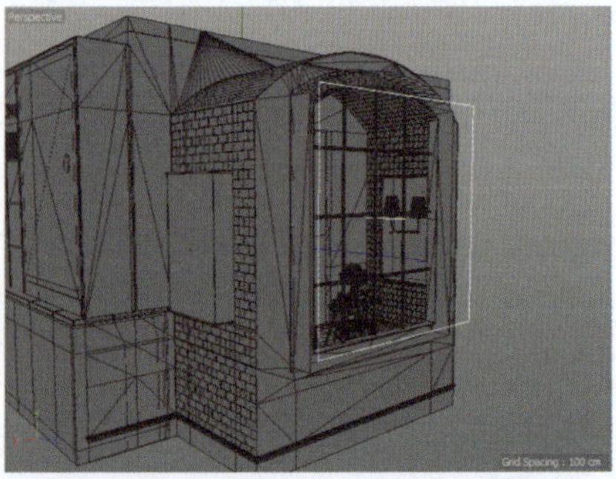

图 4-2-10

（6）Physical Sky：物理天光，用来模拟场景中天空的光线。此着色器可实现各类天空辐射模型（Hosek-Wilkie），包括直接太阳辐射函数。可以将其插入环境中，或插入天顶灯光的颜色输入（得益于高效的采样，向太阳附近的明亮区域发送更多光线），也可以将其直接添加为环境着色器。Physical Sky 的属性如图 4-2-11 所示。

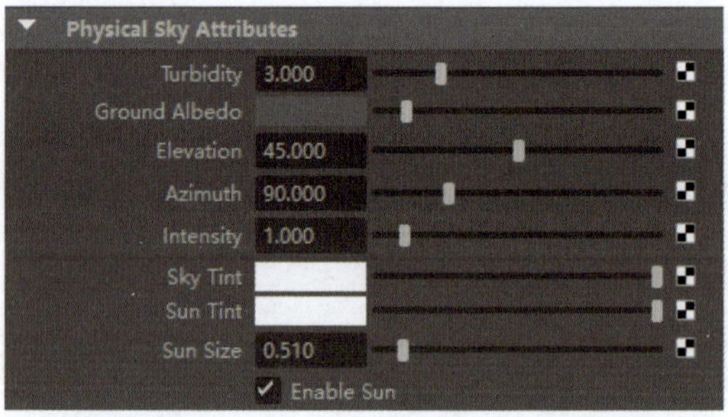

图 4-2-11

- Turbidity：浑浊度，用于确定空气中的总体气溶胶含量（灰尘、湿气、冰、雾）。可以使用该属性轻松定义天空外观，而且它会影响太阳和天空的颜色。浑浊度值范围为 1 ～ 10。当数值为 2 时，其效果产生类似于北极地区非常晴朗的天空；当数值为 3 时，其效果类似于温和气候下的晴朗天空；当数值为 6 时，其效果类似于温暖、潮湿天气下的天空；当数值为 10 时，其效果类似于雾蒙蒙的天空。
- Ground Albedo：从地球表面反射回大气的灯光量。这是一个介于 0 和 1 之间的 RGB 值，其中（0,0,0）对应于黑色地面，而（1,1,1）对应于白色地面。请注意，这是一个细微的效果。
- Elevation：太阳与可观测到的地平线之间的角度。其值的范围介于 0 到 180 度（90 到 180 度是 0 到 90 度的镜像反射），如图 4-2-12 和图 4-2-13 所示。
- Azimuth：用于表示太阳绕地平线的角度。从北方开始度量，并朝东方逐渐增加（0 到 360 度）。

图 4-2-12

图 4-2-13

- Intensity：用于表示强度，是天空辐射的标量倍增。此值类似于天空染色。但是，天空染色使用 RGB 值，而强度使用标量值（更易于调整）。
- Sky Tint：天空染色属性允许设置一种颜色对天空颜色进行染色，天空染色应该用于精细的着色操作。例如，让天空具有稍微深一点的蓝色。
- Sun Tint：太阳染色属性允许设置一种颜色对太阳颜色进行染色，这是用于精细着色的 RGB 倍增。非精细着色将产生物理上不精确的结果，并会导致太阳与天空颜色不一致（除非两种染色完全相同）。
- Sun Size：用于设置可见太阳圆盘的大小。增加此值会增加太阳的面积，进而产生更加柔和的阴影。
- Enable Sun：用于设置是否显示太阳。

以上对 Arnold 的灯光属性进行了说明，具体的操作详见视频教学。

Arnold 材质列表

材质列表如图 4-2-14 所示。

图 4-2-14

- aiAovWriteVector：Aov 矢量写入可将浮点型、整型、向量或颜色数据写入自定义 AOV。
- aiAmbientOcclusion：用于创建细节处阴影。
- aiAxfShader：用于布料类材质制作。
- aiCarPaint：用于制作车漆材质。
- aiClipGeo：修剪几何体着色器可以让几何体形状成为“修剪后形状”，它可从与之相交的任何形状上修剪几何体。
- aiFlat：单色着色器。
- aiLayerShader：层材质，用于将多个材质进行混合。
- aiMatte：蒙版着色器，用于渲染输出 Alpha 图像。
- aiMixShader：混合着色器，用于混合两种不同的材质。
- aiPassthrough：对连接到 eval 函数输入的任何着色网络进行求值。
- aiRaySwitch：光切线。通过此着色器，可以对每条光线的不同着色器树进行求值。
- aiShadowMatte：阴影遮罩着色器，通常用于地板平面上，以从场景内的照明中“捕捉”阴影。
- aiStandardHair：标准头发着色器是一个基于物理属性的着色器，它基于镜面反射的 d'Eon 模型和漫反射的 Zinke 模型来渲染头发和毛发。该着色器可通过为基础颜色、粗糙度和折射率设置几个简单的参数来获取逼真的结果。
- aiStandardSurface：标准曲面着色器是一种基于物理属性的着色器，能够生成许多类型的材质。它包括漫反射层、适用于金属的具有复杂菲涅尔的镜面反射层、适用于玻璃的镜面反射透射、适用于皮肤的次表面散射、适用于水和冰的透明度、漫反射透射、镜面向后反射、镜面反射涂层和自发光。
- aiSwitch：用于求值并返回 index 参数选择的 inputindex，数值范围为 1 ～ 20。不会对未选择的输入求值。
- aiToon：卡通着色器是随轮廓过滤器一起提供的一个非真实照片级渲染（NPR）解决方案的一部分。
- aiTwoSided：强制双面着色器在双面曲面的两侧分别应用两个着色器。
- aiUtility：此常规“通用”工具节点着色器可用来创建供合成软件包使用的过程。它还可以用来调试场景。
- aiWireframe：线框着色器，用于控制生成线框样式输出（以 RGB 形式）的颜色。
- aiStandardVolume：是基于物理属性的体积着色器。它对体积密度、散射颜色和透明颜色进行独立控制，可用于直接从物理模拟渲染火焰和爆炸。其中的每个组件都可以由来自体积对象的一个体积通道控制，其他参数用作通道的倍增。通道可以保留为空，而且可以改为连接自定义着色器（如体积采样）或程序纹理，从而以更高的可控性操纵每个组件。

下面对常用的 Arnold 材质的属性进行讲解。

aiAmbientOcclusion（环境光遮挡）

环境光遮挡近似于全局照明，可模拟物体的交互漫反射之间的复杂相互作用。尽管在物理上不是那么精确（要确保物理精度，可使用完整的全局照明），但此着色器速度快，能够生成逼真的效果。

环境光遮挡着色器实际上会在着色点的切线平面定义的上半球区域内发射若干光线，并返回照射到物体的光线数与光线总数相除所得的比率作为颜色。如果照射到物体的光线数与光线总数相除的比率为0，则输出被视为完全未受遮挡或称为“明亮”（默认为白色）的颜色；如果照射到物体的光线数与光线总数相除的比率为1，则输出被视为完全受遮挡或称为“黑暗”（默认为黑色）的颜色。如果比率介于0和1之间，则会对两个值进行线性插值。环境光遮挡属性如图4-2-15所示。

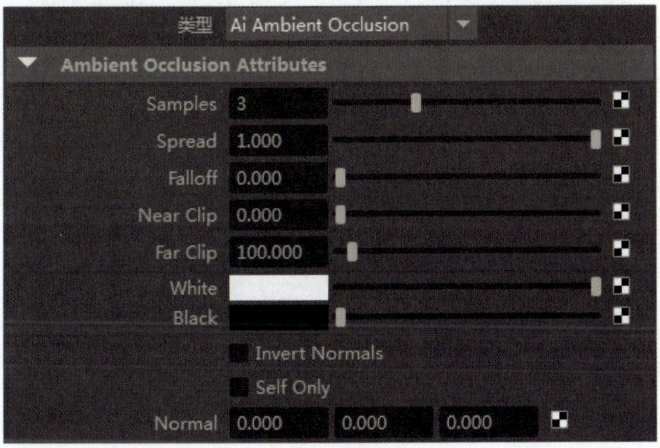

图 4-2-15

- Samples：控制为计算照射到物体的光线数与光线总数的比率而发射的光线数。增加该数值将减少噪波，并实现更好的质量效果。
- Spread：围绕法线向量N的角度扩散，值的范围为0～1，其中1最常用的值，表示将映射到90度（整个半球）。其他值在实际应用中并不常用到。
- Falloff：沿光线距离被遮挡的指数衰减速率。它与被遮挡光线照射到的半透明曲面不兼容。
- Near Clip：采样的最小遮挡距离。
- Far Clip：采样的最大遮挡距离。
- White：照射到物体的光线数与光线总数相除的比率为0（完全未受遮挡）时的输出颜色。
- Black：照射到物体的光线数与光线总数相除的比率为1（完全受遮挡）时的输出颜色。可以将Black属性更改为黑色以外的颜色，以便实现特定效果。例如，可通过更改此属性对地面阴影进行染色。
- Invert Normals：该属性将更改被跟踪光线的方向。禁用该属性时，系统会在曲面外部跟踪光线。启用该属性时，系统会在曲面内部跟踪光线。
- Self Only：仅收集针对同一个对象的遮挡。
- Normal：输出可以链接到aiStandardSurface着色器中法线参数的法线向量。

aiLayerShader（层材质）

层材质也称为层着色器，其用于将最多 8 个着色器混合在一起。它根据 alpha 属性返回层 1 和层 2 的线性插值。alpha 值为 0 将输出层 1，值为 1 将输出层 2，值为 0.5 将均匀混合层 1 与层 2。每个层都有一个用于激活 / 取消激活给定层的标志。该着色器需要曲面着色器作为输入，因此，会混合“AOV 名称”（AOV names）选项卡上定义的 AOV。它还将混合不透明度。在层着色器中，各个层按顺序应用。层着色器属性如图 4-2-16 所示。

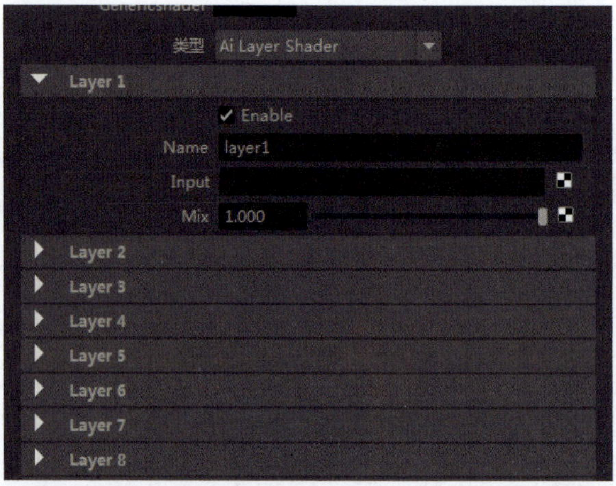

图 4-2-16

- Enable：启用 / 禁用整个层。
- Name：层名称。
- Input：层的输入值。
- Mix：控制着色器之间的混合量。

aiStandardHair（头发着色器）

标准头发着色器主要作用是为模型添加真实头发材质，可以通过调节里面的基础颜色、粗糙度和折射率等几个重要属性参数来获取各式的逼真效果。

标准头发着色器被设计为与 Arnold 的曲线形状节点一起使用的着色器，但无法很好地处理其他类型的形状。其他着色器（如 Lambert）也适用于曲线，但不能准确地模拟头发散射。aiStandardHair 包含多项属性，其中第一个卷展栏为 Color 属性，如图 4-2-17 所示。

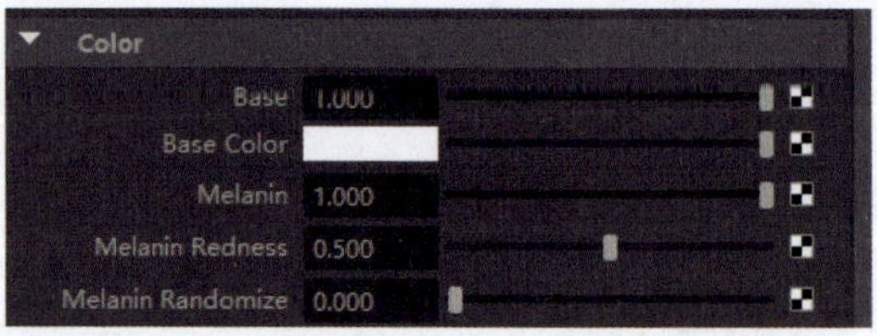

图 4-2-17

将纹理连接到头发时，所需的工作流是将 Melanin 值设置为 0，并将纹理链接到 Base Color 属性。通常，“漫反射”（Diffuse）可以保留为 0。Base Color 属性将影响次镜面反射和透射，与 Melanin 相同。它们只不过是控制头发中吸收的两种不同方式。可以将 Melanin 属性视为一种更易于拾取适合人类头发的 Base Color 属性的方式，但如果有纹理，则可以禁用 Melanin 属性。

- Base：头发的亮度，Base Color 的倍增。
- Base Color：头发的颜色。该属性控制头发纤维内部的吸收，从而在灯光向周围散射时将该参数所代表的颜色提供给头发。请注意，对于金色或亮色头发，需要使用更多的镜面反射反弹来获得精确的结果。此参数还可以链接到纹理贴图来改变头发颜色。
- Melanin：使 Melanin 参数可以通过控制头发中的黑色素数量来生成自然的头发颜色。其颜色范围从金色（大约为 0.2）到红色和褐色（大约为 0.5）再到黑色（为 1.0）。要使用纹理贴图控制头发颜色，请将 Melanin 设置为 0，并改用基础颜色。
- Melanin Redness：控制头发的红色。其值越大，表示红褐黑色素（存在于红色头发中）相对于褐色素的比例（0 到 1）越大。
- Melanin Randomize：随机化头发纤维中的黑色素数量，可以此获得不同的头发颜色，取值范围为 0 ～ 1。

第二个卷展栏为 Specular 属性，如图 4-2-18 所示。

- Roughness：控制头发镜面反射和透射的粗糙度。值越小，表示镜面反射高光越清晰明亮；值越大，表示高光越柔和。
- Anisotropic Roughness：启用此选项可使用 Azimuthal Roughness 属性。禁用时，Roughness 将同时控制方位角和纵向分布。
- Azimuthal Roughness：当 Anisotropic Roughness 处于启用状态时，使用此参数。当 Azimuthal Roughness 值较低时，允许光线直接穿过；但当该值较高时，将允许更多光线在头发内传播。
- IOR：折射率。每根头发纤维都以绝缘圆柱体形式建模，头发根据 IOR 值从纤维反射和透射到纤维中。IOR 值越小，正向散射越强；IOR 值越大，反射越强。
- Shift：头发纤维的缩放角度，从主镜面反射和次镜面反射远离最佳镜像方向偏移。为了获得逼真的人类头发效果，应当使用 0 度和 10 度之间的小角度（对于动物毛发，值可能会有所不同）。对于合成头发（如尼龙假发），请将 Shift 值设为 0，因为合成纤维表面比真实头发表面更光滑。各人种头发纤维的 Shift 值：意大利人（2.8），浅褐色欧洲人（2.9），深褐色欧洲人（3.0），印度人（3.7），日本人（3.6），中国人（3.6），非洲人（2.3）。

图 4-2-18

Tint 属性、Diffuse 属性、Emission 属性、Matte 属性的卷展栏如图 4-2-19 所示。

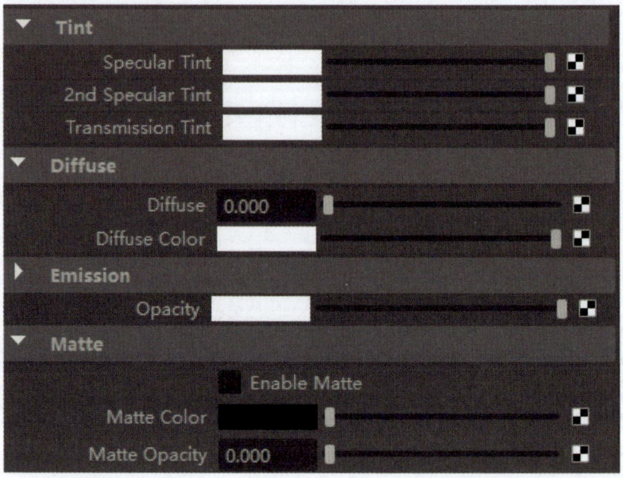

图 4-2-19

- Specular Tint：主镜面反射贡献的比例，它将与主镜面反射颜色相乘。
- 2nd Specular Tint：高光贡献的比例，它将与透射染色相乘。对于真实、干净的头发，此颜色应设置为白色，以使用基础颜色对透射进行染色。
- Transmission Tint：透射贡献的比例，它将与透射染色相乘。对于真实、干净的头发，此颜色应设置为白色，以使用基础颜色对透射进行染色。
- Diffuse：控制头发的漫反射，数值为 0 表示完全镜面反射散射，而数值为 1 表示完全漫散射。对于典型的真实头发，无需漫反射组件。脏或损坏的头发可以使用漫散射进行近似模拟。
- Diffuse Color：漫散射颜色。
- Opacity：头发的不透明度。此参数默认设置为全白色，意味着头发完全不透明，为了获得最佳效果，应当将它保留为默认设置。
- Enable Matte：启用蒙版。
- Matter Color：蒙版颜色。
- Matter Opacity：蒙版的不透明度。

aiStandardSurface（标准曲面着色器）

标准着色器也叫万能着色器，通过调节属性可以生成许多类型的材质。它包括漫反射层、适用于金属的具有复杂菲涅尔的镜面反射层、适用于玻璃的镜面反射透射、适用于皮肤的次表面散射、适用于水和冰的透明度、漫反射透射、镜面向后反射、镜面反射涂层和自发光。此着色器可对包含 10 个组件的材质进行建模，这些组件会进行分层并按层次结构进行混合，如图 4-2-20 所示。各个组件的特性在曲面上会发生变化。

默认情况下，标准曲面着色器遵循能量守恒。其所有层是保持平衡的，以使离开曲面的光量不超过入射光的量。例如，随着曲面的金属特性增强而使镜面反射层贡献增加，漫反射层贡献会随之减小以确保能量守恒。

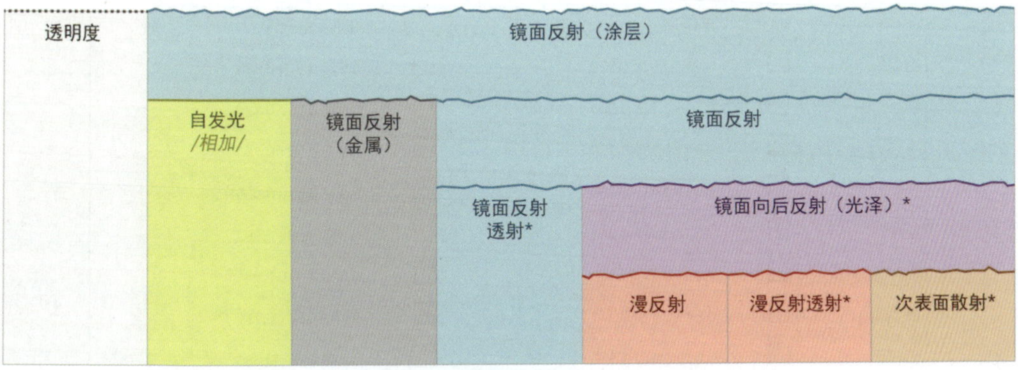

图 4-2-20

标准曲面着色器的 Base（基础）属性卷展栏如图 4-2-21 所示。

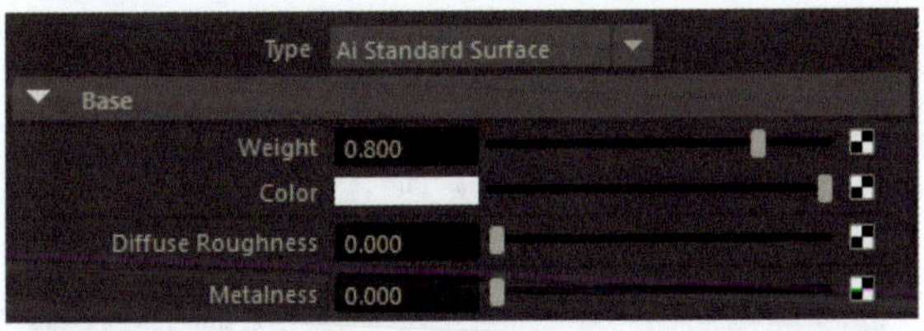

图 4-2-21

- Weight：基础颜色权重（默认值为 0.8）。
- Color：设置使用白色光源（强度为 100%）直接照亮时的曲面亮度。它定义灯光在曲面下散射时，未被吸收的 RGB 光谱的每个分量百分比。金属的基础颜色通常为黑色或较暗的颜色，但是生锈的金属需要一些基础颜色。通常需要在 Color 属性上添加贴图。
- Diffuse Roughness：基础组件会遵循具有曲面粗糙度的 Oren-Nayar 反射模型。当属性值为 1 时，其相当于 Blinn 反射。值越高，会产生越粗糙的曲面，效果更适用于混凝土、灰泥或沙子等材质。
- Metalness：金属度为 1 时，曲面表现为高亮度金属效果，使用完全镜面反射同时开启菲涅尔效果。

启用了 Metalness 后，Specular Weight 参数和 Specular Color（边染色）仅控制边染色，而 Base 属性依然受到粗糙度影响。

金属外观由 Base 卷展栏中的 Color 属性和 Specular Color（边染色）参数控制。这些会自动转换为物理 η 和 κ 值以达到相同的外观，但具有可轻松调整和设置纹理的颜色。下面是金属的一些实际值示例，如图 4-2-22 所示。

介于 0 和 1 之间的金属度值可以用于为曲面设置纹理，例如，在设置生锈铁纹理时，可在曲面的不同区域设置反射清晰的金属和漫反射铁锈。应用程序（如 Substance Painter）中的 PBR 金属度贴图可以链接到此属性。

标准曲面着色器 Specular（高光）属性卷展栏如图 4-2-23 所示。

		基础颜色		镜面反射颜色
铝 (Al)		0.912 0.914 0.920		0.970 0.979 0.988
铜 (Cu)		0.926 0.721 0.504		0.996 0.957 0.823
金 (Au)		0.944 0.776 0.373		0.998 0.981 0.751
铁 (Fe)		0.531 0.512 0.496		0.571 0.540 0.586
铅 (Pb)		0.632 0.626 0.641		0.803 0.808 0.862
汞 (Hg)		0.781 0.779 0.779		0.879 0.910 0.941
镍 (Ni)		0.649 0.610 0.541		0.797 0.801 0.789
铂 (Pt)		0.679 0.642 0.588		0.785 0.789 0.784
银 (Ag)		0.962 0.949 0.922		0.999 0.998 0.998

图 4-2-22

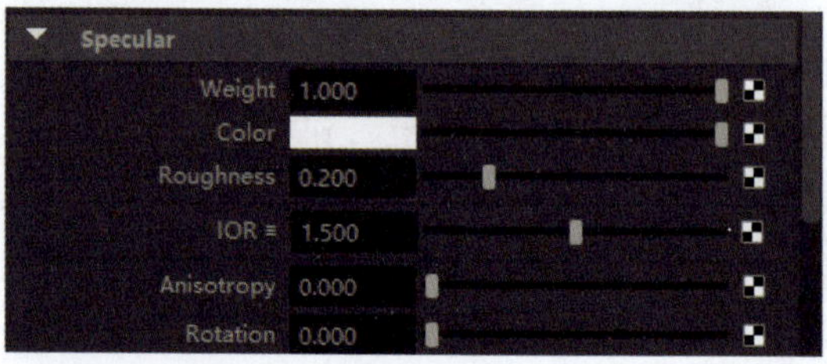

图 4-2-23

- Weight：影响镜面反射高光的亮度。
- Color：用于调整镜面反射的颜色。使用此颜色为镜面反射高光添加“染色”。仅对某些金属使用彩色镜面反射，而非金属曲面通常应采用单色镜面反射颜色。
- Roughness：控制镜面反射的光泽度。值越小，反射越清晰。值为 0 时将带来完美清晰的镜像反射效果，而值为 1 时则会产生接近漫反射的反射效果。可通过在此处链接贴图查看镜面反射高光的变化。
- IOR：折射率属性定义了材质的菲尼尔反射，并且默认情况下使用角函数。实际上，IOR 定义了曲面中心向查看者的反射与曲面边缘的反射之间的平衡。随着该属性数值的变化，反射强度保持不变，但前侧的反射强度发生很大变化。IOR 属性默认值 1 是真空的折射率，也就是说，真空空间中 IOR 为 1 的对象不会折射任何光线。
- Anisotropy：各向异性属性。其在反射和透射灯光时具有方向偏差，使得材质在某些方向上显得更粗糙或更光亮。各向异性属性的默认值为 0，表示“各向同性”。当数值接近 1 时，曲面将在 U 轴上变得更具各向异性。其适用于具有清晰笔刷方向的材质。例如，在具有微小凹槽的拉丝金属中将形成“拉伸”各向异性反射。
- Rotation：旋转。其属性值可更改 UV 空间中各向异性反射的方向。属性值为 0 时，不会出现任何旋转。属性值为 1 时，将呈现旋转 180 度的效果。对于采用拉丝金属的曲面，该属性可控制拉丝材质的角度。对于金属曲面，各向异性高光应在与拉丝方向垂直的方向上拉伸。

标准曲面着色器的 Transmission（传导）属性卷展栏如图 4-2-24 所示。

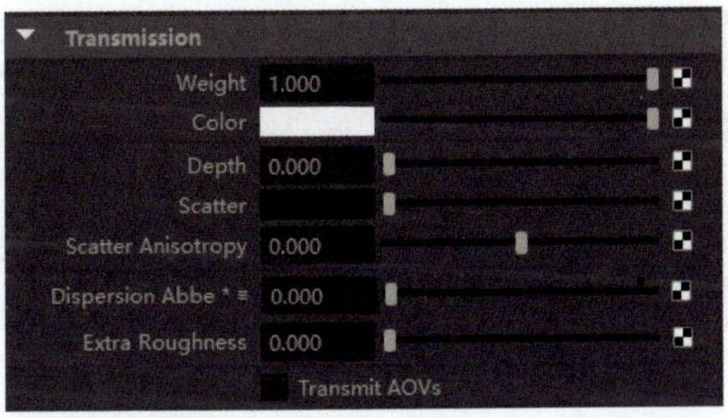

图 4-2-24

- Weight：用于控制 Transmission 属性对生成玻璃和水等材质影响的程度。
- Color：此属性会根据折射光线的传播距离过滤折射。灯光在网格内传播得越长，受 Color 的影响就会越大。因此，光线穿过曲面较厚的部分时，绿色玻璃的颜色将更深。此效应呈指数递增，可以使用比尔定律进行计算。建议使用精细的浅颜色值。
- Depth：用于控制透射颜色在体积中达到的深度。增大此值会使体积变薄，这意味着吸收和散射减少。它是一个比例因子，可以先设置 Color 属性，然后调整 Depth 属性，以适合对象大小。
- Scatter：散射属性。其适用于各类相当稠密的液体或者有足够多的液体能使散射可见的情况，例如深水体或蜂蜜。如果是一杯水，则没有多少散射，但如果是海洋，则对该属性的设置是十分必要的。其他适用示例包括冰、乳白色玻璃或奶白色玻璃等材质。
- Scatter Anisotropy：散射各向异性。用于控制散射的方向偏差或各向异性。默认值 0 表示各向同性散射，灯光在所有方向上均匀散射；数值为正则呈现灯光向前偏差的散射效果；数值为负则呈现灯光向后偏差的散射效果。
- Dispersion Abbe：用于指定材质的色散系数，描述折射率随波长变化的程度。对于玻璃和钻石材质，此属性值通常介于 10 到 70 之间，值越小，色散越多。该属性默认值为 0，表示禁用色散。通过增加全局摄影机（AA）采样数或折射采样数，可以减少色度噪波。
- Extra Roughness：用于对使用各向同性所计算的折射增加一些额外的粗糙度。该属性值范围从 -1 到 1，其中 0 表示无粗糙度。其计算方式为：Roughness（Transmission）= Roughness（Specular）+ Extra Roughness（Transmission）。如果值为负，透射粗糙度将低于反射粗糙度；如果值为正，数值越大，粗糙度越大。
- Transmit AOVs：如果启用该属性，透射将穿过 AOV。如果背景是透明的，透射曲面将变得透明，以便可以合成到另一个背景上。透射将穿过灯光路径表达式 AOV，因此透过透射曲面观察时，漫反射曲面最终将在 Diffuse AOV 中。另外，透射还可直接穿过其他 AOV（无需任何不透明度混合），这可以用来创建遮罩。

标准曲面着色器的 Subsurface（次表面散射）属性卷展栏如图 4-2-25 所示。

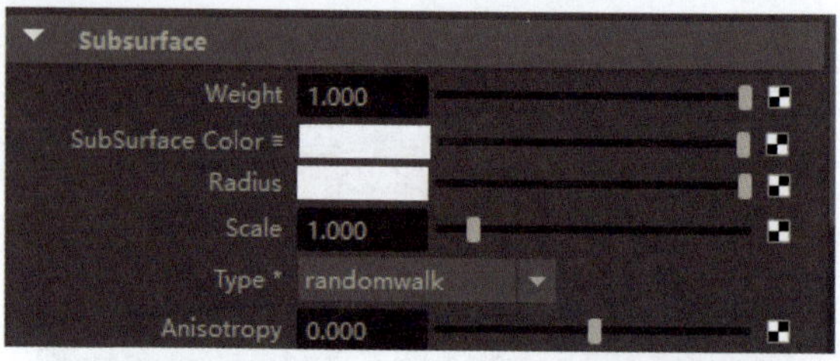

图 4-2-25

次表面散射（SSS）用于模拟灯光进入物体并在其表面下方散射的效果。并非所有灯光都会从表面反射回来，其中有些灯光将穿透到照明对象的表面下方，这些灯光将会被材质吸收并在内部散射，另一部分散射灯光将返回表面之外，并对摄影机可见，这称为“次表面散射”或 SSS（图 4-2-26）。要实现大理石、皮肤、树叶、蜡和牛奶等材质的逼真渲染，SSS 必不可少。此着色器中的 SSS 组件将使用暴力式光线跟踪方法计算得出。

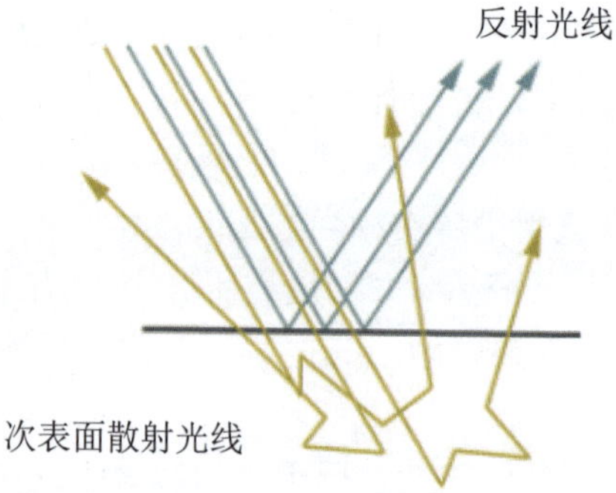

图 4-2-26

- Weight：用于在漫反射与次表面散射之间“混合”。属性值设置为 1 时，只有次表面散射；属性值设置为 0 时，次表面散射关闭。大多数情况下，应将此属性设为 1（完全次表面散射）。
- SubSurface Color：用于确定次表面散射效果的颜色。例如，调节皮肤材质时，将其设置为肉色。通常，会将一个颜色纹理贴图链接到 SubSurface Color 属性上，并将次表面半径设置为适合皮肤的值（通常红色通道的值较大，因为一般认为红色主要来自血液）。也可以对次表面半径创建纹理（如果需要），脉络将成为颜色纹理贴图的一部分，它不仅会影响颜色，也会影响次表面散射的行为方式。Standard Surface 材质可使用 Base 属性和 SSS 属性之间的混合。可以选择对皮肤使用漫反射。它可用于执行诸多操作，例如，通过将相同纹理同时链接到 Base 卷展栏的 Color 属性和 Subsurface 卷展栏的 Color 属性并更改两者的权重来改变锐度。
- Radius：即半径值，表示光线在曲面之下可以散射的大概距离，也称为“平均自由程”（MFP）。此参数影响光线在再度散射出曲面前在曲面下可能传播的平均距离。可以分别为每个颜色分量指定这种距离效果。增大此属性值，次表面散射的外观将变得平滑；减小此属性值则会使外观浑浊不清。颜色越浅，散射的灯光越多。属性值为 0 时不会产生任何散射效果。增加半径值可以彻底改变材质的外观，例如使材质从看起来像皮革改为看起来像大理石。SSS 材质效果非常依赖物理空间比例，需要根据模型的大小调整半径倍增。如果使用默认的 SSS 设置进行渲染，则可能会获得错误的结果。此外，调整场景比例也可以获得正确的比例效果。还可以为每种 RGB 颜色选择不同的半径值，而不必使所有颜色拥有相同的值。例如，黏土或皮肤等材质的红色半径值应比绿色和蓝色半径值更大。渲染皮肤时，可以使用类似（R：1.0，G：0.35，B：0.2）的值表示红色应该散射得最深，绿色和蓝色应该散射得较浅。这将替换皮肤的三层式工作流（深层、中等层和浅层），使深层为红色以表示深层应在更大的半径范围内散射，只需 Radius 属性里的 R 值（红色）设置为较大的值即可。

- Scale：比例。此参数控制灯光在再度反射出曲面前在曲面下可能传播的距离。它将扩大散射半径，并增强 SSS 中的 Radius。
- Type：类型。（散射）使用单一层时，可以捕捉曲面细节和深散射。其中包括 randomwalk 和 randomwalk V_2 两个选项。
  - randomwalk（随机行走）：随机行走的方法实际使用真实的随机行走在曲面下进行跟踪，并且不假设几何体是局部平坦的。这意味着它可以照顾到像暴力式体积渲染这样的各向异性散射，在凹处和小细节周围生成的效果很好。另外，对于较大的散射半径（即较大的平均自由程），它也比漫反射要快得多。但是，随机行走在致密介质中速度更慢，不支持使用 SSS Setname（多个曲面合成叠加）将两个曲面融合在一起，可能需要重新整理材质才能获得相似的外观。
  - randomwalk V_2（随机行走 V_2）：该方法可穿过高度透明材质更加准确深入地进行散射，从而产生 SSS，且使对象的精细曲面细节和背光严重的区域周围的颜色更加饱和。请注意，与使用原始方法相比，渲染的时间和图像上的噪波将会增加，因为随机行走的平均时间和随机性将会增加。
- Anisotropy：各向异性。属性值介于 -1（完全背向散射）和 1（完全正向散射）之间。默认值 0 表示各向同性散射介质，这种情况下，灯光在所有方向均匀散射，从而产生一致的效果；属性值为正表示灯光向前偏差的散射效果；属性值为负则表示灯光向后偏差的散射效果。

标准曲面着色器的 Coat（涂层）属性卷展栏如图 4-2-27 所示。

- Weight：权重值。用于控制 Coat 属性影响材质效果的比重。
- Color：表示涂层透明度的颜色。
- Roughness：控制镜面反射的光泽度。属性值越小，反射越清晰。对于两种极限条件，属性值为 0 将带来完美清晰的镜像反射效果，而属性值为 1 则会产生接近漫反射的反射效果。可通过在此处链接贴图查看涂层高光的变化。

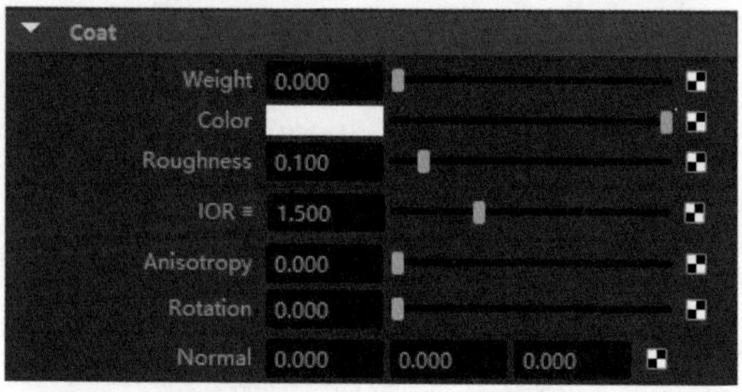

图 4-2-27

- IOR：折射率属性定义了材质的菲涅尔反射率，并且默认情况下使用角函数。实际上，IOR 定义了曲面中心向查看者的反射与曲面边缘的反射之间的平衡。随着该属性数值的变化，整体上反射强度保持不变，但前侧的反射强度发生很大变化。
- Anisotropy：各向异性属性。其在反射和透射灯光时具有方向偏差，使得材质在某些方向上显得更粗糙或更光亮。各向异性属性的默认值为 0，表示“各向同性”。当数值接近 1 时，曲面将在 U 轴上变得更具各向异性。此外，各向异性适用于具有清晰笔刷方向的材质。例如，在具有微小凹槽的拉丝金属中将形成“拉伸”各向异性反射。
- Rotation：旋转。其属性值可更改 UV 空间中各向异性反射的方向。属性值为 0 时，不会出现任何旋转。属性值为 1 时，将呈现旋转 180° 效果。
- Normal：法线。影响基础涂层上的菲涅尔混合，因此根据法线的情况，可从特定角度看到不同的反射强度。该属性可以用于平滑材质效果基础上的凹凸不平的涂层，包括下雨效果、碳纤维材质着色器或汽车涂料着色器，在这些情况下，可以为涂层和基础层使用不同的法线。指定数值后，Normal 属性只影响涂层，而不影响其下面的任何层（漫反射、镜面反射、透射）。

标准曲面着色器的 Sheen（光泽）属性卷展栏如图 4-2-28 所示。

- Weight：权重值能量守恒的光泽层可用于模拟微纤维布料状曲面，如不同粗糙度的天鹅绒和缎面。光泽层在漫反射组件上，其权重由此属性确定。可以将光泽视作纤维的密度或者纤维密度和长度的组合。除了织物以外，Sheen 还可用于模拟树叶、水果或脸上的绒毛（从远处观察时效果最佳）。
- Color：纤维的颜色。
- Roughness：用于调整微纤维与曲面法线方向偏离的程度。

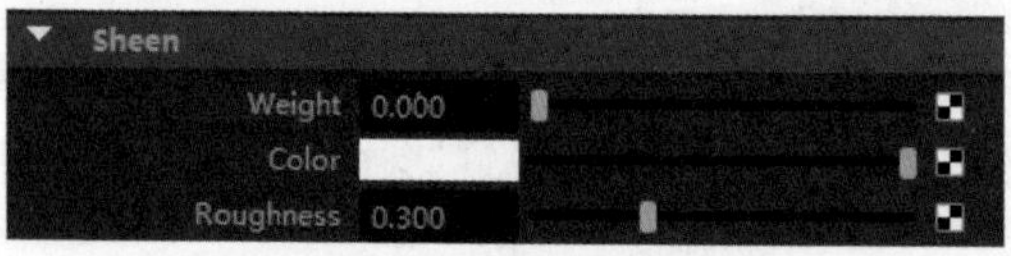

图 4-2-28

Emission（自发光）属性提供材质发射白炽灯光的外观效果，属性卷展栏如图 4-2-29 所示。

- Weight：控制发射的灯光量。在间接照明光源非常微弱的情况下可以产生噪波。
- Color：发射的灯光颜色。

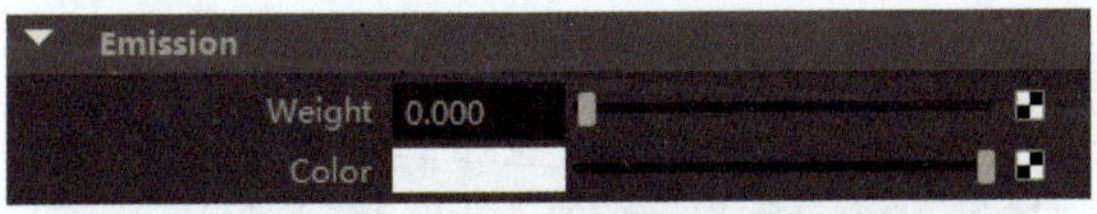

图 4-2-29

标准曲面着色器的 Thin Film（薄膜）属性可以用于各种材质，例如多色调汽车涂料、烧结铬或甲壳虫的反射涂膜，其属性卷展栏如图 4-2-30 所示。

- Thickness：定义薄膜的实际厚度，该厚度介于指定的最小厚度和最大厚度（0 到 2000（最小值 / 最大值））之间，单位为纳米级别。这将影响镜面反射、透射和涂层组件。通常，这类似于噪波贴图，为干涉效果带来一些变化。如果厚度增加（如 3000nm），彩虹色的效果将消失。
- IOR：材质周围介质的折射率。空气的折射率通常设置为 1、水是 1.33、肥皂 1.5。

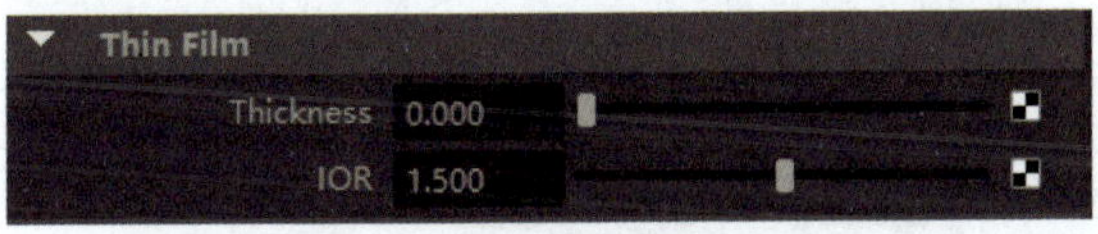

图 4-2-30

标准曲面着色器的 Geometry（几何体）属性卷展栏如图 4-2-31 所示。

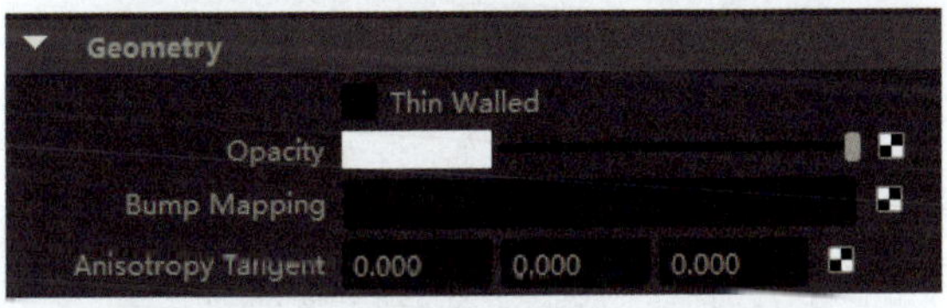

图 4-2-31

- Thin Walled：可提供从背后照亮半透明对象的效果（着色点由指定的一部分灯光“照亮”，这些灯光会在该点照射到对象的背面）。建议仅将此功能用于较薄的对象（单面几何体），因为具有厚度的对象可能无法被正确渲染。这种效果的外观类似于薄纸片，让一部分光线穿到背面。
- Opacity：控制不允许灯光穿过的程度。与 Transmission（其中的材质还要考虑漫反射、镜面反射等）不同，Opacity 将影响整个着色器。它对于保留对象的阴影定义非常有用，同时使对象本身对摄影机不可见。
- Bump Mapping：凹凸贴图。可单击属性后面棋盘格图标为属性添加法线贴图来控制物体表面的凹凸效果。法线贴图在工作时会将插值曲面法线替换为从 RGB 纹理求出的法线，在该 RGB 纹理中，每个通道（红色、绿色、蓝色）表示凹凸效果中的一个轴和强度。它的速度比凹凸贴图更快，原因是凹凸贴图需要对下面的着色器进行三次或三次以上的求值。

- Anisotropy Tangent：用于为镜面反射各向异性着色指定一个自定义切线。例如，如果网格具有切线数据，将在此处链接这些信息。

标准曲面着色器的 Matte（蒙版）属性卷展栏如图 4-2-32 所示。

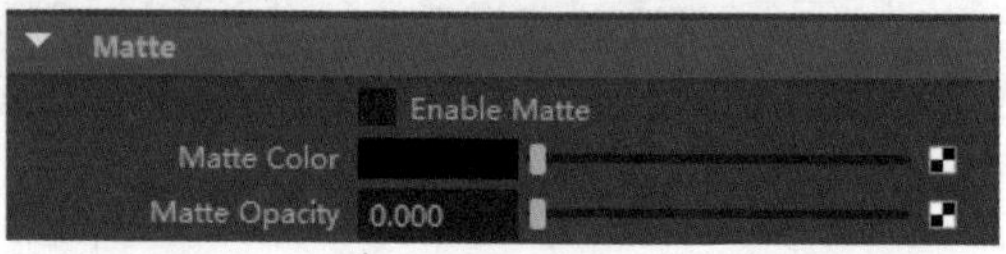

图 4-2-32

- Enable Matter：用于控制启用或禁用蒙版效果。勾选该选项后将禁用蒙版效果，此时会恢复为法线着色。
- Matter Color：用于更改蒙版的颜色。
- Matter Opacity：调整此属性值可更改 Alpha（0 ～ 1，裁切到法线）。

标准曲面着色器支持 ID AOV。它们适用于创建蒙版以进行合成或链接任意通道（例如噪波着色器）。由于 Arnold 是基于物体物理特性进行计算的，因此在材质方面只需要掌握 aiStandardSurface 材质的属性调节方法，就可以制作出绝大部分的材质效果，如图 4-2-33 所示。

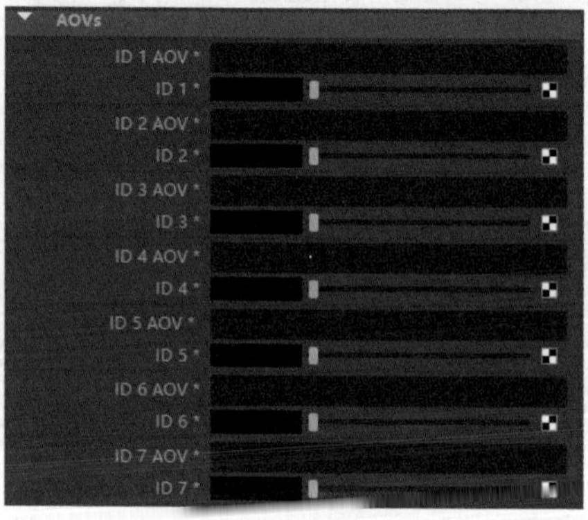

图 4-2-33

标准曲面着色器的 Advanced（高级）属性卷展栏如图 4-2-34 所示。

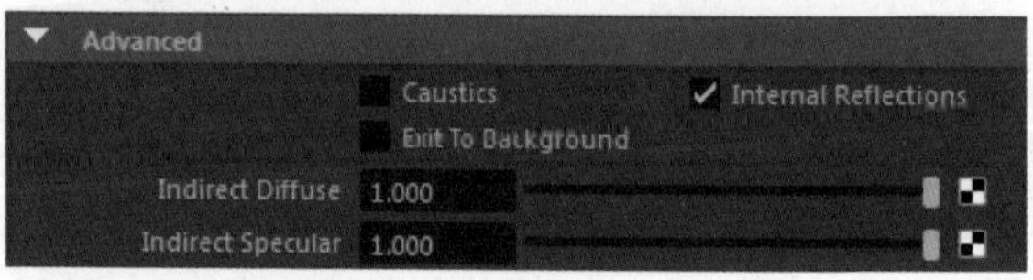

图 4-2-34

- Caustics：焦散。此属性用于指定漫反射反弹之后是否启用镜面反射反弹或透射反弹。由于焦散可能产生噪波，因此，此属性在默认情况下处于禁用状态。要控制焦散产生的噪波，需要增加 Indirect Specular Blur 全局设置，这将通过模糊输出焦散来减少噪波，但会牺牲精确度。

- Internal Reflections：内部反射。光线折射深度大于 0（在当前的光线树中至少跟踪一条折射光线）时，取消内部反射将禁用间接镜面反射和镜像全反射计算。
- Exit To Background：退出到背景。这将导致标准曲面着色器在满足最大 GI 反射 / 折射深度时跟踪背向背景 / 环境的光线的同时返回背景 / 环境中在该方向上的可见颜色。禁用此选项时，路径将终止，并在达到最大深度时返回黑色。
- Indirect Diffuse：间接漫反射。用于控制仅从间接光源接收的漫反射灯光量。
- Indirect Specular：间接镜面反射。用于控制仅从间接来源接收的镜面反射度。除 1 之外的所有值均会导致材质无法保留能量，且全局照明可能不会收敛。

aiToon（卡通着色器）

卡通着色器主要用于表现“三渲二”卡通材质效果，即用三维技术制作出二维动画材质效果。卡通着色器是随“轮廓过滤器”一起提供的一个非真实照片级渲染（NPR）解决方案的一部分。目前，使用卡通着色器时存在一些限制。如体积、运动模糊、景深和 VR 摄影机目前不能与卡通着色器结合使用；如果像素强度大于 1（错误地将背景着色器与天穹摄影机可见性结合使用）时，则卡通边可能会变成锯齿状，要解决这一问题，可以对摄影机（AA）采样数进行区间限定。请注意，Base 卷展栏中的 Tonemap（使用渐变）属性的效果在天穹照明（软渐变）和带方向性的灯光（硬渐变）条件下差别很大。图 4-2-35 显示了渐变上的照明效果。

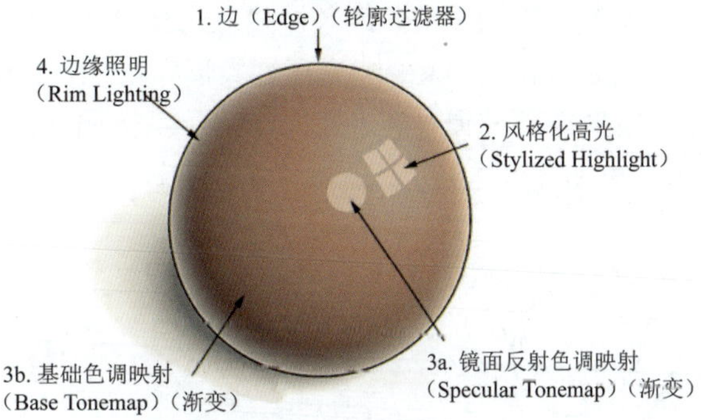

图 4-2-35

- Edge（边）：卡通着色器支持 line color 和 width control。这两个控件对于避免线条混乱和更改线条笔划样式非常有用。边缘检测还会使用 ID、遮罩颜色和纹理 UV 不连续性。
- Stylized Highlight：可用于创建高光的任意纹理。必须为风格化高光指定灯光。
- Specular/Base（“镜面反射”/“基础”色调影视）：卡通着色器通过渐变节点对“基础”（Base）和“镜面反射”（Specular）使用单元着色。虽然建议将渐变着色器链接到“色调映射”（Tonemap）属性，但实际上它可以链接任何着色器。
- Rim Lighting（边缘照明）：在此处链接一个渐变贴图可创建边缘照明效果。可以指定灯光以创建边缘照明效果。

卡通着色器的 Edge（边）属性卷展栏如图 4-2-36 所示。

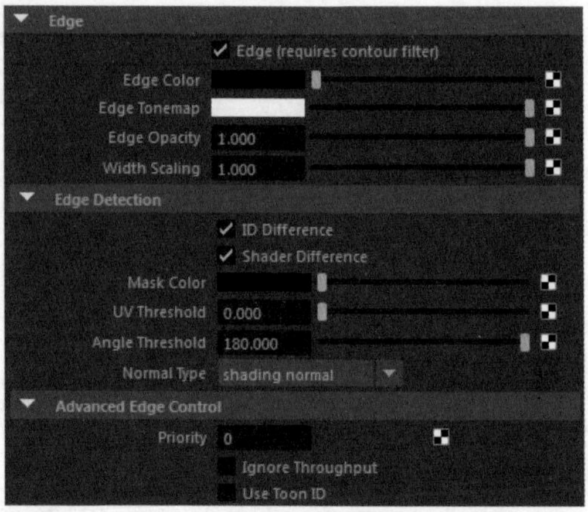

图 4-2-36

- Edge（requires contour filter）：关闭时将禁用边缘检测（默认情况下已启用）。
- Edge Color：卡通边缘的颜色。在此处添加纹理，可控制线条样式。
- Edge Tonemap：边色调映射。在此处链接一个渐变节点，可根据基础层的着色结果更改边颜色。
- Edge Opacity：控制边的透明度。
- Width Scaling：宽度比例。轮廓线的最大宽度由轮廓过滤器的 width 参数决定。实际宽度是它与此参数相乘的结果。线条样式可结合使用此参数和纹理来进行控制。

卡通着色器的 Edge Detection（边缘检测）属性卷展栏如图 4-2-36 所示。

- ID Difference：如果启用此属性，将利用相邻像素的 ID 差异进行边缘检测（图 4-2-37），否则效果如图 4-2-38 所示。

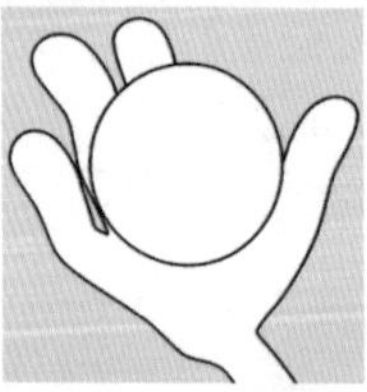

图 4-2-37

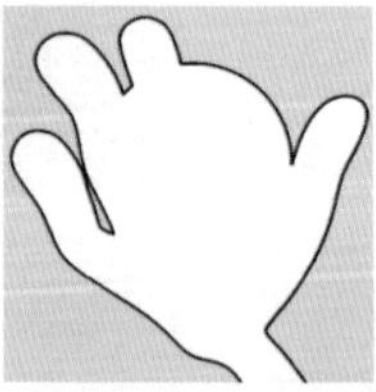

图 4-2-38

- Shader Difference：用于着色器差异。用于检测相邻采样着色器间的差异。例如，当为单一多边形网格指定多个着色器时，该属性非常有用。
- Mask Color：遮罩颜色。当相邻像素的遮罩颜色不同时，即表示检测到边缘。通过检测颜色差异来绘制任意形状时，假定 Mask Color 已链接了纹理。使用此参数，可以在任意位置绘制线条（过滤器会在遮罩颜色发生变化的位置绘制线条）。
- UV Threshold：UV 阈值。如果启用此属性，将利用相邻像素的 UV 差异进行边缘检测。
- Angle Threshold：角度阈值。当此属性值小于 180 时，将利用相邻像素之间的角度差异进行边缘检测。

- Normal Type：用于控制边缘检测中使用的法线类型。选项包括“着色法线”（Shading Normal）、“平滑法线”（Smoothed Normal）和“几何法线”（Geometric Normal）。

卡通着色器的 Advanced Edge Control（高级边缘控制）属性卷展栏如图 4-2-36 所示。

- Priority：用于更改边缘的排序优先级。
- Ignore Throughput：忽略吞吐量。默认情况下，轮廓颜色受光线吞吐量影响。如果某个反射 / 折射对象需要特定的颜色，请启用此属性并使用光线切换着色器。
- Use Toon ID：使用卡通 ID。可以使用名为“卡通 ID”的 STRING 类型用户数据来控制边缘检测。否则，检测到的边会由对象自己的名称驱动，作为特定于卡通的 ID。这样，可以对对象进行分组，其中“卡通 ID”根据边缘检测指定哪些对象属于同一组。

卡通着色器的 Silhouette（轮廓）属性卷展栏如图 4-2-39 所示。轮廓指对象 / 着色器 ID 差异检测到的边线。

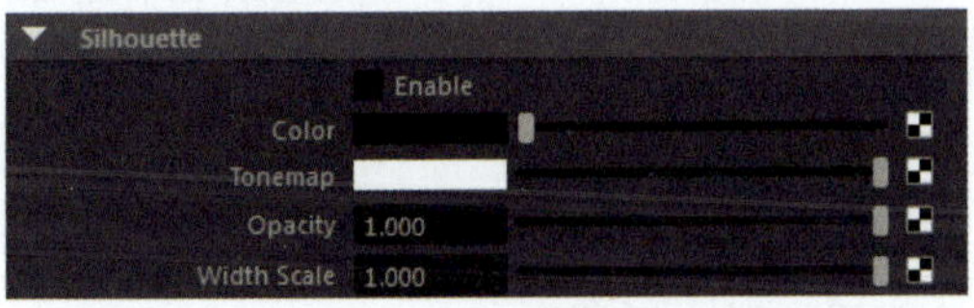

图 4-2-39

- Enable（启用）：启用属性控制。如果此选项处于启用状态，将使用此卷展栏下的 Silhouette Color、Silhouette Width Scale、Opacity 和 Tonemap 来绘制轮廓线。如果此选项处于禁用状态，轮廓线将继承内部边线的设置，即绘制时使用 Edge 卷展栏的 Color、Width Scale、Opacity 和 Tonemap。
- Color 轮廓边的颜色。在此处添加纹理，可控制线条样式。
- Tonemap：色调映射。在此处链接一个渐变节点，可根据 Base 的着色结果更改 Color。
- Opacity：控制轮廓的透明度。
- Width Scale：宽度比例。轮廓线的最大宽度由轮廓过滤器的 width 参数决定。实际宽度是它与此参数相乘的结果。线条样式可结合使用此参数和纹理来进行控制。

卡通着色器的 Base（基础）属性卷展栏如图 4-2-40 所示。

图 4-2-40

- Weight：基础颜色权重。
- Color：颜色。用于设置使用白色光源（强度为 100%）直接照亮时的曲面亮度。它定义灯光在曲面下散射时，未被吸收的 RGB 光谱的每个分量百分比。金属的基础颜色通常为黑色或非常暗，但是，生锈的金属需要一些基础颜色。通常需要为 Color 添加贴图。

- Tonemap：色调映射。在此处链接一个渐变节点，可创建单元外观（被视为色调映射）。

卡通着色器的 Specular（镜面反射）属性卷展栏如图 4-2-41 所示。

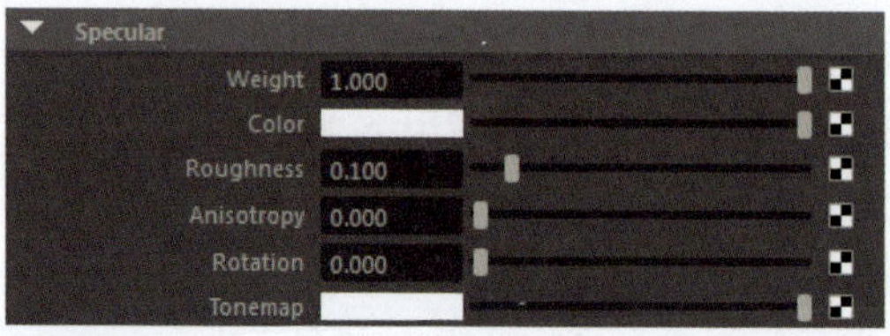

图 4-2-41

- Weight：镜面反射权重。影响镜面反射高光的亮度。Base Weight 属性受 Specular 卷展栏下的 Weight 属性影响。这是因为卡通着色器不是基于物理的着色器，但仍旧是能量守恒的。
- Color：用于调整镜面反射的颜色。使用此颜色为镜面反射高光"染色"。仅应对某些金属使用彩色镜面反射，而非金属曲面通常应采用单色镜面反射颜色。非金属曲面通常没有彩色镜面反射。
- Roughness：粗糙度。控制镜面反射的光泽度。属性值越小，反射越清晰。值为 0 时将带来完美清晰的镜像反射效果，而值为 1 时则会产生接近漫反射的反射效果。可通过在此处链接贴图查看镜面反射高光的变化。
- Anisotropy：各向异性。各向异性在反射和透射灯光时具有方向偏差，使得材质在某些方向上显得更粗糙或更光亮。各向异性属性的默认值为 0，表示"各向同性"。当属性值接近 1 时，曲面将在 U 轴上变得更具各向异性。
- Rotation：旋转。旋转值将更改 UV 空间中各向异性反射的方向。属性值为 0 时，不会出现任何旋转。属性值为 1 时，将呈现旋转 180 度的效果。对于采用拉丝金属的曲面，这将控制拉丝材质的角度。对于金属曲面，各向异性高光应在与拉丝方向垂直的方向上拉伸。
- Tonemap：色调映射。在此处链接一个渐变节点，可创建单元外观（被视为色调映射）。

卡通着色器的 Stylized Highlight（风格化高光）属性卷展栏如图 4-2-42 所示。

图 4-2-42

- Light：用于指定风格化高光所用的主灯光的名称。可以使用以分号分隔的字符串（如 lightShape1;lightShape2）来指定多个灯光。支持的灯光类型包括远距离灯光、点光源、聚光灯和光度学灯光。

- Color：颜色。在该属性中可使用任意纹理（或 RGB 类型节点）在对象上创建风格化高光。如果什么都不链接，将禁用 Stylized Highlight。
- Size：风格化高光的大小。

卡通着色器的 Rim Lighting（边缘照明）属性卷展栏如图 4-2-43 所示。

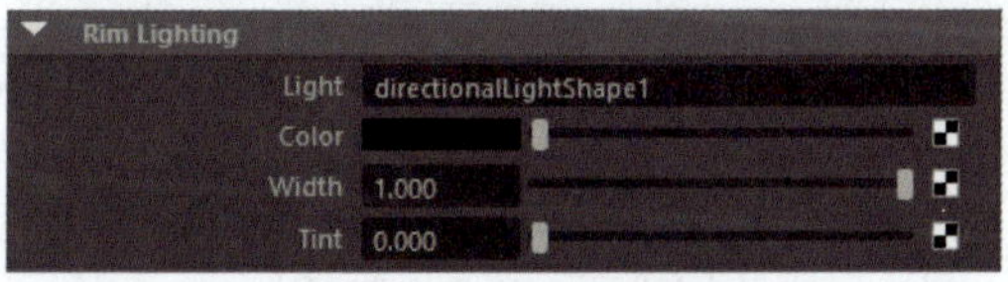

图 4-2-43

- Light：用于指定此处要使用的灯光的名称。边缘照明受此灯光阴影的影响。支持的灯光类型包括远距离灯光、点光源、聚光灯和光度学灯光。
- Color：边缘灯光的颜色。在此处链接一个渐变可得到边缘照明效果。
- Width：宽度。此选项已实施，因此用户无须链接渐变节点即可使用"边缘照明"（Rim Lighting）。
- Tint：染色。使用曲面的基础颜色对边缘光的颜色进行染色。

卡通着色器的 Transmission（透射）属性卷展栏如图 4-2-44 所示。

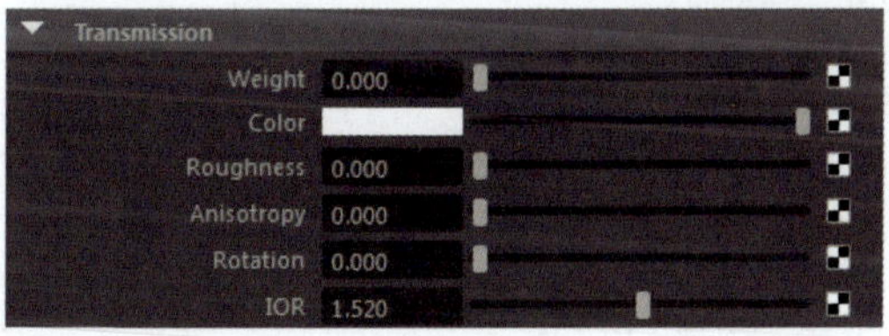

图 4-2-44

- Weight：权重。对于玻璃或水等材质，Transmission 允许灯光穿过表面发生散射。
- Color：颜色。Color 可以将折射结果乘以颜色。
- Roughness：粗糙度。对使用各向同性计算的折射增加一些额外的模糊度。范围从 0（无粗糙度）到 1。
- Anisotropy：各向异性。用于控制散射的方向偏差或各向异性。默认值 0 表示各向同性散射，灯光在所有方向上均匀散射；属性值为正表示灯光向前偏差的散射效果；属性值为负则表示灯光向后偏差的散射效果。
- Rotation：旋转。旋转值将更改 UV 空间中各向异性反射的方向。属性值为 0 时，不会出现任何旋转。属性值为 1 时，将呈现旋转 180 度的效果。在采用拉丝金属的曲面中将控制拉丝材质的角度。对于金属曲面，各向异性高光应在与拉丝方向垂直的方向上拉伸。
- IOR：折射率。定义了材质的菲涅尔反射率，并且默认情况下使用角函数。实际上，IOR 将定义曲面上面向查看者的反射与曲面边上的反射之间的平衡。在调整该属性数值时，整体上反射强度保持不变，但前侧的反射强度发生很大变化。

卡通着色器的 Emission（自发光）属性卷展栏如图 4-2-45 所示。

- Weight：控制发射的灯光量。它可以产生噪波，尤其是在间接照明光源非常微弱的情况下（例如灯泡几何体）。
- Color：用于控制发射的灯光颜色。

图 4-2-45

卡通着色器的 Geometry（几何体）属性卷展栏如图 4-2-46 所示。

- Normal：法线。在此处链接法线贴图（通常从 Mudbox 或 ZBrush 导出）。法线贴图在工作时会将插值曲面法线替换为从 RGB 纹理求出的法线，在该 RGB 纹理中，每个通道（红色、绿色、蓝色）分别对应曲面法线的 X、Y 和 Z 坐标。它的速度比凹凸贴图更快，原因是凹凸贴图需要对下面的着色器至少进行三次求值。
- Tangent：切线贴图。它与着色法线一起，定义输入向量应用到的切线坐标系。如果可以进行模型雕刻，则应该在此处链接法线贴图依赖的切线贴图。
- Bump Mapping：凹凸贴图。凹凸贴图属性接受扰动法线以进行凹凸贴图的着色器。
- Bump Mapping Mode：凹凸贴图模式。可选择的受凹凸影响的组件，包括 diffuse、specular 或 both。

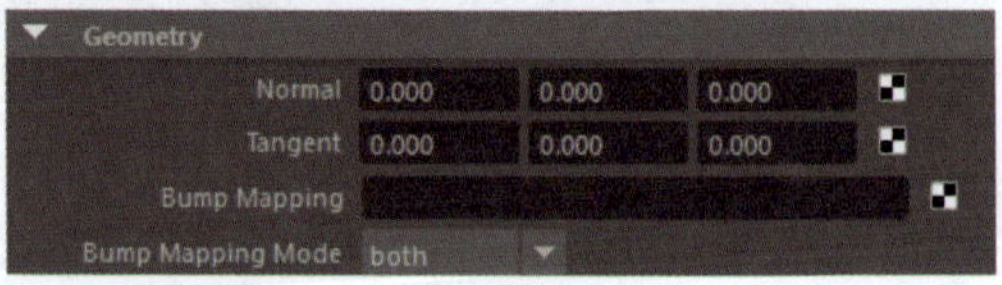

图 4-2-46

卡通着色器可使用的 AOV 包括 Y 和 AOV Prefix（AOV 前缀）。

AOV Prefix：AOV 的前缀名称。例如，如果 Aov Prefix 为 toon，则卡通漫反射 AOV 将显示为 toon diffuse。访问卡通 AOV 和核心的 LPE AOV 时，可以使用此参数，如图 4-2-47 所示。

图 4-2-47

Advanced（高级）属性卷展栏如图 4-2-48 所示。

- Indirect Diffuse：间接漫反射。表示仅从间接光源接收的漫反射灯光量。
- Energy Conserving：能量守恒。默认情况下，卡通着色器能量守恒。如果此属性处于禁用状态，则卡通着色器只是添加 Base、Specular 和 Transmission。禁用此属性时需谨慎，因为它会影响卡通着色器的间接照明。

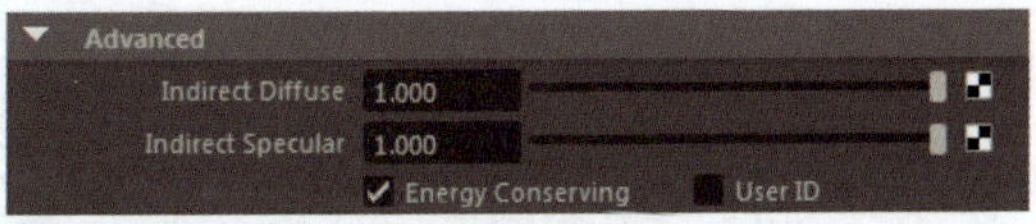

图 4-2-48

卡通着色器的 Sheen（光泽）属性卷展栏如图 4-2-49 所示。

- Weight：光泽权重。一种能量守恒的光泽层，可用于近似模拟微纤维布料状曲面，如不同粗糙度的天鹅绒和缎面。光泽层在漫反射组件上，其权重由此属性确定。可以将光泽视作纤维的密度或者纤维密度和长度的组合。

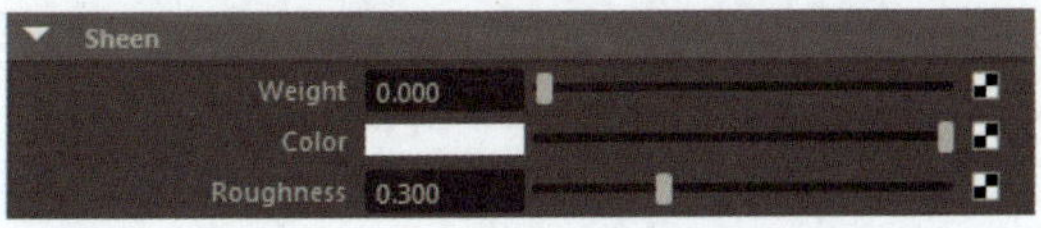

图 4-2-49

- Color：纤维的颜色。使用光泽贡献的颜色进行染色。
- Roughness：光泽粗糙度。此属性用于调整微纤维与曲面法线方向偏离的程度。

aiWireframe（线框材质）

线框材质的属性卷展栏如图 4-2-50 所示。

- Edge Type：边类型。用于确定网格的表示方式。“四边形”（quads）选项会将多边形网格渲染为四边形面。如果选择了“三角形”（triangles）选项，则多边形网格将进行三角形细分。
- Fill Color：填充颜色。用于表示多边形面的颜色。
- Line Color：线颜色。用于表示边的颜色。
- Line Width：边宽度。用于表示多边形面的边线厚度。
- Raster Space：光栅空间。启用时，将以屏幕空间像素为单位（而不是世界单位）设置线宽。

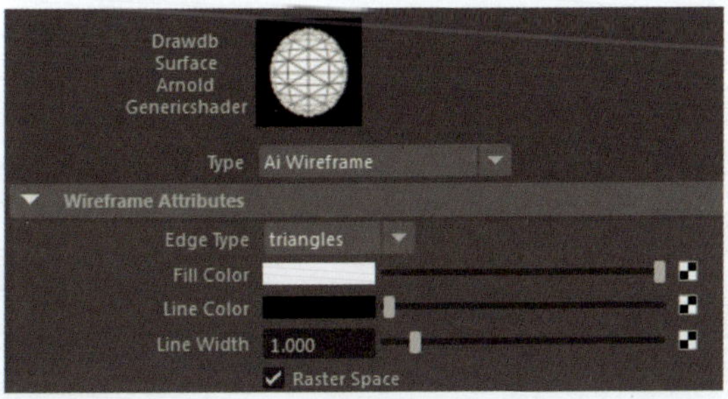

图 4-2-50

项目拓展

为模型场景添加 Arnold 灯光和材质，如图 4-2-51 所示。

图 4-2-51

思考与练习

Arnold 渲染器是一款高级的、跨平台的渲染 API，是基于物理算法的电影级别渲染引擎，其特点有运动模糊、节点拓扑化，支持即时渲染，节省内存损耗等。

Arnold 的设计构架能很容易地融入现有的制作流程。它建立在可插接的节点系统之上，用户可以通过编写新的 shader、摄像机、滤镜、输出节点、程序化模型、光线类型以及用户定义的几何数据来扩展和定制系统。Arnold 构架的目标就是为动画及 VFX 渲染提供完整的解决方案。

为红军水壶添加多层复合金属材质

Substance Painter 的基础操作

任务 3 为红军水壶添加多层复合金属材质

【任务描述】

将制作好的模型进行 UV 展开，将模型导入 Substance Painter 赋予相应的材质。

【任务要求】

掌握如何使用 Maya 进行 UV 展开以及 Substance Painter 的使用方法。

【知识链接】

在 Maya 中进行 UV 编辑需要打开 UV 编辑器。将模块切换到“建模”模块，单击“UV”→“UV 编辑器”命令，打开 UV 编辑器，如图 4-3-1 所示。

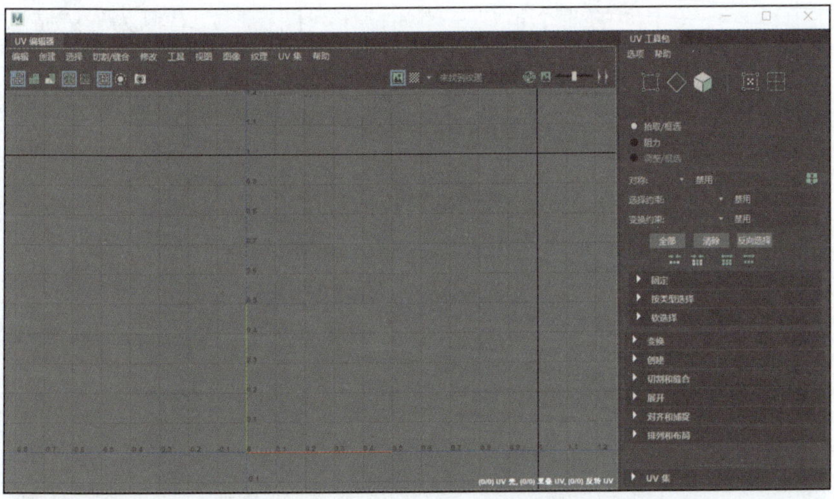

图 4-3-1

左侧上方是菜单栏，菜单栏里罗列了 UV 操作的所有命令。下方的图标栏是对 UV 壳和编辑窗口线框的一些基本操作。右侧为 UV 工具架，所有常用编辑 UV 命令都可以在这个工具架里找到，之后在 UV 的实例以及视频教学中进行展示。

接下来介绍添加材质的软件 Substance Painter。这款软件最先被应用于游戏制作中，由于其强大的材质库以及高效的工作流程，现在被广泛应用于 CG 行业，在这个项目中将使用这个软件为红军角色配饰进行材质的添加。

打开 Substance Painter 软件，界面如图 4-3-2 所示。

图 4-3-2

窗口上方为菜单栏，菜单栏的菜单项包含了工程文件的创建、材质的导出、窗口的显示布局等命令。窗口左侧的图标栏自上而下包含了绘画、橡皮擦、映射、几何体填充、涂抹、克隆、材质选择器。下方左侧是 SHELF 展架，其按照用途将 Substance Painter 里的所有素材进行分类。右侧是显示各类素材的快捷图标。右侧从上而下是纹理集列表、图层、属性窗口。视图中间的两个窗口左侧为操作视图窗口，右侧为UV显示窗口，具体的使用方法在实例操作和视频教学中进行展示。

【任务实施】

（1）打开水壶模型文件，将Maya视图切换到前视图，单击“UV”→“UV编辑器”命令，打开UV编辑器，单击UV工具包右上方的“壳”按钮图标，单击水壶的“壳”，在下方“创建”卷展栏中单击“基于摄像机”选项，被选择的模型“壳”将按照摄像机视角被重新创建模型UV，如图4-3-3所示。

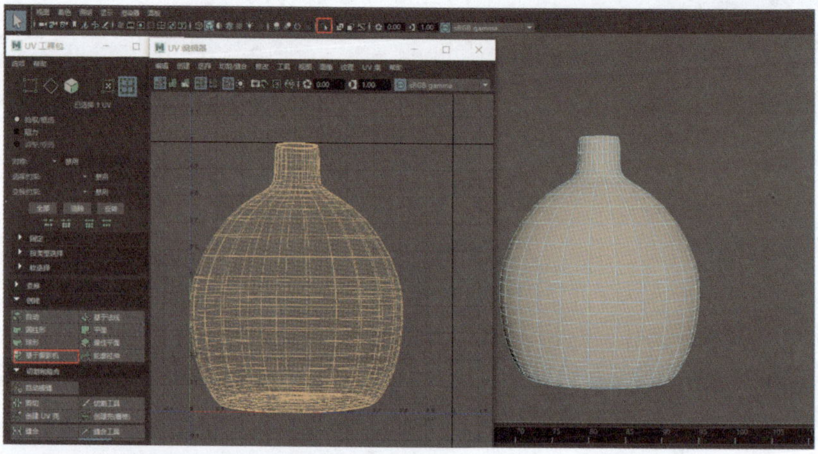

图 4-3-3

（2）切换到透视图，选择水壶模型，进入线选择模式，选择水壶底部外沿的一圈循环边，单击UV工具包中“切割与缝合”卷展栏下方的“剪切”命令，将水壶的底部UV单独切割分离，如图4-3-4所示。

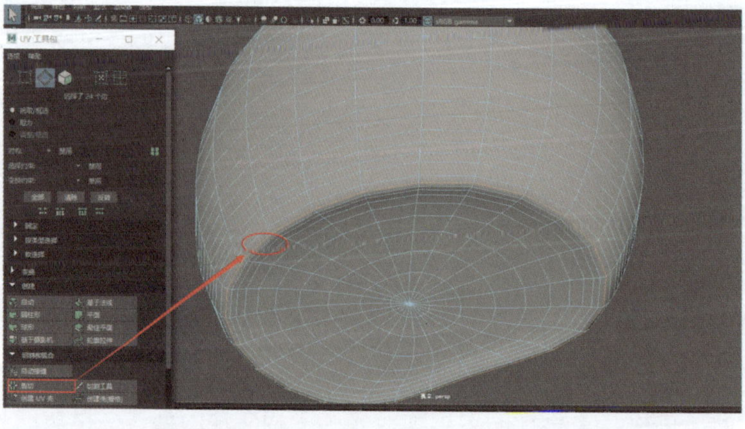

图 4-3-4

（3）选择水壶背面纵向中心线，执行UV工具包里的“剪切”命令，将水壶的UV从中心线位置切开。然后单击“展开”卷展栏下方的“展开”按钮，如图4-3-5和图4-3-6所示。

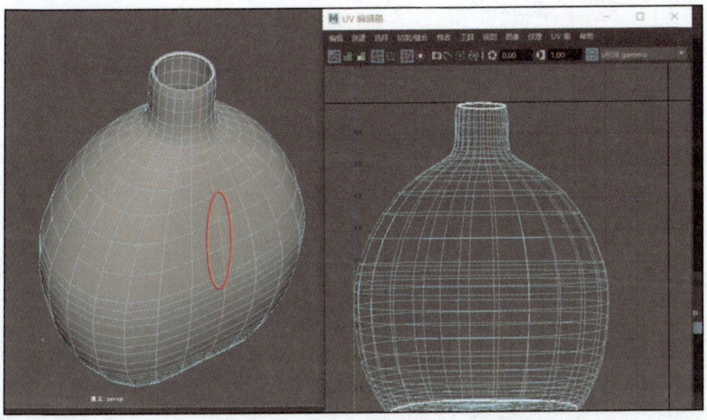

图 4-3-5

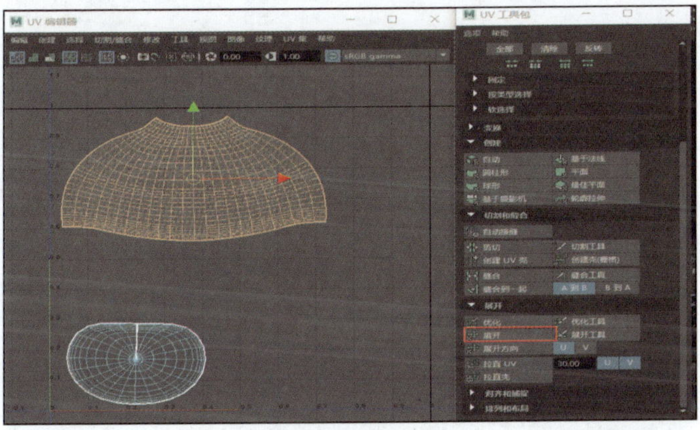

图 4-3-6

（4）选择壶盖模型，切换到侧视图，打开 UV 编辑器，单击 UV 工具包右上角的网格图标，进入壳选择模式，选择模型的 UV 壳，单击“创建”卷展栏下面的“基于摄像机”选项，重新创建模型 UV，如图 4-3-7 所示。

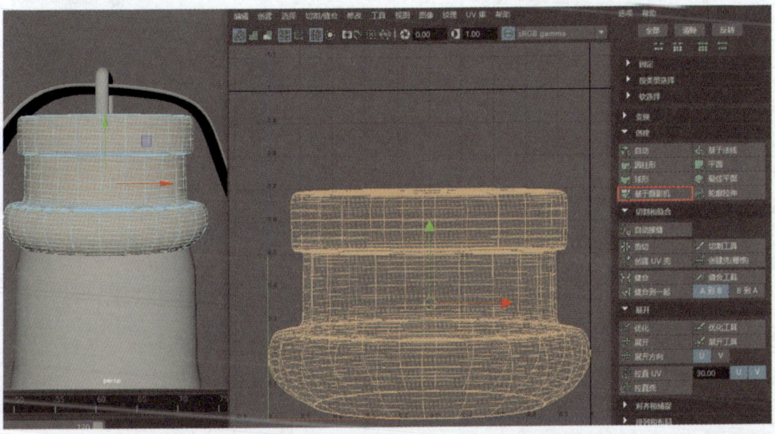

图 4-3-7

（5）进入模型的线选择模式，在壶盖的侧面选择一条线，执行 UV 工具包中“切割和缝合”卷展栏中的“剪切”命令，沿这条线将 UV 壳剪开，如图 4-3-8 所示。

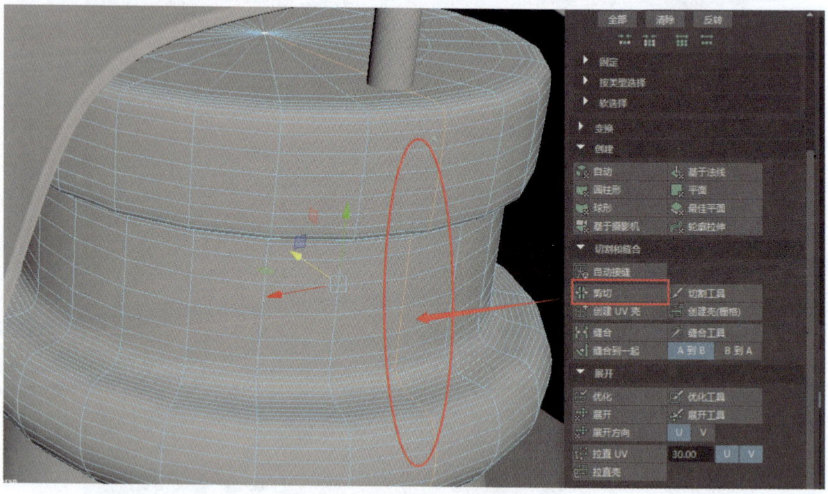

图 4-3-8

（6）使用同样的方法将水壶的带子、卡扣以及壶盖上半环的 UV 展开，当所有的 UV 展开后，对展开的 UV 进行整理，将所有 UV 放置到 UV 编辑器中同一个网格方块中，如图 4-3-9 所示。

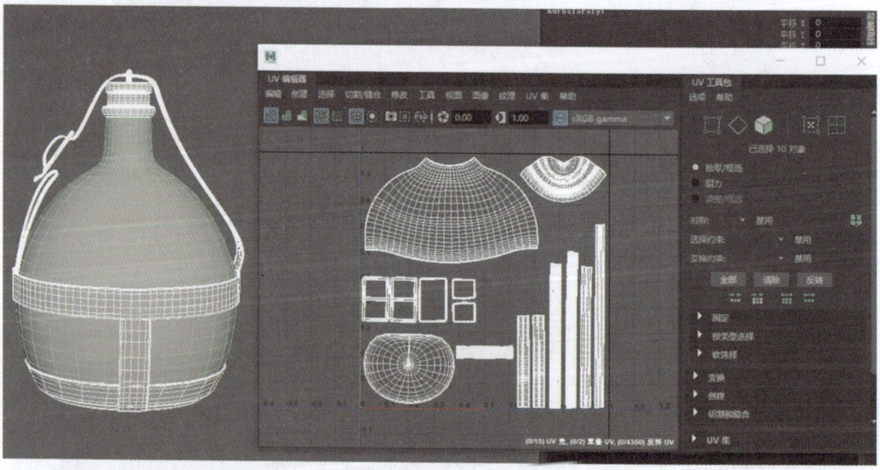

图 4-3-9

（7）选择模型，单击“文件”→“导出当前选择”命令，打开导出窗口，在最下方的格式中选择 FBX export 或 OBJ export 选项，进行导出，如图 4-3-10 所示。

（8）打开 Substance Painter，单击“文件”→“新建”命令，打开新建项目窗口，模板设置为 PBR-Metallic Roughness SSS（allegorithmic），单击“选择 ...”按钮，在弹出的路径窗口中选择之前导出的水壶文件。在下方的分辨率里选择“4096”，将 Maya 输出的模型导入 Substance Painter 中，如图 4-3-11 和图 4-3-12 所示。

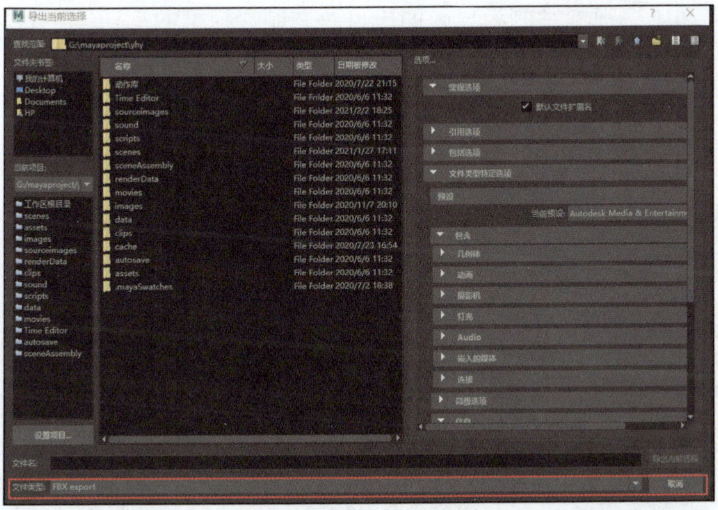

图 4-3-10

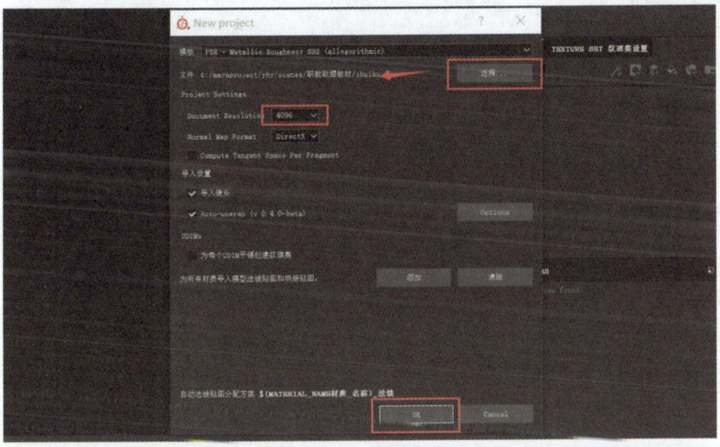

图 4-3-11

图 4-3-12

（9）软件界面中，视图左侧为导入的模型，右侧为模型的 UV。在视图下方的展架列表里单击“Smart Materials 智能材质”选项，右侧会显示 Substance Painter 中的智能材质列表，选择一个金属特性的材质 Aluminium Brushed Worn，按住鼠标左键，将选中材质拖拽到右侧的图层面板里，这时材质会赋予到模型上，如图 4-3-13 所示。

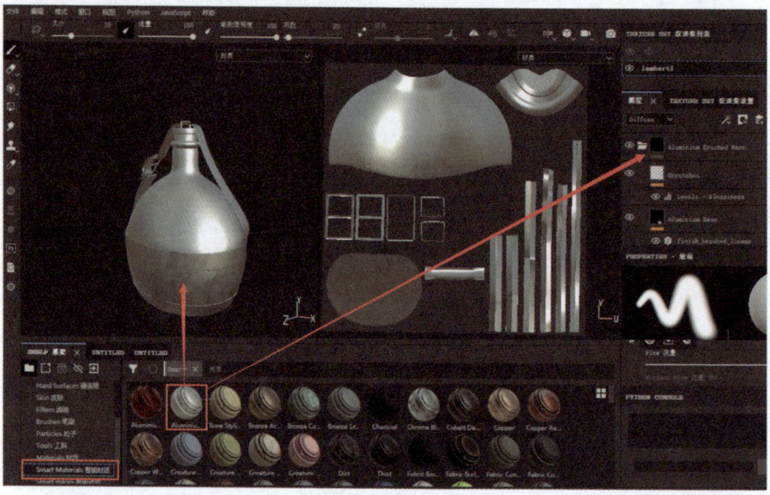

图 4-3-13

（10）添加完水壶底色后，在展架列表里找到“Materials 材质”，此材质为基础材质，也就是智能材质的组成单元，单击 Coated Metal 材质，将这个材质拖拽到 Aluminium Brushed Worn 层之上，新创建的这个基础材质会覆盖住之前的底色材质，水壶整体显示为绿色，模仿水壶表面的漆层效果，如图 4-3-14 所示。这时需要给上层的材质添加一个白色遮罩，将需要表现的部分通过遮罩表现出来，不需要显示的部分隐藏掉，表现掉漆的效果。

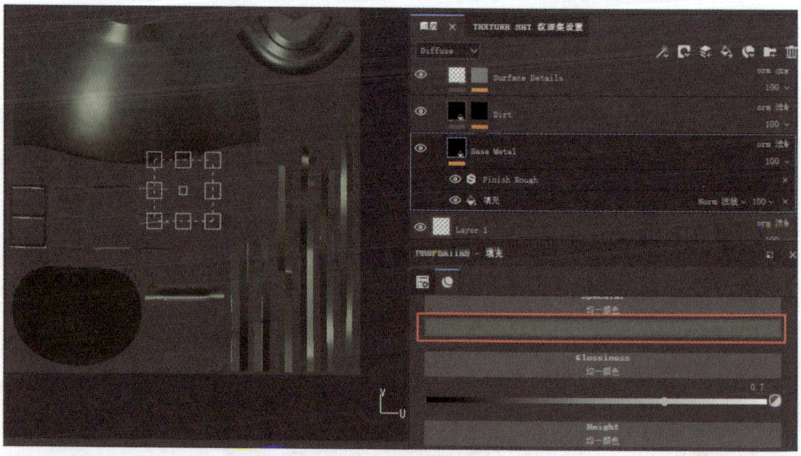

图 4-3-14

（11）在遮罩图标上右击，在弹出的菜单中选择“添加绘图”命令（这样可以在遮罩上使用笔刷进行绘制），在需要漏出底漆的区域使用笔刷进行绘制，如图 4-3-15 所示。

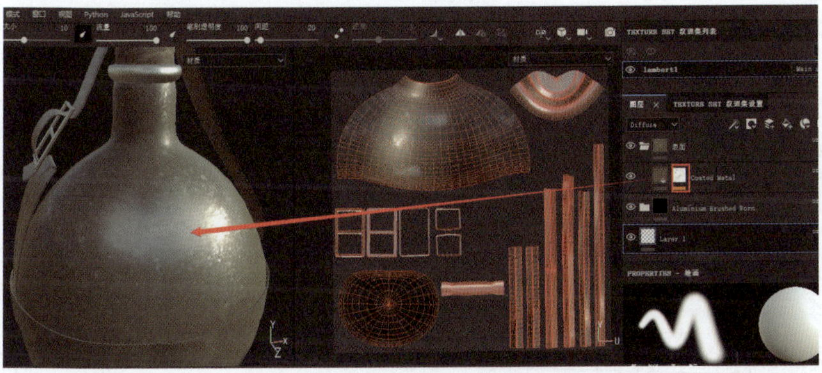

图 4-3-15

（12）找到“Materials 材质”，选择 Fabric Soft Denim 材质拖拽到 Coated Metal 材质上层，为其添加一个黑色遮罩，单击视图左侧的“几何体填充”图标，以通过选择模型表面多边形来进行材质添加，如图 4-3-16 所示。

图 4-3-16

（13）使用几何体填充这种添加方式，可以在 UV 视图中进行多边形的 UV 选择，选择水壶带部分的 UV，这时 Fabric Soft Denim 材质自动添加到背带上，如图 4-3-17 所示。

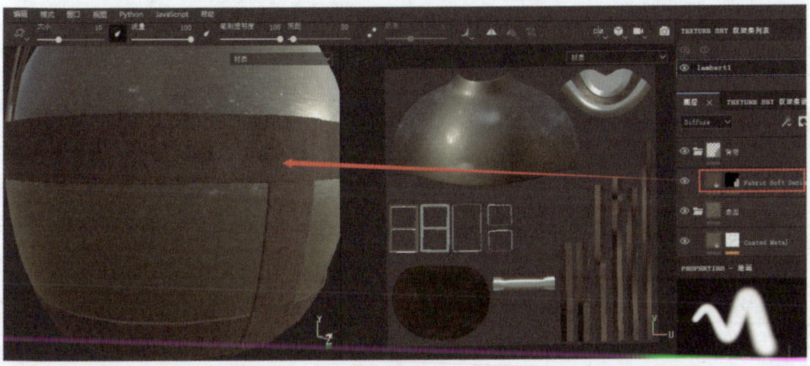

图 4-3-17

（14）在“Materials 材质”中找到 Wood Rough 材质拖拽到层级的最上层，为其添加一个黑色遮罩，使用“几何体填充”方式在 UV 编辑视图中对壶塞中间多边形进行选择，这部分区域的遮罩颜色变为白色，同时显示 Wood Rough 材质效果，如图 4-3-18 所示。

图 4-3-18

（15）调整好整个材质之后将材质导出，要想在 Maya 中显示出在 Substance Painter 中的材质效果，需要导出“颜色”“金属度”“粗糙度”“法线”这几种贴图。单击“文件”→“导出贴图”命令，打开导出贴图设置窗口，把导出模板设置为 Arnold（AiStandard）类型，这样可以导出以上提到的几种贴图格式，单击“导出”按钮，如图 4-3-19 所示。

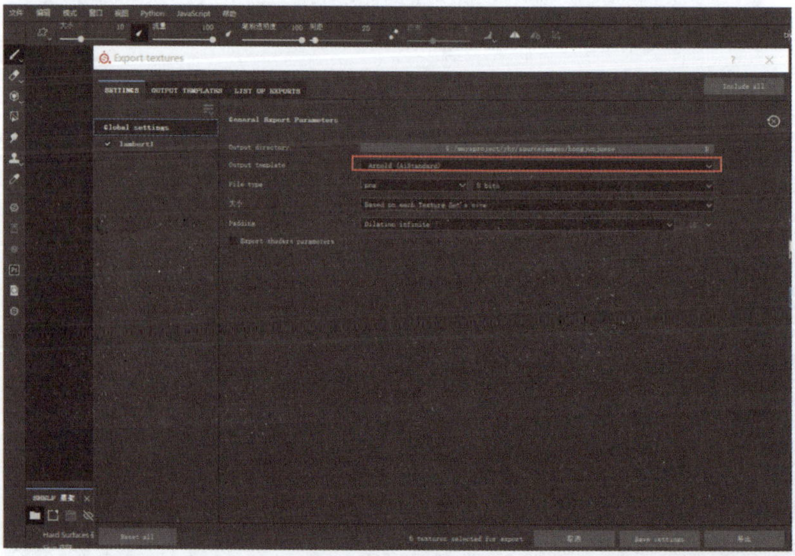

图 4-3-19

（16）回到 Maya，选择“窗口”→“渲染编辑器”→ Hypershade 命令，打开材质编辑器，在右下方“创建”窗口中的左侧分视图中点击 Arnold → Shader → aiStandardSurface 命令（图 4-3-20），创建一个 aiStandardSurface（Arnold 标准材质）材质。在透视图中选择水壶模型，将鼠标移动到 Hypershade 浏览器窗口中创建的 aiStandardSurface 材质球上，右击，在弹出的菜单中选择“将 initialShadingGroup 指定给当前选择”命令，将材质赋予场景中所选择的物体。

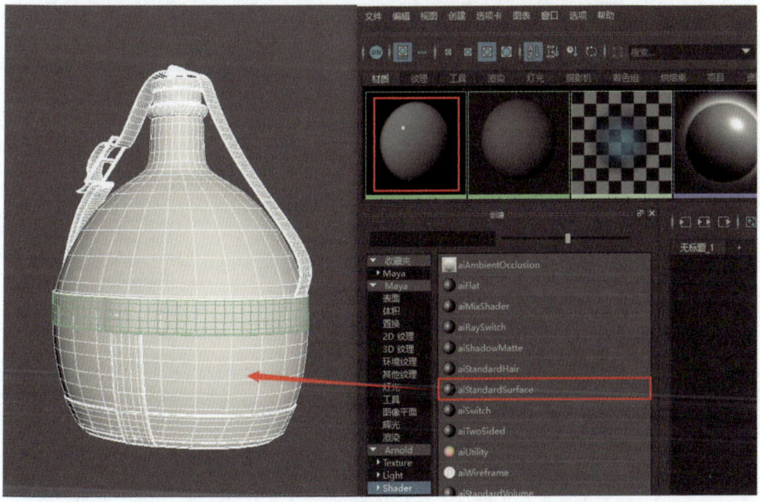

图 4-3-20

（17）单击 aiStandardSurface 材质球，在右侧的属性窗口里单击 Base 卷展栏里 Color 属性后面的棋盘格图标，在弹出的材质贴图列表里选择 2D 纹理里面的“文件”贴图，则“文件”贴图被赋予在材质颜色属性上。在 Hypershade 窗口的操作视图中会显示材质节点链接，单击“文件”贴图节点，在右侧属性栏会显示“文件”节点属性，单击“图像名称”后面的公文包图标，打开导入图片路径，选择导出的 Color 贴图，如图 4-3-21 所示。

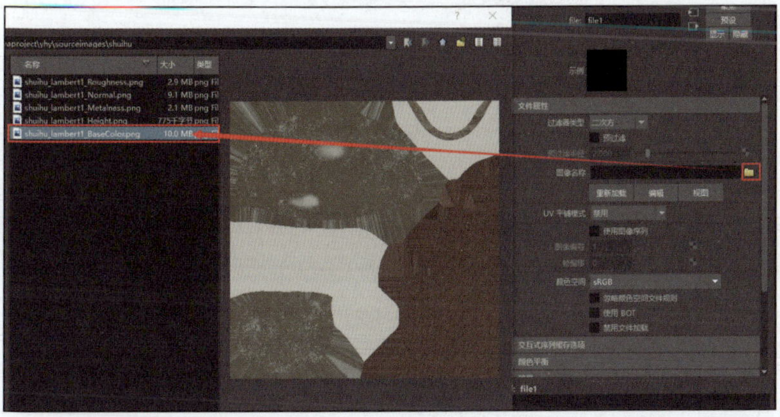

图 4-3-21

（18）使用同样的方法，在 Metalness、Roughness 和 Bump Mapping 这三个属性上依

次添加“文件”贴图，在文件贴图里导入相应的贴图，如图 4-3-22 所示。

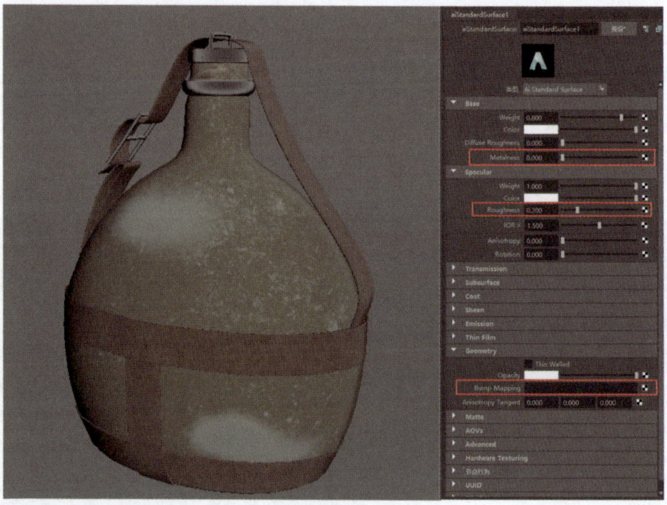

图 4-3-22

（19）将 Metalness、Roughness 和 Bump Mapping 这几个属性导入贴图的同时需要在“文件”菜单中将颜色空间由 SRGB 模式改为 Raw 模式，同时勾选“颜色平衡”卷展栏里面的“Alpha 为亮度”复选框。在 Hypershade 操作视图的材质节点网络中找到 Bump2d1 节点，将“2D 凹凸属性”卷展栏里的“凹凸”改为“切线空间法线”，如图 4-3-23 和图 4-3-24 所示。

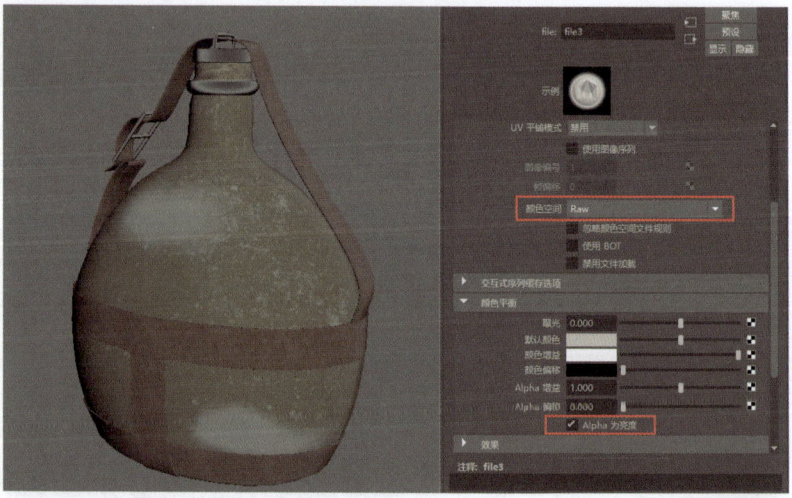

图 4-3-23

（20）单击 Arnold → Lights → Skydome Light 命令，创建一个环境球光，选择环境球光，单击右侧属性窗口 Color 属性后面的棋盘格图标，为其添加一个“文件贴图”，导入一张 HDR 贴图贴到环境球光的颜色属性上，如图 4-3-25 所示。

（21）最终的渲染效果如图 4-3-26 所示。

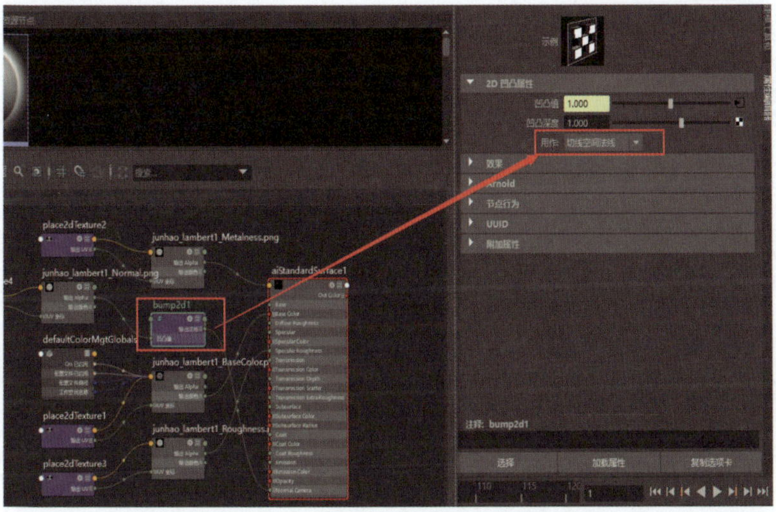

图 4-3-24

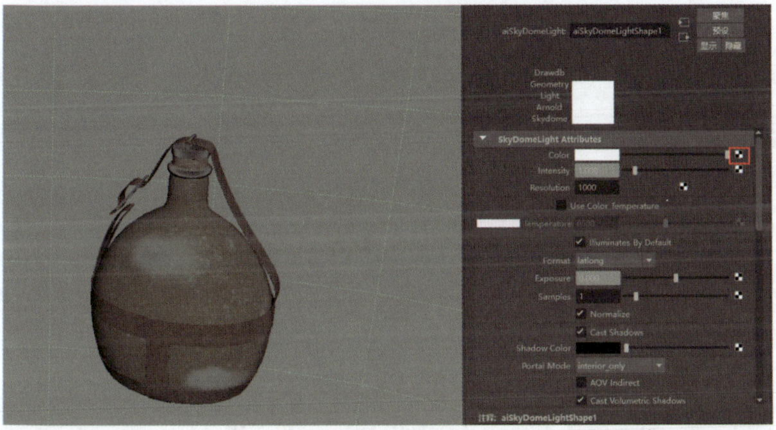

图 4-3-25

图 4-3-26

为军号添加材质

任务4 为军号添加材质

【任务描述】

将制作好的模型进行 UV 展开，导入 Substance Painter 赋予相应的材质。

【任务要求】

掌握如何使用 Maya 进行 UV 展开以及 Substance Painter 的使用方法。

【知识链接】

要让模型在三维软件中互相导入导出，须将模型转换为 OBJ 或 FBX 文件，而只有多边形模型才能转换，所以当使用曲面建模的模型时，需要先将曲面模型转换为多边形模型，此外用到的是 NURBS 到多边形的转换命令。

【任务实施】

（1）首先需要将军号由曲面模型转换为多边形模型。选择军号模型，单击“修改”→“转化”→“NURBS 到多边形”命令，打开工具设置窗口，类型设置为“四边形”，细分方法选择“常规”，初始细分控制中的 U 类型和 V 类型都设置为“每个跨度的等参线数”，如图 4-4-1 所示。

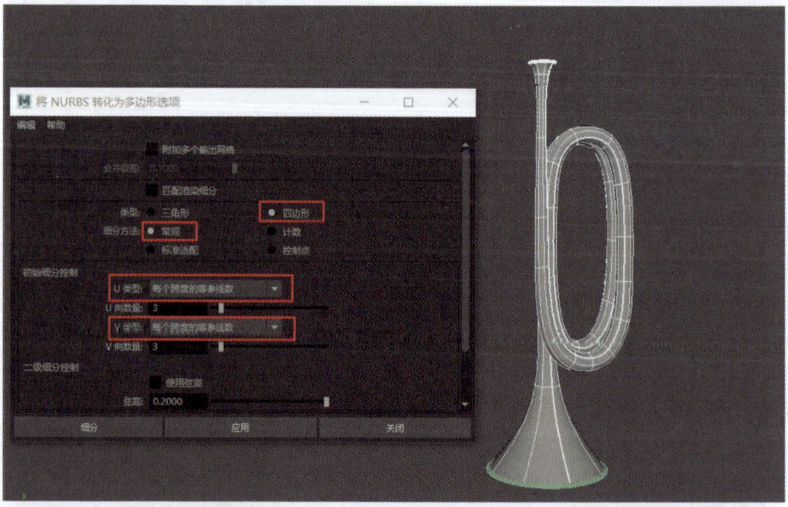

图 4-4-1

（2）打开 UV 编辑器，单击 UV 工具包右上角的“壳”模式，选择模型的 UV 壳，将视图切换到前视图，单击“创建”卷展栏中的“基于摄像机”命令，将军号模型的 UV 重新创建，如图 4-4-2 所示。

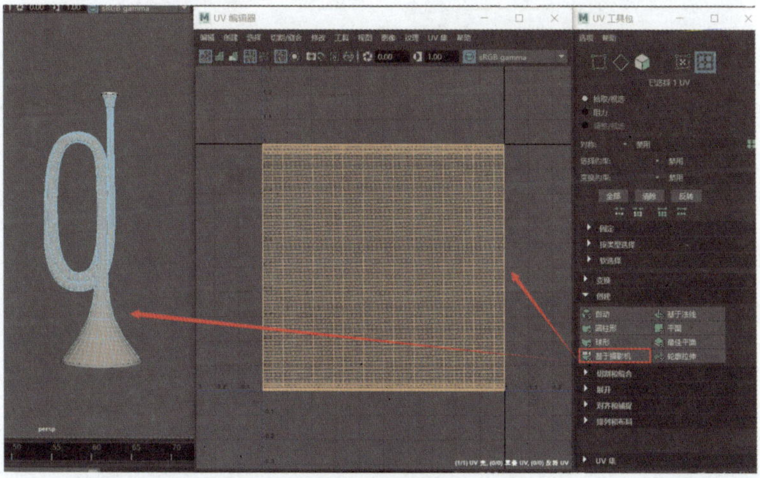

图 4-4-2

（3）选择军号，进入边选择模式，选择军号号身纵向的一条循环线，执行 UV 工具包中“切割和缝合”卷展栏的“剪切”命令，将号身的主体 UV 剪切开，然后单击“展开”卷展栏中的“展开”命令，将 UV 展开，如图 4-4-3 所示。

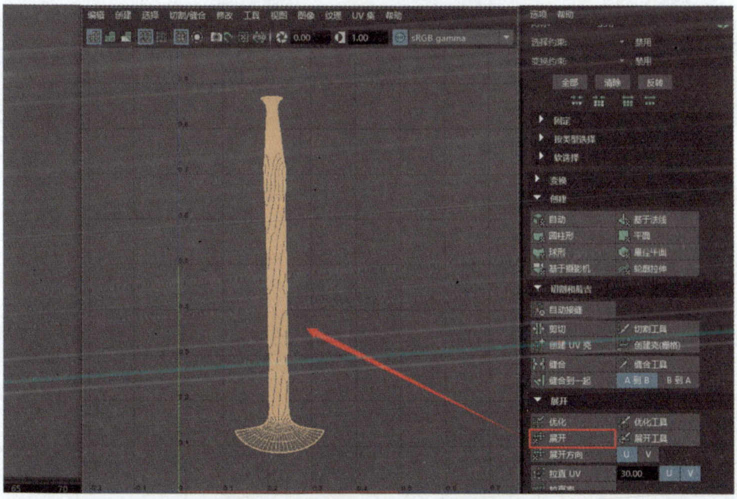

图 4-4-3

（4）按照相同的方法将号口和号嘴位置的圆环 UV 展开，如图 4-4-4 所示。

（5）选择展好 UV 的军号模型，单击“文件”→“导出当前选择”命令，以 OBJ 或 FBX 格式的文件导出。

（6）打开 Substance Painter，单击“文件”→“新建”命令新创建一个项目，具体设置与水壶项目一致，导入后如图 4-4-5 所示。

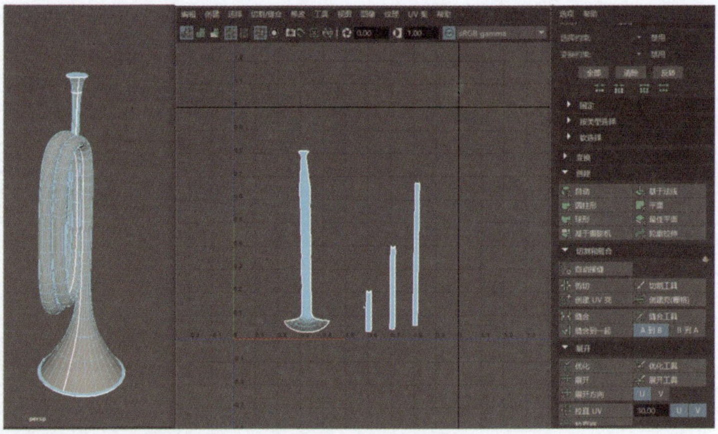

图 4-4-4

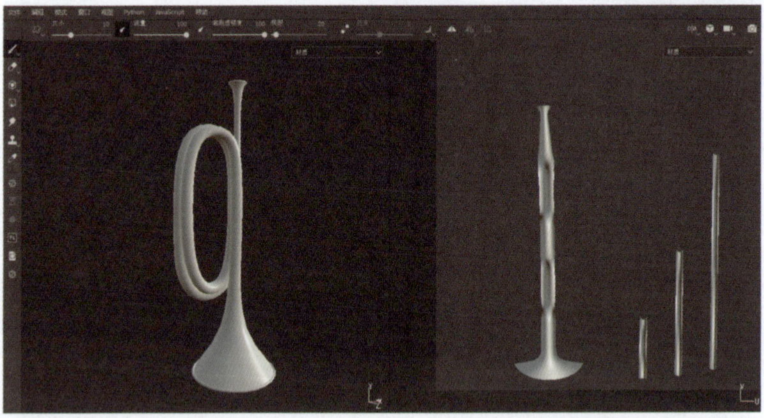

图 4-4-5

（7）在界面左下角展架列表里找到“Smart Materials 智能材质”选项，拖拽 Copper Worn 材质到图层，将 Copper Worn 材质赋予模型，如图 4-4-6 所示。

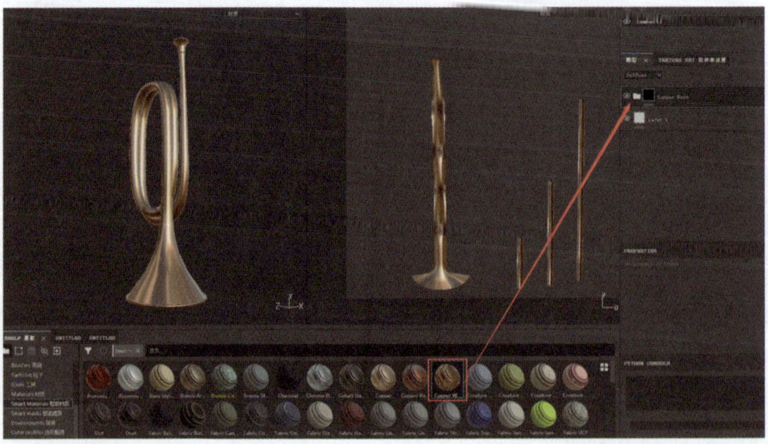

图 4-4-6

（8）继续拖拽 Steel Ruined 材质放置到图层的最上一层，此材质用来制作掉漆处的疤痕，在材质上添加一个黑色遮罩，在展架里找到“Smart masks 智能遮罩”选项，将 Edge Damage 材质拖拽到遮罩层上，这是一种预设遮罩效果，如图 4-4-7 所示。

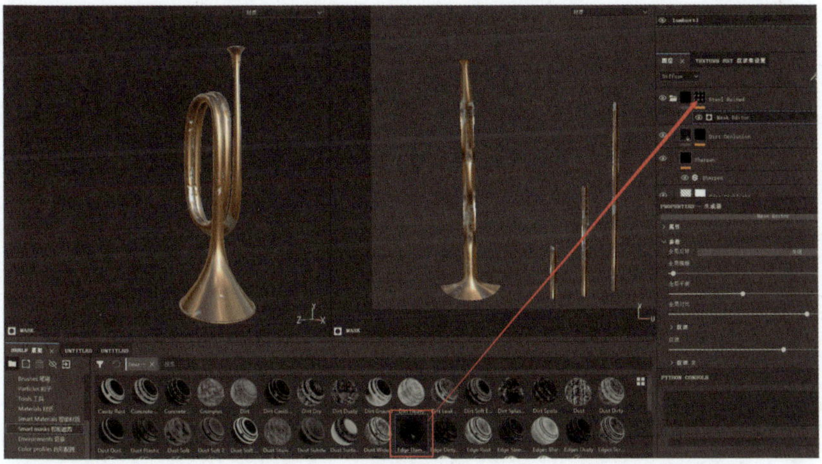

图 4-4-7

（9）在遮罩层上右击，在弹出的菜单中选择“添加绘制”命令，使用笔刷在遮罩上绘制效果，在展架里找到“Particle 粒子”选项，单击 Splat 图标，将粒子特效赋予笔刷，当使用笔刷在遮罩上绘制时，会产生相应的粒子特效，产生特殊的透明通道，如图 4-4-8 所示。

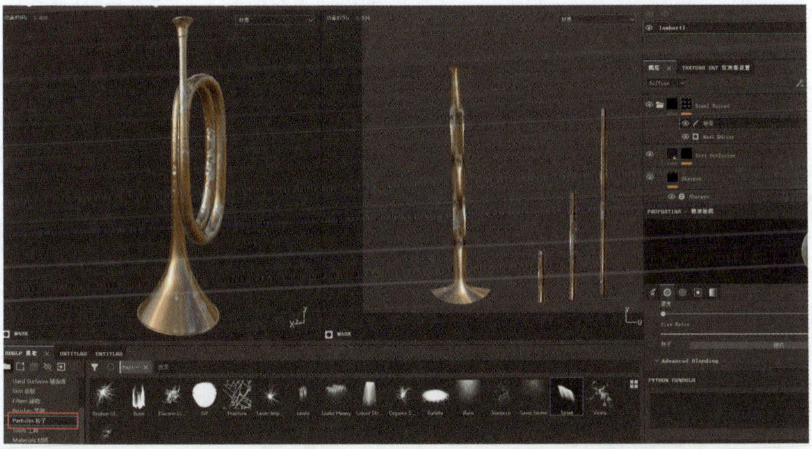

图 4-4-8

（10）制作好贴图后，单击“文件”→“导出贴图”命令，在弹出的窗口中使用和水壶实例相同的设置将贴图导出。

（11）回到 Maya，选择“窗口”→“渲染编辑器”→ Hypershade 命令，打开材质编辑器，在右下方“创建”窗口中的左侧分视图中单击 Arnold → Shader → aiStandardSurface 命令，创建一个 aiStandardSurface（Arnold 标准材质）材质。在透视图中选择军号模型，将鼠标指标移动到 Hypershade 浏览器窗口中创建的 aiStandardSurface 材质球上，右击，在弹出的菜单中选择“将 initialShadingGroup 指定给当前选择”命令，将材质赋予场景中所选择的物体，单击 aiStandardSurface 材质球，在右侧的属性栏里分别为 Color、Metalness、Roughness 和 Bump Mapping 属性添加“文件”纹理，在每个文件纹理里导入相对应的导出贴图，如图 4-4-9 所示。

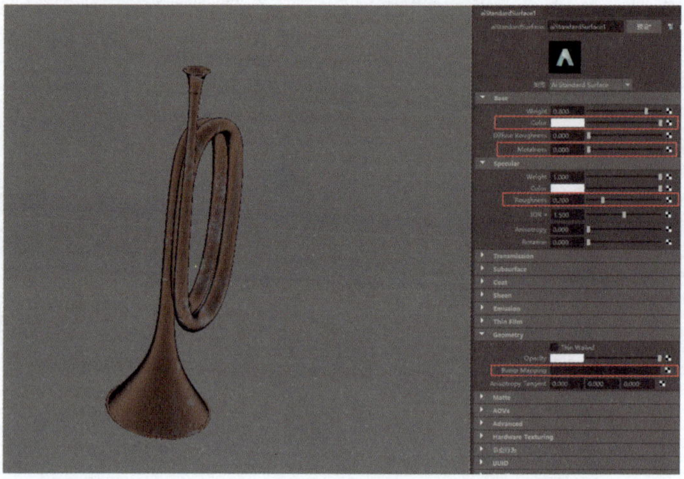

图 4-4-9

（12）在除了颜色贴图以外的 3 个贴图文件里，将颜色空间由 SRGB 模式改为 Raw 模式，勾选“颜色平衡”卷展栏里的“Alpha 为亮度”复选框，在凹凸节点 bump2d1 节点里的“2D 凹凸属性”卷展栏中，将“凹凸”改为“切线空间法线”，如图 4-4-10 和图 4-4-11 所示。

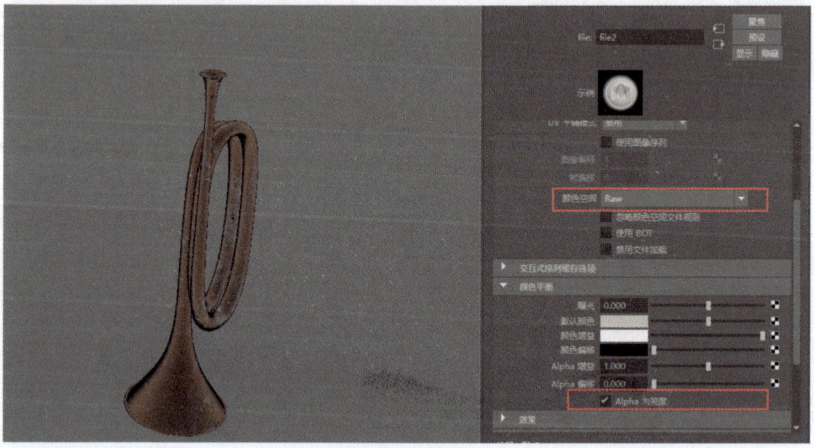

图 4-4-10

（13）单击 Arnold → Lights → Skydome Light 命令，为场景创建一个环境光球，选择灯光，在属性栏里的 Color 上通过“文件”贴图导入一张 HDR 贴图，调整 Samples 属性数值为 5，提高灯光采样率，改善照明效果，设置 Camera 数值为 0，渲染时隐藏背景，如图 4-4-12 所示。

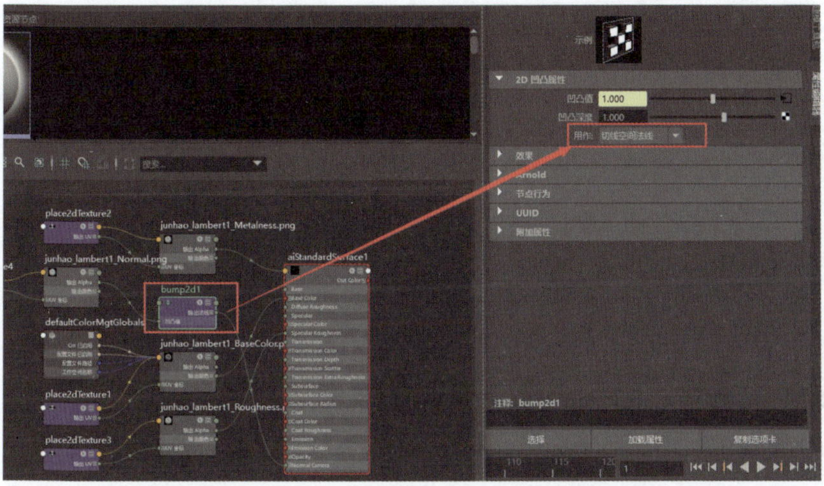

图 4-4-11

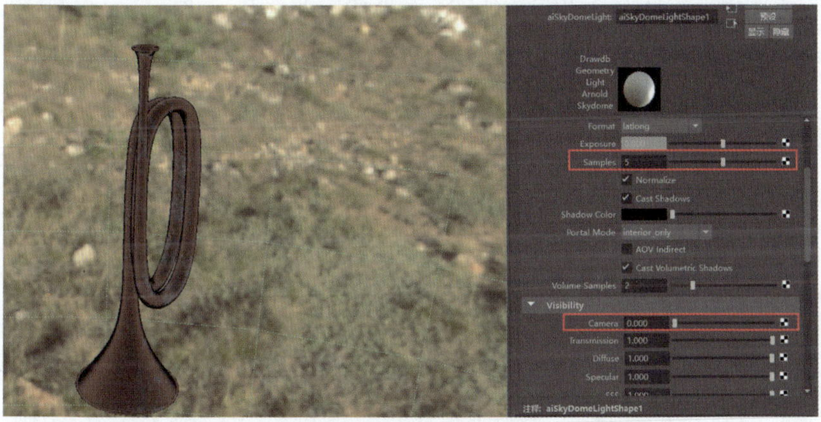

图 4-4-12

（14）最终渲染效果如图 4-4-13 所示。

图 4-4-13

为枪套添加材质

任务5 为枪套添加材质

【任务描述】

将制作好的枪套模型进行 UV 展开，导入 Substance Painter 赋予相应的材质。

【任务要求】

掌握如何使用 Maya 进行 UV 展开以及使用 Substance Painter 添加材质。

【知识链接】

这个实例中用到了 UV 工具包中的 UV 壳“翻转”命令，此命令可将 UV 壳在不同方向进行翻转操作，类似镜像效果。

【任务实施】

（1）选择枪套模型的主体，进入线选择模式，选择枪套侧面与正面的一圈接线，单击 UV 工具包中“切割和缝合”卷展栏里的“剪切”命令，如图 4-5-1 和图 4-5-2 所示。

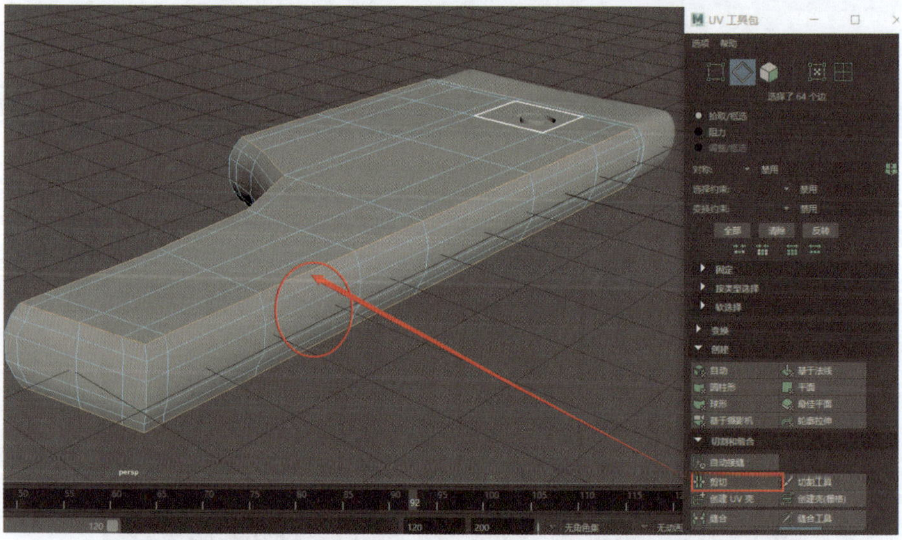

图 4-5-1

（2）在 UV 编辑器中单击 UV 工具包右上角右侧的壳选择模式，选择枪套的 UV 壳，单击 UV 工具包中“展开”卷展栏里的“展开”命令，将 UV 壳重新展开，单击“变换”卷展栏里的“翻转”命令，调整 UV 壳的方向，最终效果如图 4-5-3 所示。

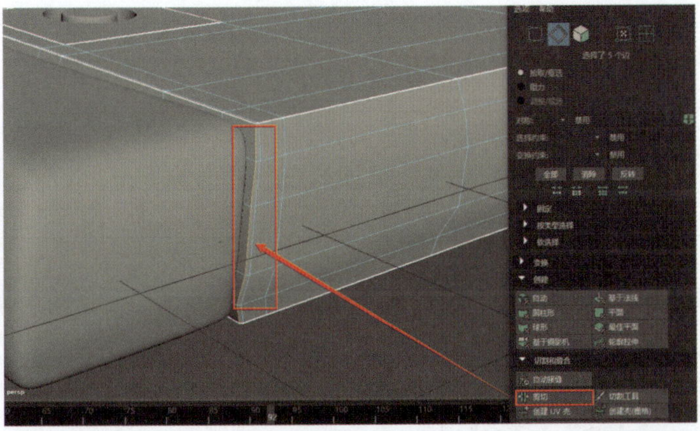

图 4-5-2

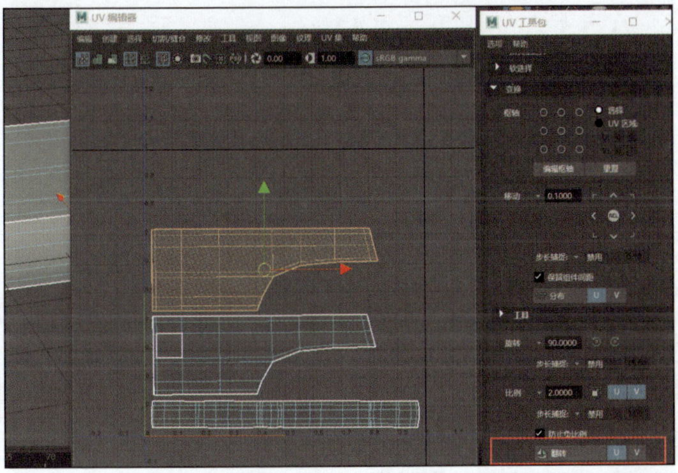

图 4-5-3

（3）选择枪套套口部分的模型，切换到顶视图，选择 UV 工具包“创建”卷展栏里的“基于摄像机”命令将此模型进行 UV 重建，如图 4-5-4 所示。

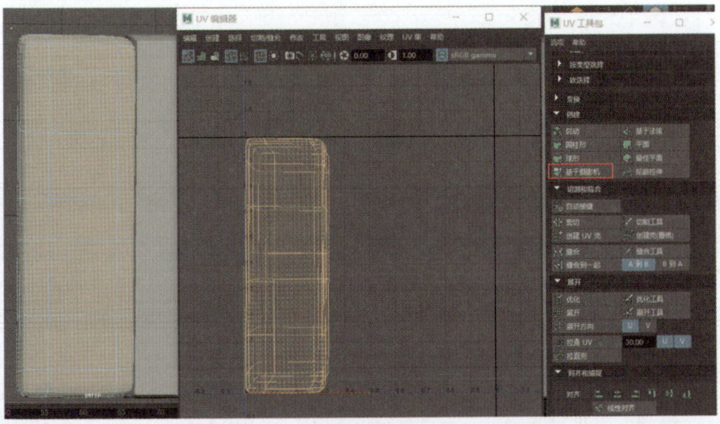

图 4-5-4

（4）在透视图中选择枪套套口部分的模型，进入线选择模式，选择模型边缘的循环线，单击 UV 工具包“切割和缝合”卷展栏中的“剪切”命令，如图 4-5-5 所示。

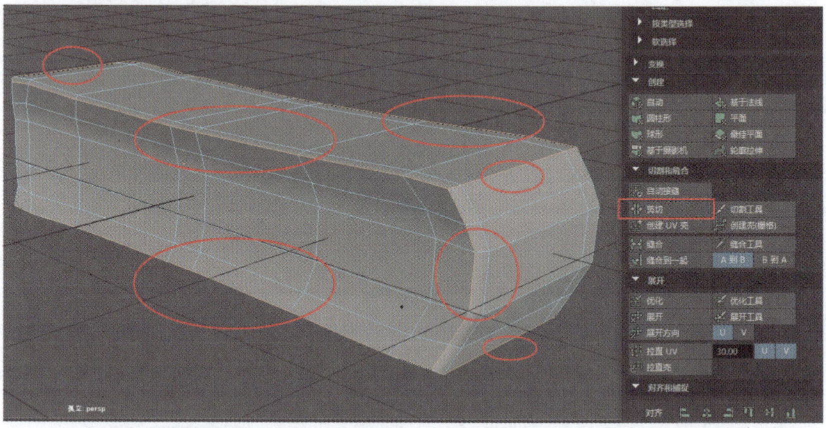

图 4-5-5

（5）在 UV 工具包中单击壳选择模式，选择模型的壳，执行“展开”卷展栏里的“展开”命令，展开 UV。使用相同的方法将枪套其余部件的 UV 依次展开，如图 4-5-6 和图 4-5-7 所示。

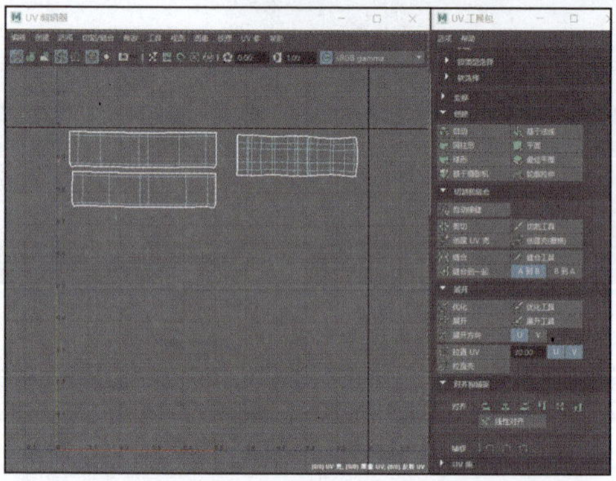

图 4-5-6

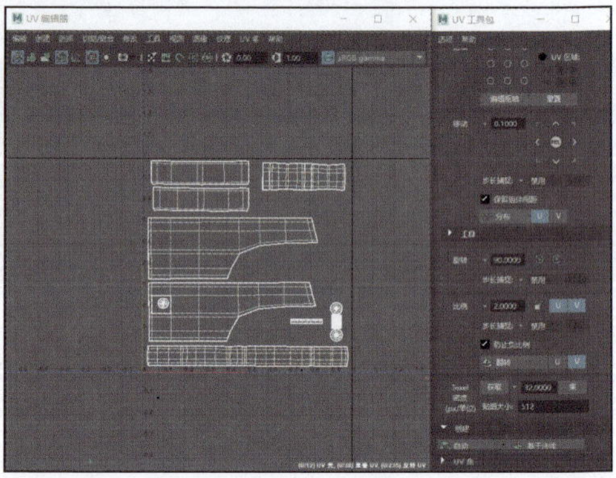

图 4-5-7

（6）选择展好 UV 的枪套模型，单击“文件”→“导出当前选择”命令，在弹出的窗口中选择 FBX 文件进行导出。在 Substance Painter 中点击“文件”→“新建”命令，新建一个工程目录，在窗口左下角的展架里找到 Wood American Cherry 材质，将材质拖拽到图层区，为枪套模型添加材质，如图 4-5-8 所示。

（7）单击“文件”→“导出贴图”命令，将贴图导出。回到 Maya，为模型添加 aiStandardSurface 材质，在材质的 Color、Metalness、Roughness 和 Bump Mapping 属性上添加“文件”纹理，在每个文件纹理中导入相对应的导出贴图，其中贴在 Metalness、Roughness 和 Bump Mapping 三个属性上的“文件”纹理需要将颜色空间由 SRGB 模式改为 Raw 模式，勾选“颜色平衡”卷展栏里的“Alpha 为亮度”复选框，进入 Bump

Mapping 属性的 bump2d1 节点，将“凹凸”改为“切线空间法线”，最终效果如图 4-5-9 所示。

图 4-5-8

图 4-5-9

任务6 为红军军帽添加材质

为红军军帽添加材质

【任务描述】

将制作好的红军军帽模型进行 UV 展开，导入 Substance Painter 赋予相应的材质。

【任务要求】

掌握如何使用 Maya 进行 UV 展开以及使用 Substance Painter 添加材质。

【知识链接】

此实例用到了 Maya 多边形建模中的复制多边形面的命令，此命令可将选择的多边形面片复制出来，形成一个独立的面片。

【任务实施】

（1）选择制作好的军帽模型，进入前视图，单击 UV → “UV 编辑器”命令，打开 UV 编辑器窗口，单击 UV 工具包右上角的“壳”模式，选择帽子 UV 壳，单击“创建”卷展栏里的“基于摄像机”命令，重新对模型 UV 进行创建，如图 4-6-1 所示。

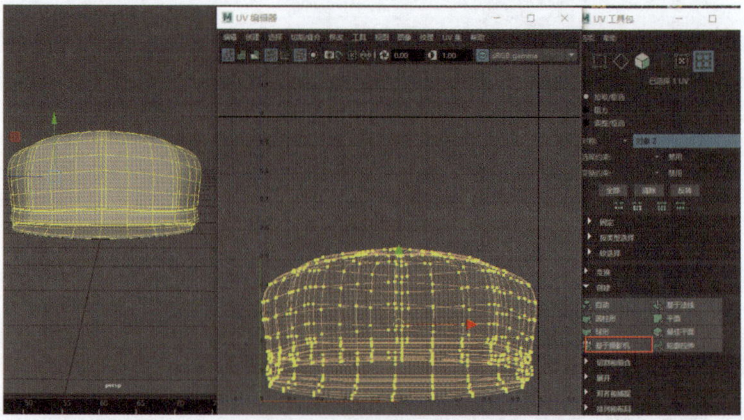

图 4-6-1

（2）选择模型，进入线选择模式，选择帽檐边缘的一条循环边，执行 UV 工具包“切割开和缝合”卷展栏中的“剪切”命令，沿着选择边将帽子的 UV 切开，如图 4-6-2 所示。

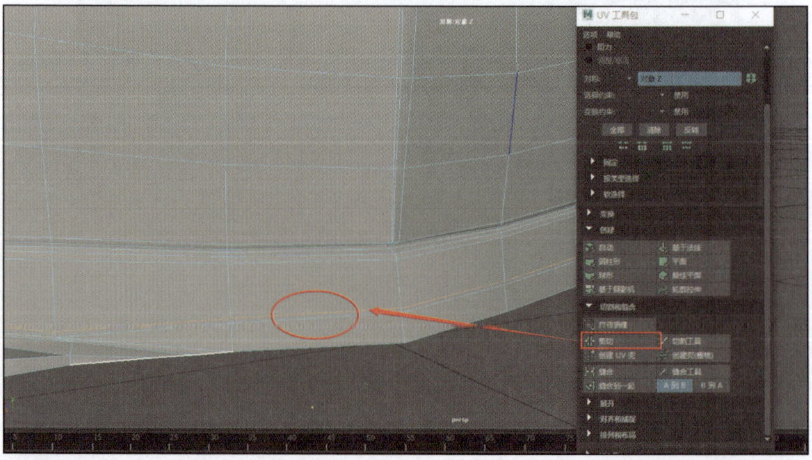

图 4-6-2

（3）选择帽子被剪切的上半部分的 UV 壳，执行 UV 工具包“展开”卷展栏中的“展开”命令，将帽子的上半部分进行展开，如图 4-6-3 所示。

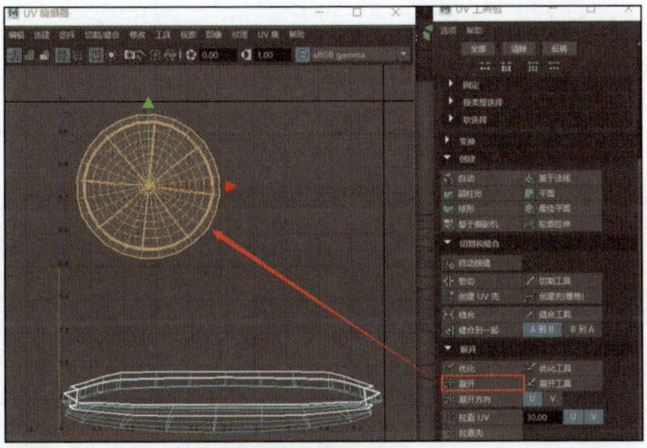

图 4-6-3

（4）选择模型，进入线选择模式，选择帽檐下方中间线，同时选择帽檐与帽子衔接区域的循环线，执行 UV 工具包“切割和缝合”卷展栏中的“剪切”命令，将 UV 分离，如图 4-6-4 所示。

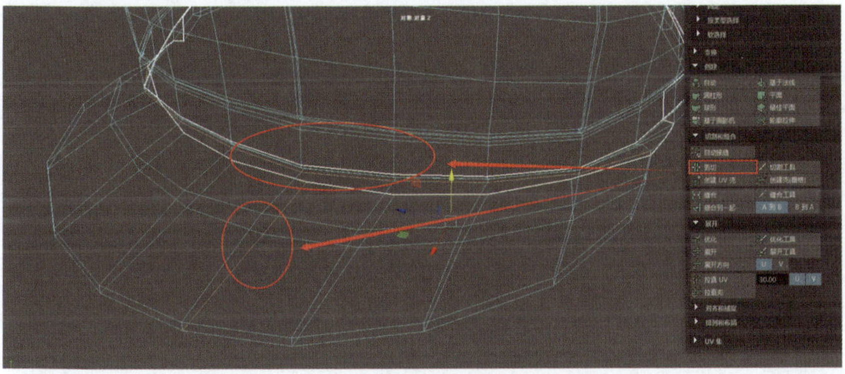

图 4-6-4

（5）进入壳选择模式，选择已分离的各部分模型 UV 壳，执行“展开”命令，如图 4-6-5 所示。

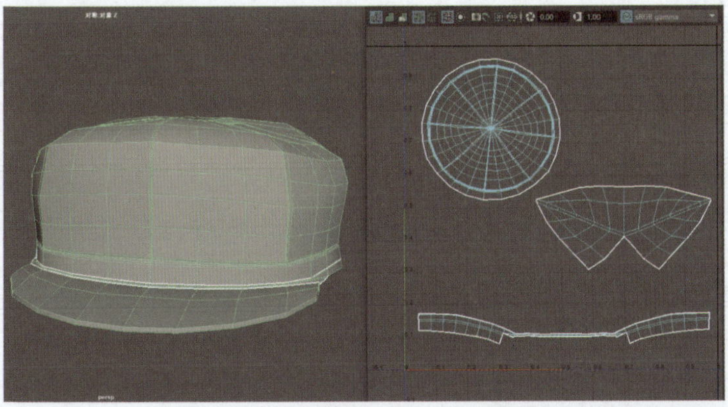

图 4-6-5

（6）打开 Substance Painter，单击“文件”→“新建”命令，创建新项目，在项目窗口中单击“选择”按钮，将帽子模型导入，分辨率设置为4096，创建项目工程，如图 4-6-6 所示。

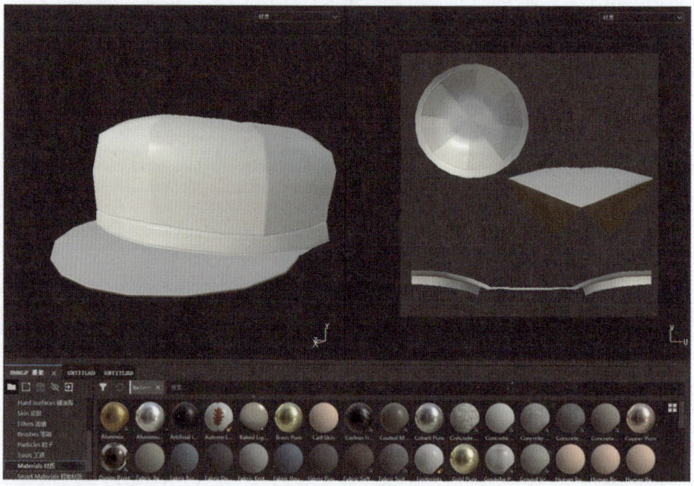

图 4-6-6

（7）在界面左下角的展架里找到“Materials 材质”，拖拽 Fabric Suit Vintage 材质到图层，为军帽附上此材质，如图 4-6-7 所示。

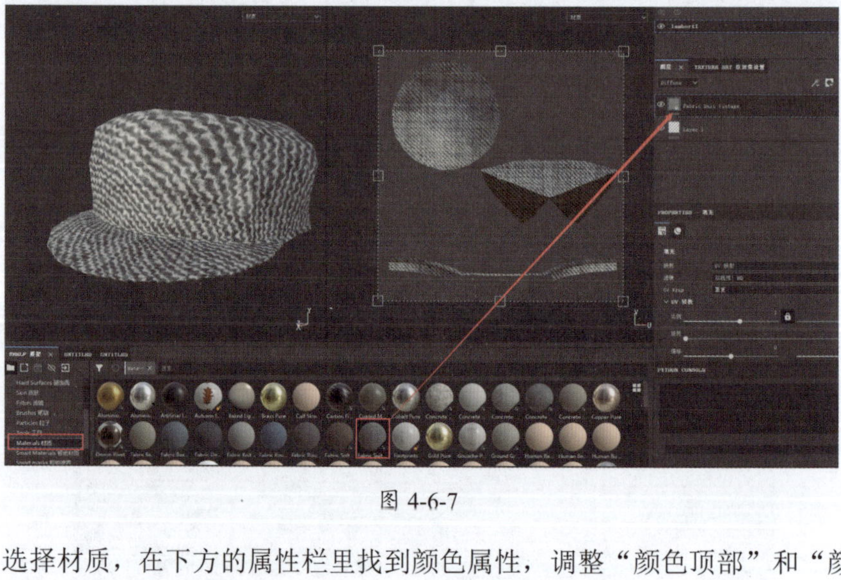

图 4-6-7

（8）选择材质，在下方的属性栏里找到颜色属性，调整“颜色顶部”和“颜色底部”两个属性的颜色，如图 4-6-8 所示。

（9）调整“UV 转换”卷展栏里比例值为 50，如图 4-6-9 所示。

（10）单击“文件”→“导出贴图”命令，将贴图导出。

（11）回到 Maya 中，单击“窗口”→“渲染编辑器”→ Hypershade 命令，打开窗口，创建 aiStandardSurface 材质，将材质赋予军帽，如图 4-6-10 所示。

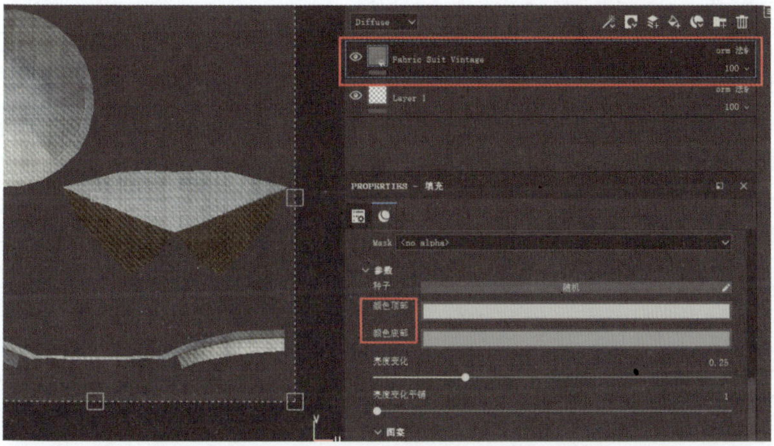

图 4-6-8

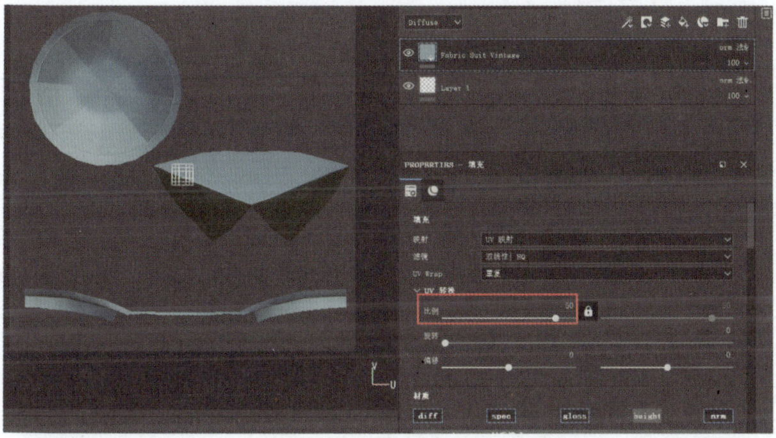

图 4-6-9

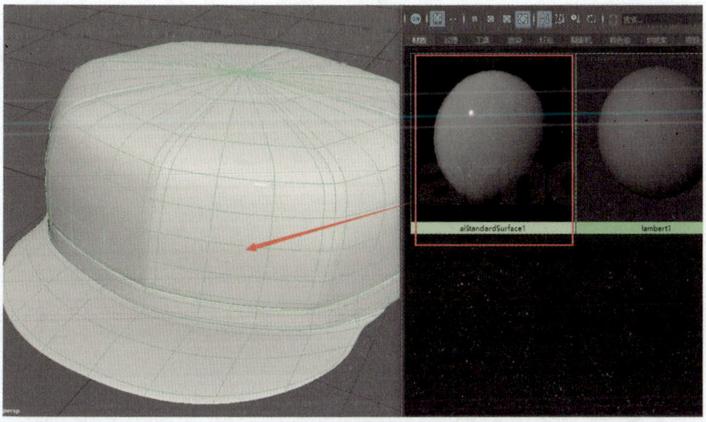

图 4-6-10

（12）单击 aiStandardSurface 材质球，打开属性窗口，单击 Color 属性后面的棋盘格图标，在弹出的材质贴图窗口中选择“文件”纹理，将此纹理贴到 Color 属性上，如图 4-6-11 所示。

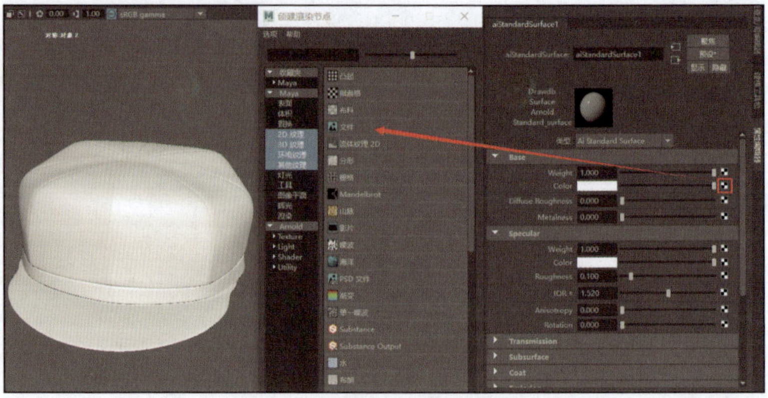

图 4-6-11

（13）进入“文件”纹理属性窗口，单击“图像名称”后面的公文包图标，在弹出的路径窗口中找到颜色贴图导入，如图 4-6-12 所示。

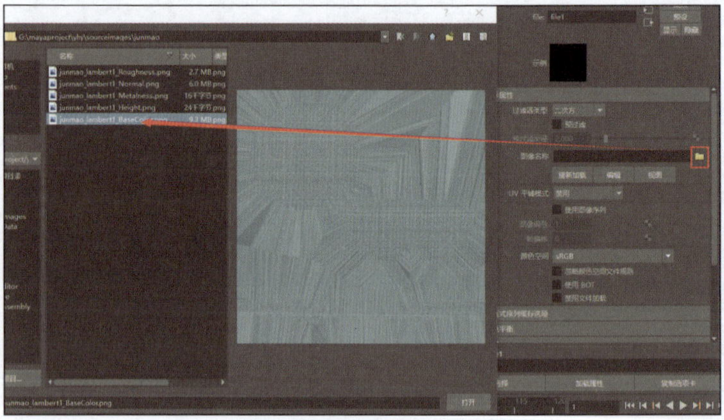

图 4-6-12

（14）在 Roughness 属性和 Bump Mapping 属性上加入“文件”纹理，导入相应的贴图，在“文件”纹理中将颜色空间设置为 Raw，勾选“Alpha 为亮度”复选框，如图 4-6-13 所示。

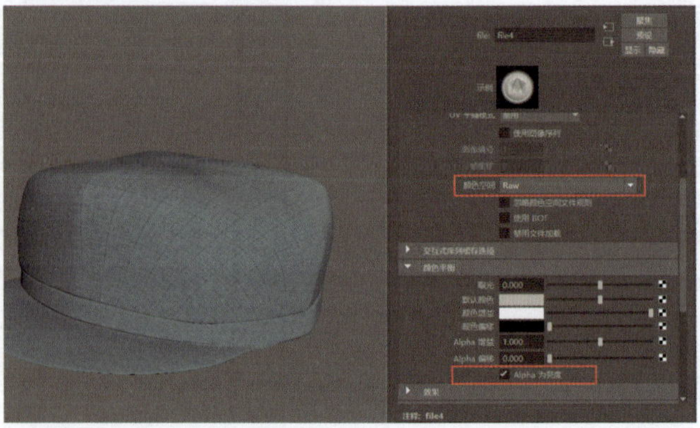

图 4-6-13

（15）进入 bump2d1 节点，在“用作”选项中将“凹凸”改为“切线空间法线”，如图 4-6-14 所示。

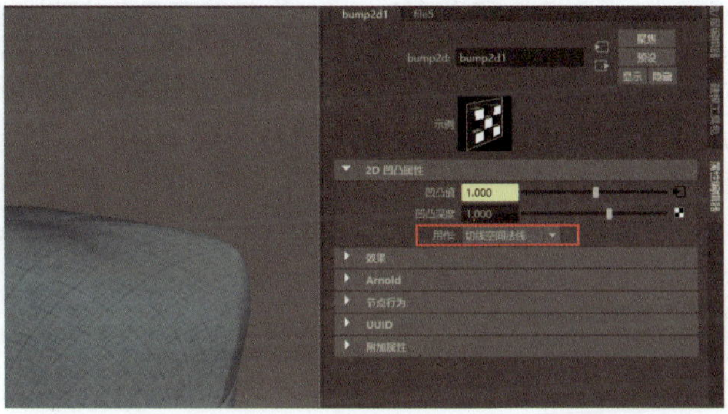

图 4-6-14

（16）单击 Arnold → Lights → Skydome Light 命令，创建一个环境球光，在环境球的颜色属性上添加“文件”纹理，导入一张 HDR 贴图，将灯光的 Samples 设置为 5，Camera 设置为 0，最终效果如图 4-6-15 所示。

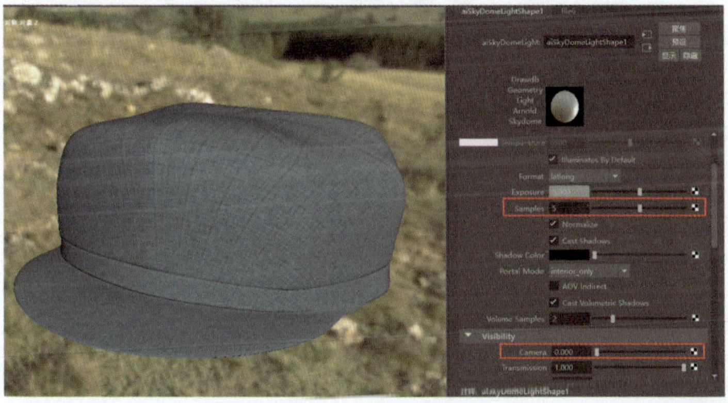

图 4-6-15

（17）把军帽模型导入角色模型场景中，放置到角色头部，进入点编辑模式，根据角色头部来调节帽子模型，如图 4-6-16 和图 4-6-17 所示。

图 4-6-16

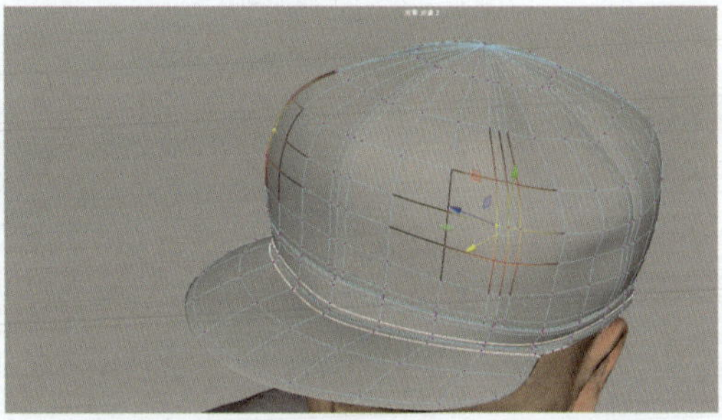

图 4-6-17

（18）在 Photoshop 中打开五星图片，对其进行加工，生成一张颜色贴图和一张透明贴图，如图 4-6-18 所示。

（a）颜色贴图　　（b）透明贴图

图 4-6-18

（19）选择帽子模型，进入面编辑模式，选择帽檐上方区域的面，单击“编辑网格”→“复制”命令，将选择的面复制出来，成为独立的面片，如图 4-6-19 所示。

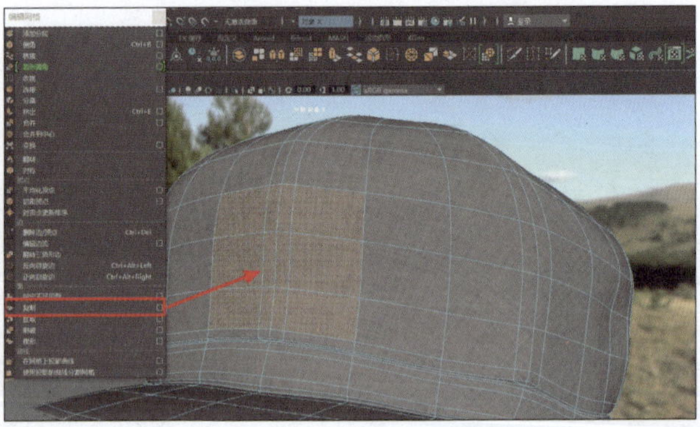

图 4-6-19

（20）为复制出来的面片添加 aiStandardSurface 材质，在材质的颜色属性上加入“文件”纹理，导入颜色贴图，在 Opacity 属性上添加“文件”纹理，导入透明贴图，如图 4-6-20 所示。

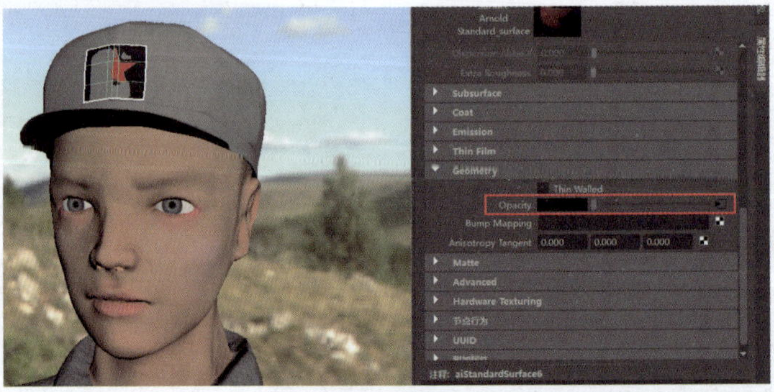

图 4-6-20

（21）选择面片，打开 UV 编辑器，进入 UV 编辑点模式，对 UV 进行调整，使贴图和面片的比例更加合理，如图 4-6-21 所示。

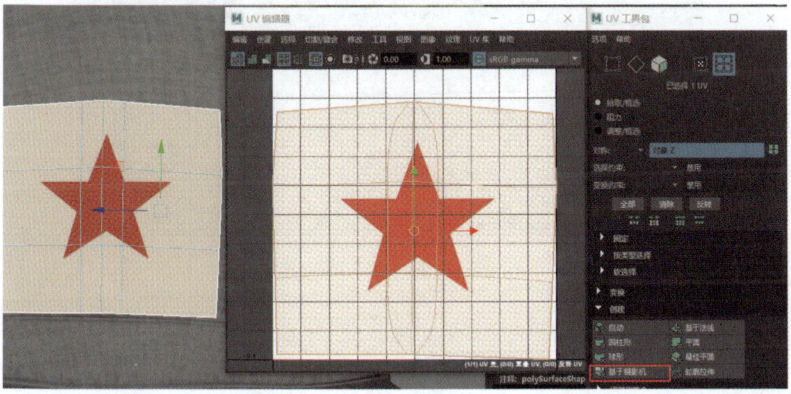

图 4-6-21

任务7 为红军角色添加材质

为红军角色添加材质

【任务描述】

将制作好的红军角色模型进行 UV 展开，导入 Substance Painter 赋予相应的材质。

【任务要求】

掌握如何使用 Maya 进行 UV 展开以及使用 Substance Painter 添加材质。

【知识链接】

贴图烘焙是将高分辨率模型的细节烘焙到低分辨模型上，让低分辨率模型上能够显示出高分辨率模型的细节，具体步骤如下：

（1）在 ZBrush 中雕刻高分辨率模型；

（2）导入 Maya 进行拓扑，在高分辨率模型上覆盖一层低面数形状相同的模型；

（3）对模型进行 UV 拆分与展平；

（4）将 UV 拆分好的低分辨率模型在 Maya 中烘焙或者导入 Substance Painter 中进行烘焙，使低分辨模型上能够显示高分辨率模型的细节。

【任务实施】

（1）将之前拓扑好的角色模型打开，切换到前视图，打开 UV 编辑器，进入壳选择模式，单击“创建”卷展栏里面的“基于摄像机”命令进行 UV 重建，如图 4-7-1 所示。

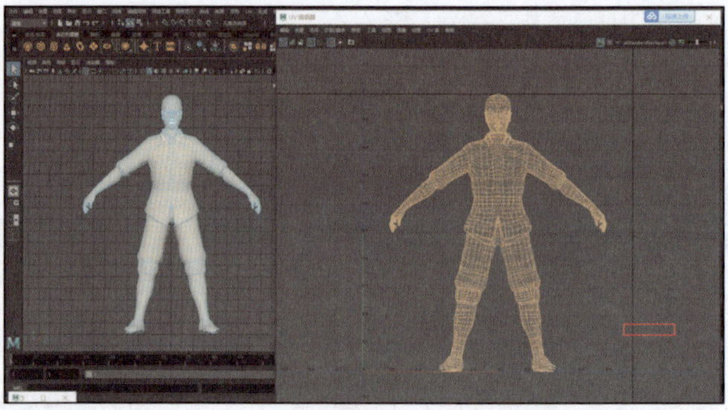

图 4-7-1

（2）接下来从角色头部开始拆分 UV，首先进入边选择模式，按住 Shift 键选择头顶中间位置到脖子根位置的边，再加选耳根边缘的边，执行 UV 工具包“切割和缝合”卷展栏里的“剪切”命令，将耳朵和头部的 UV 从身体部分拆分出来，如图 4-7-2 和图 4-7-3 所示。

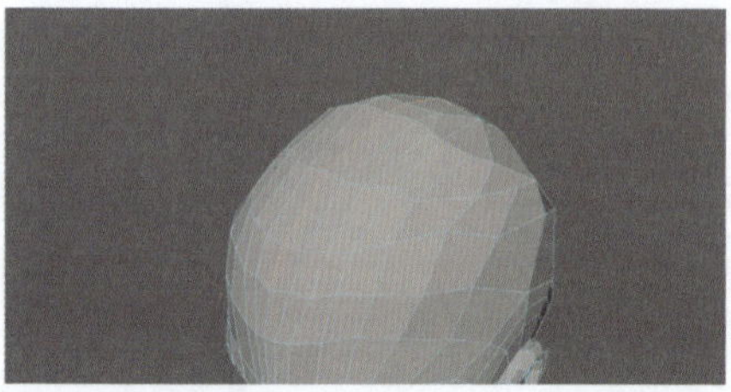

图 4-7-2

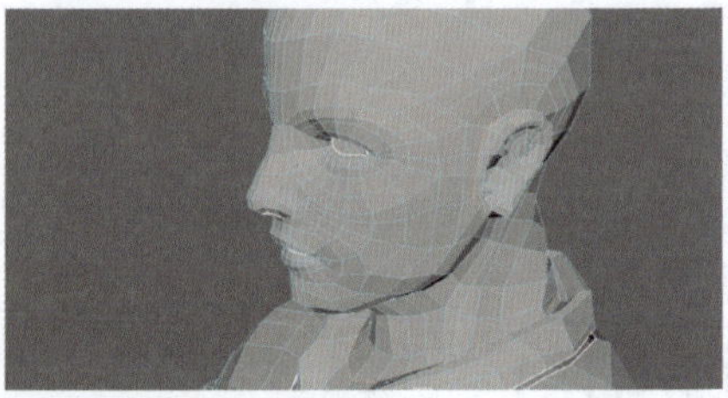

图 4-7-3

（3）选择胳膊肘附近的一圈线以及小臂后侧到手指中间内侧的线，单击 UV 工具包“切割和缝合”卷展栏中的“剪切”命令进行拆分，这里注意要将 UV 工具包里的“对称”选项打开，对称轴为 X 轴，这样可实现在对一侧进行操作时，另一侧也同时进行，如图 4-7-4 和图 4-7-5 所示。

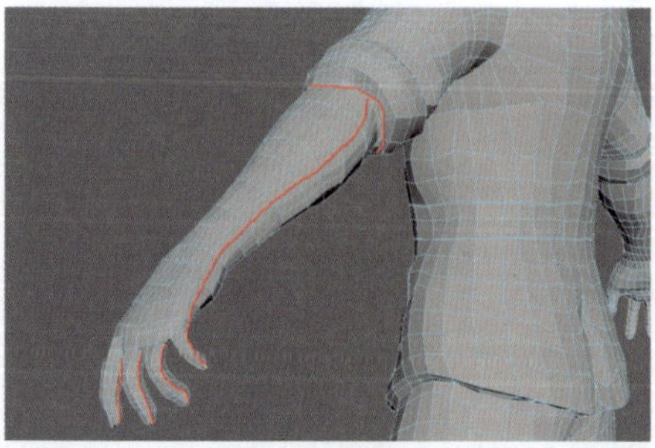

图 4-7-4

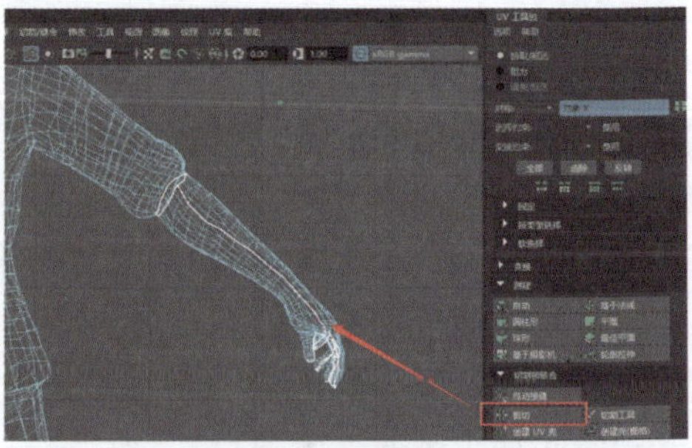

图 4-7-5

（4）使用相同的方法，将身体和上臂从侧面中间切开，大腿根和内外两侧切开，小腿膝盖部位和小腿内侧切开，脚部内侧和脚底切开。

（5）将身体各部分切开后使用 UV 工具包“展开”卷展栏中的“展开”命令将每一部分进行展开，如图 4-7-6 所示。

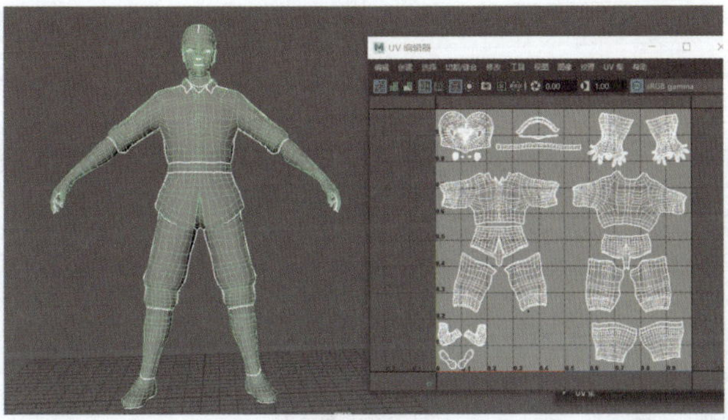

图 4-7-6

（6）为衣服、护腿、布鞋、皮肤等区域分别添加不同的材质，作为不同的 ID。

（7）将 UV 拆分好的模型导出为 OBJ 或 FBX 格式文件，在 Substance Painter 中进行导入，单击“文件”→“新建”命令，具体设置与水壶设置相同，如图 4-7-7 所示。

图 4-7-7

（8）单击界面右侧“图层”标签旁边的“纹理集设置”标签，在其选项窗口里单击“烘焙模型贴图”按钮，在弹出的窗口中单击“高模参数”区域右侧的图标，将之前在 ZBrush 中雕刻的高分辨率角色模型导入进来，单击右下角的“烘焙 Lambert1 模型贴图”按钮，如图 4-7-8 所示。

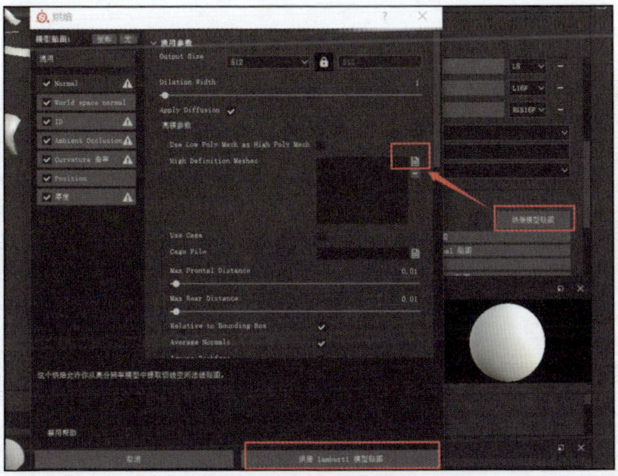

图 4-7-8

（9）烘焙完成后可以看到高分辨模型的细节被烘焙到了在 Maya 拓扑后的低分辨率模型表面，如图 4-7-9 所示。

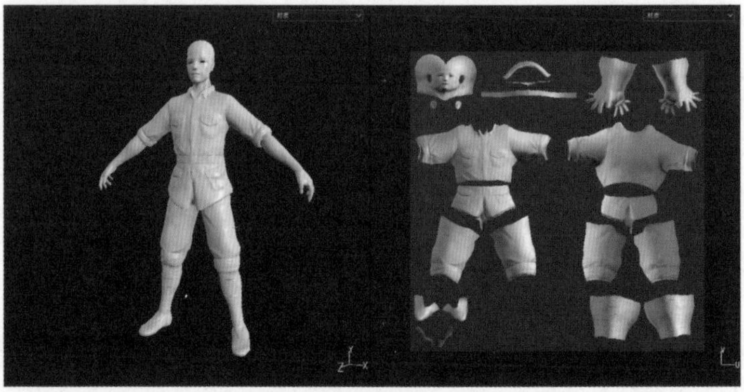

图 4-7-9

（10）由于之前在 Maya 中为角色不同的位置添加了不同的材质，因此导入 Substance Painter 后，软件会根据不同的材质 ID，在软件的右上方“TBXTURE SBT 纹理集列表”中进行分组，如图 4-7-10 所示。

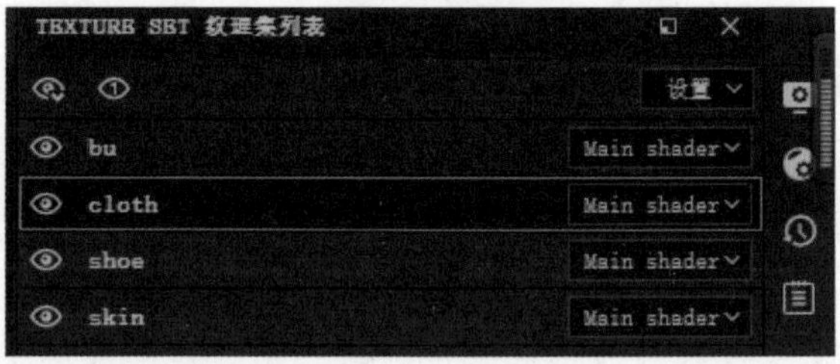

图 4-7-10

（11）选择衣服组别，在展架里的“Materials 材质”中找到 Fabric Suit Vintage 材质拖拽到图层栏，作为军装的布料，选择材质层，在下方的属性栏里调整属性值，如图 4-7-11 和图 4-7-12 所示。

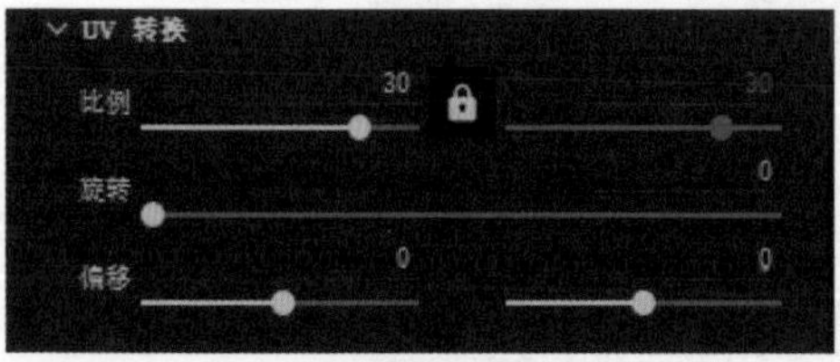

图 4-7-11

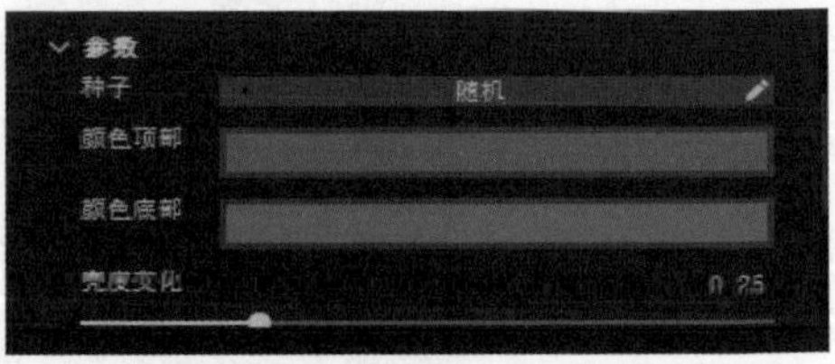

图 4-7-12

（12）选择 Leather Bag 材质，将其拖拽到图层区域的顶层，属性区域设置如图 4-7-13 所示。

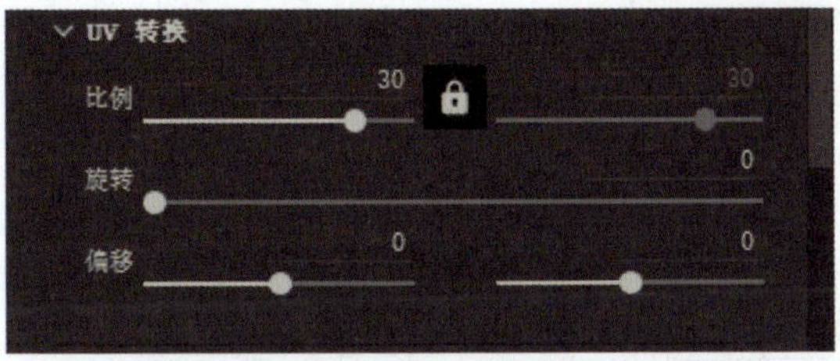

图 4-7-13

（13）为 Leather Bag 材质层添加黑色遮罩，单击软件界面右侧工具图标“几何体填充”，在 UV 视图中选择腰带区域的面，显示 Leather Bag 材质，效果如图 4-7-14 所示。

（14）选择绑腿组别，在“Materials 材质”里拖拽 Fabric Soft Denim 材质到图层，属性设置如图 4-7-15 所示。

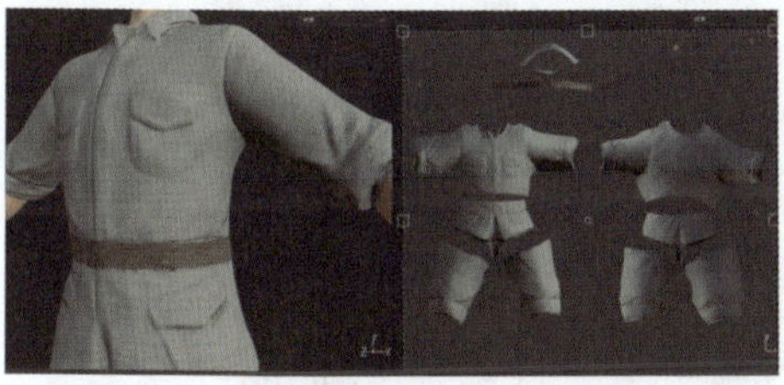

图 4-7-14

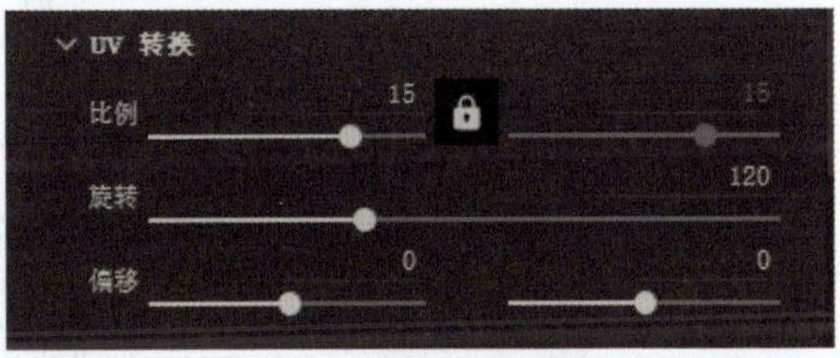

图 4-7-15

（15）选择布鞋组别，在“Materials 材质”里拖拽 Fabric Soft Denim 材质到图层，属性设置如图 4-7-16 和图 4-7-17 所示。

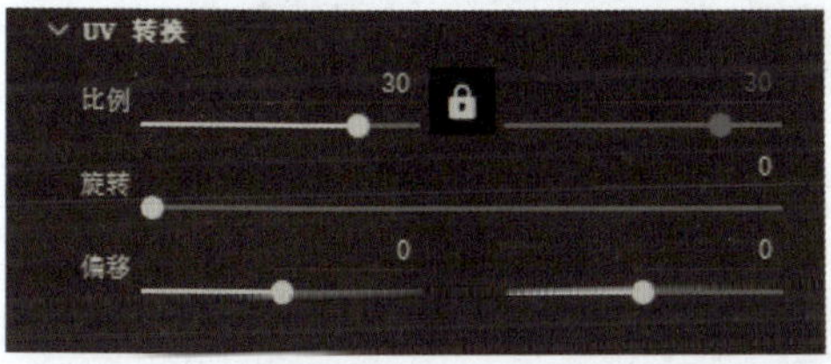

图 4-7-16

图 4-7-17

（16）绑腿和布鞋部分最终效果如图 4-7-18 所示。

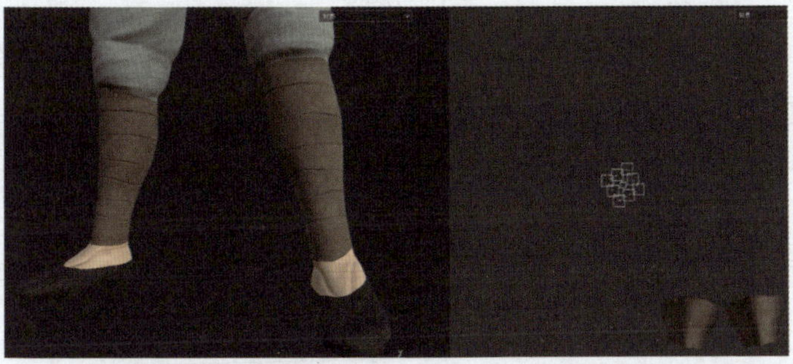

图 4-7-18

（17）选择皮肤组别，单击“Smart Materials 智能材质”选项，拖拽 Skin Face 材质到图层上，打开 Skin Face 材质，里面包含了皮肤颜色层，可根据实际情况对颜色进行调整，如图 4-7-19 所示。

图 4-7-19

（18）皮肤最终效果如图 4-7-20 所示。

图 4-7-20

（19）将制作好的材质导出，选择“文件”→“导出贴图”命令，在弹出的导出贴图窗口中的进行与水壶模型一致的设置，如图 4-7-21 所示。

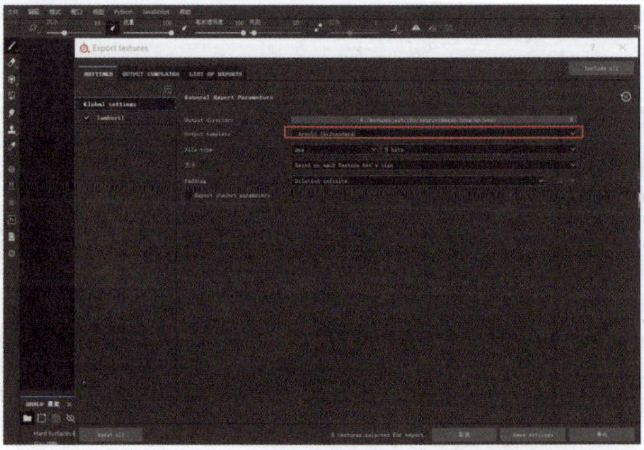

图 4-7-21

（20）回到 Maya 中，创建一个 aiStandardSurface 材质球，将材质球赋予角色模型，如图 4-7-22 所示。

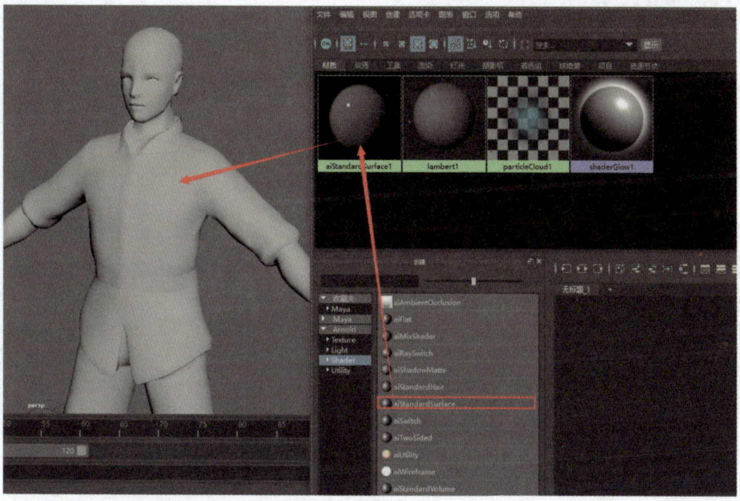

图 4-7-22

（21）打开 aiStandardSurface 材质的属性窗口，将 Base 卷展栏下方的 Weight 值设置为 1，单击 Color 属性右侧的棋盘格图标，在弹出的材质贴图窗口中选择“文件”纹理，如图 4-7-23 所示。

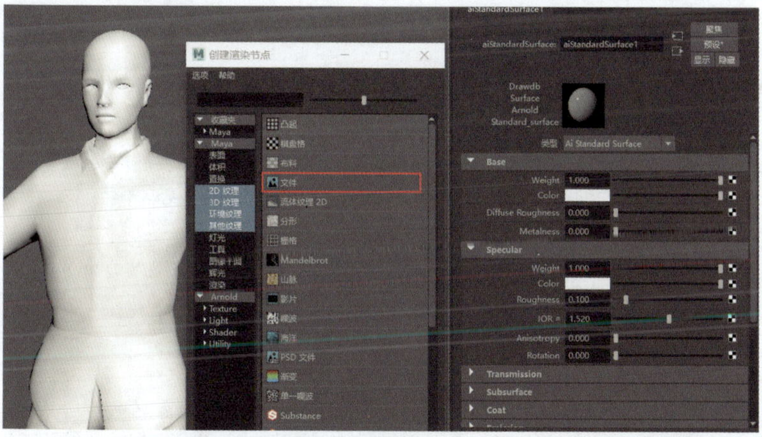

图 4-7-23

（22）打开“文件”纹理属性窗口，单击图形名称后面的公文包图标，在弹出的导入路径里面选择在 Substance Painter 中导出的颜色贴图，如图 4-7-24 所示。

（23）使用相同的方法，在 Metalness、Roughness 和 Bump Mapping 属性上添加“文件”纹理，通过“文件”纹理导入相对应的贴图，在“文件”纹理的属性窗口中将颜色空间由 sRGB 模式改为 Raw 模式，勾选“Alpha 为亮度”复选框，将 bump2d1 节点里的“凹凸”改为“切线空间法线”，如图 4-7-25 至图 4-7-27 所示。

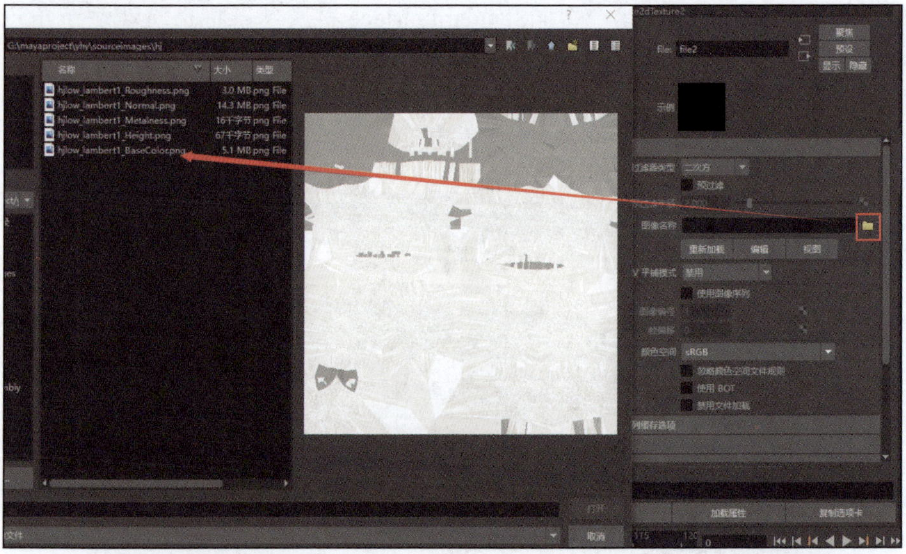

图 4-7-24

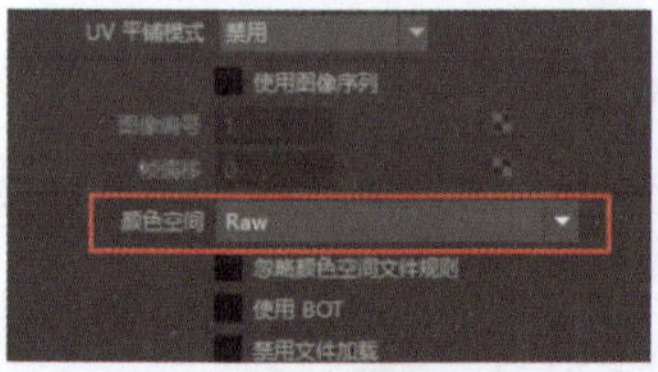

图 4-7-25

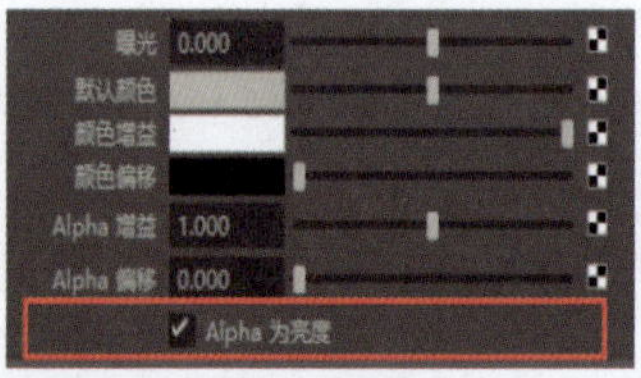

图 4-7-26

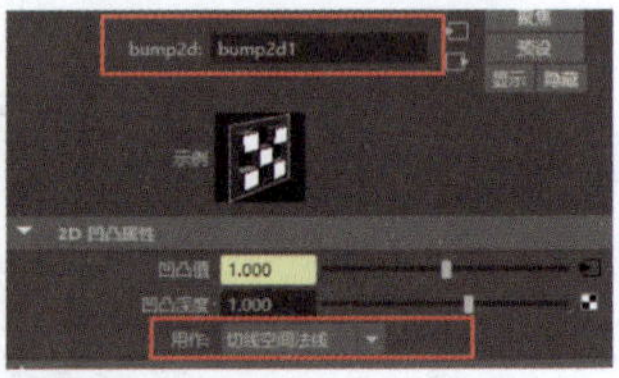

图 4-7-27

（24）为场景添加一个 Skydome Light 灯光，如图 4-7-28 所示。

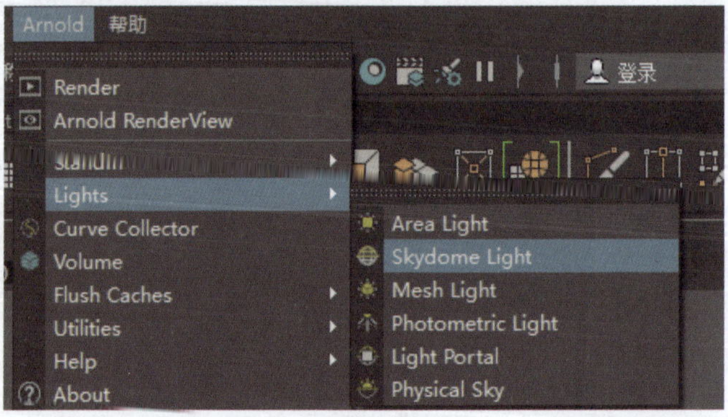

图 4-7-28

（25）调整灯光的属性参数，将 Samples 设置为 5，Camera 设置为 0，完成场景的灯光设置，如图 4-7-29 所示。

（26）创建一个曲面球体，选择球体，在所标注的区域插入等参线，如图 4-7-30 所示。

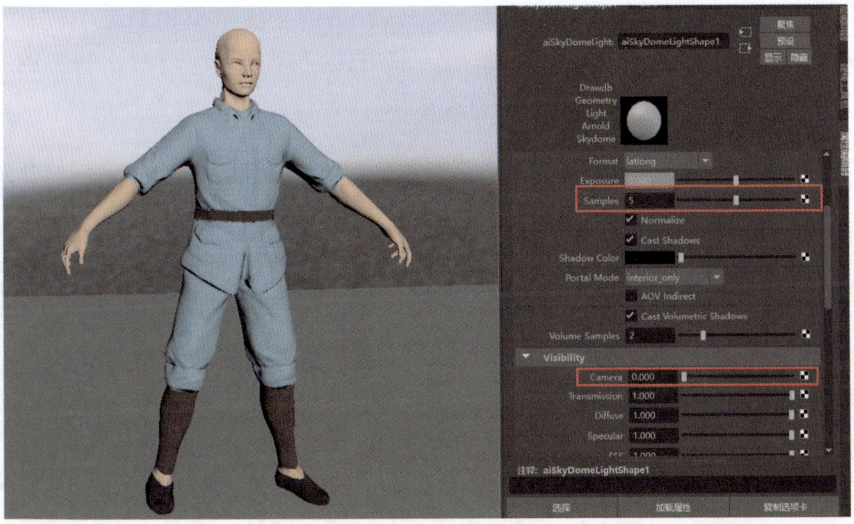

图 4-7-29

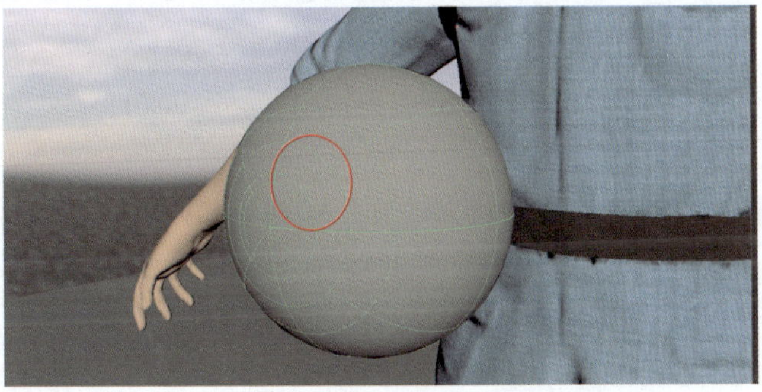

图 4-7-30

（27）选择球体，进入壳选择模式，选择中间区域的壳线，将中间区域向外拖动，生成黑眼珠部分的外凸结构。按 Ctrl+D 组合键复制模型，如图 4-7-31 所示。

图 4-7-31

（28）选择原球体，在右侧底部“显示”标签下的层级中单击最右侧图标（将选择的物体放置于创建的层中）创建一个新层，双击该层打开层级设置，将层的名称改为 eyeout，将原球体放置于该层，如图 4-7-32 所示。

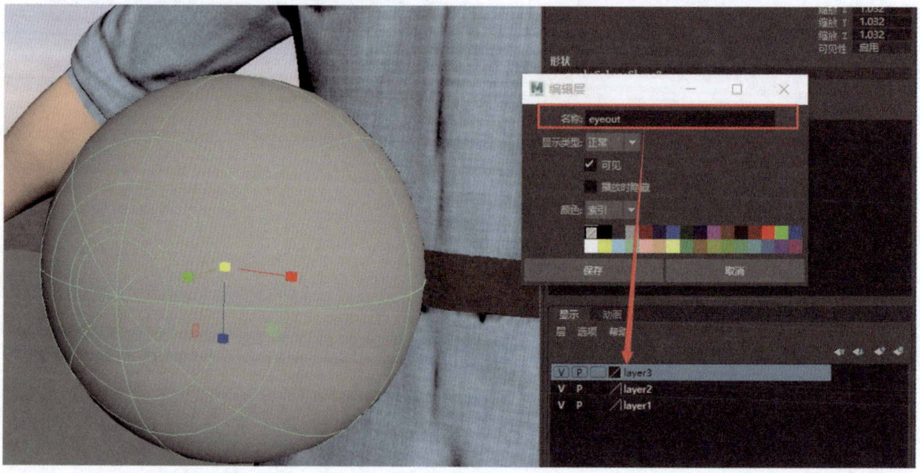

图 4-7-32

（29）单击 eyeout 层左侧的 V 字（编辑层的显示类型默认为显示，单击后 V 消失，图层为隐藏模式）隐藏层。

（30）对复制的球体进行编辑，进入“壳”编辑模式，选择中间区域的壳线向内进行拖拽，制作一个中间区域凹陷的球体。选择球体，单击“修改”→“转化”→“NURBS 到多边形”命令，打开转化设置窗口，设置类型为“四边形”，细分方法为“常规”，初始细分控制的 U 类型和 V 类型都选择“每个跨度的等参线数”，设置如图 4-7-33 所示。

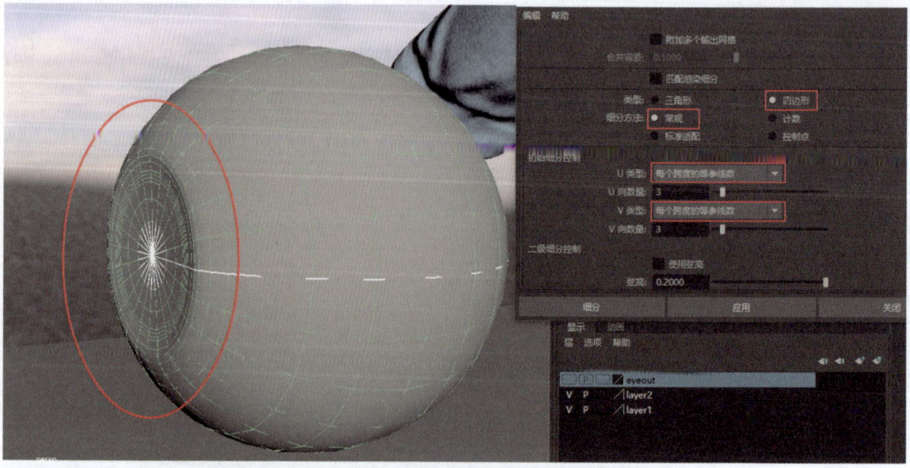

图 4-7-33

（31）将转化为多边形的圆球进行 UV 重建，将视图切换到前视图，打开 UV 编辑器，单击 UV 工具包“创建”卷展栏中的“基于摄像机”命令，如图 4-7-34 所示。

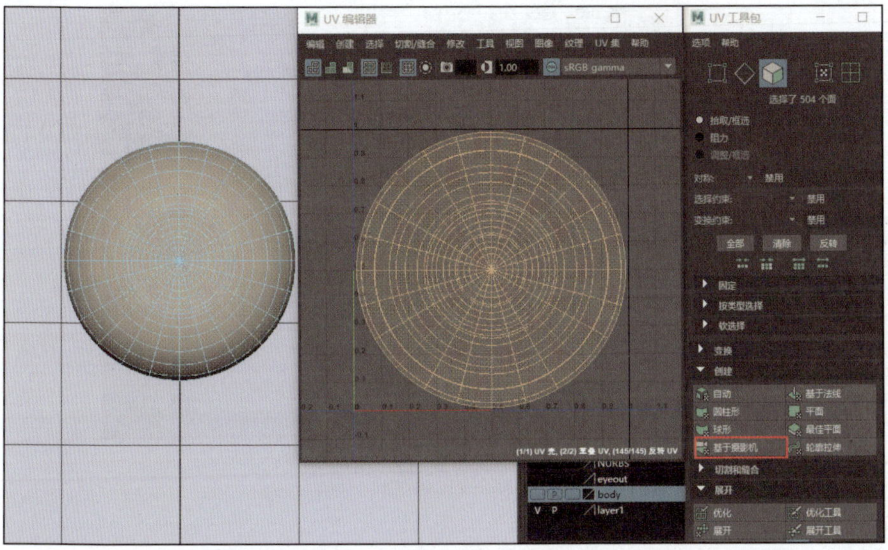

图 4-7-34

（32）选择圆球，进入线选择模式，选择圆球侧面的一圈循环边，执行 UV 工具包“切割和缝合”卷展栏里的“剪切”命令，如图 4-7-35 所示。

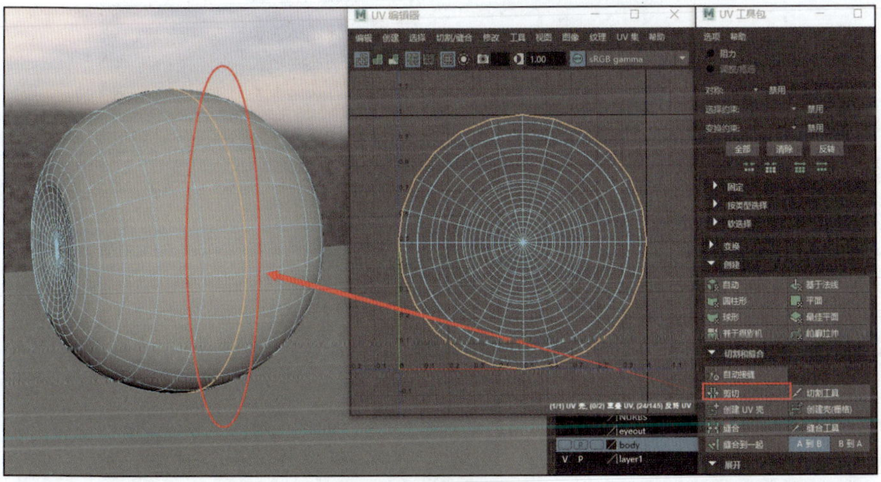

图 4-7-35

（33）单击 UV 工具箱“展开”卷展栏里的“展开”命令，将 UV 展开。单击“窗口”→“渲染编辑器”→ Hypershade 命令打开 Hypershade 窗口，创建一个 aiStandardSurface 材质球赋予球体，来制作眼珠材质。

（34）在 Photoshop 中打开准备好的眼睛贴图，复制一个图层，在图层栏里为其添加一个“亮度 / 对比度”层，调整其效果，如图 4-7-36 和图 4-7-37 所示。然后单击“滤镜”→“其它”→“高位反差”命令。

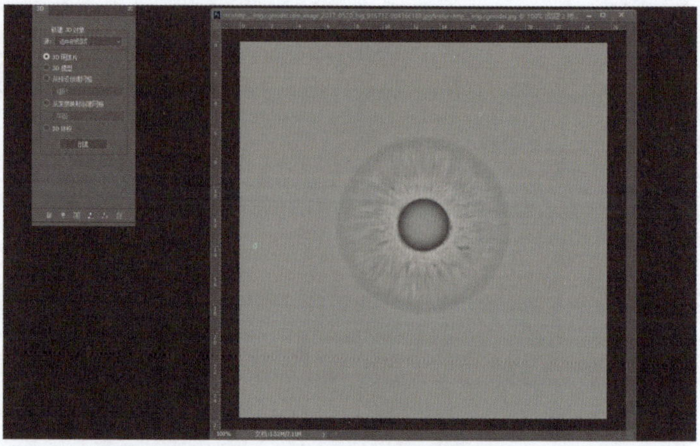

图 4-7-36

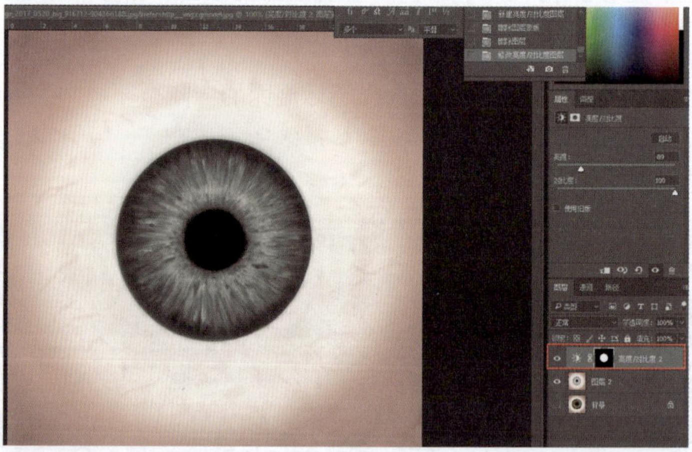

图 4-7-37

（35）单击“滤镜”→“3D”→“生成法线图”命令，如图 4-7-38 和图 4-7-39 所示。

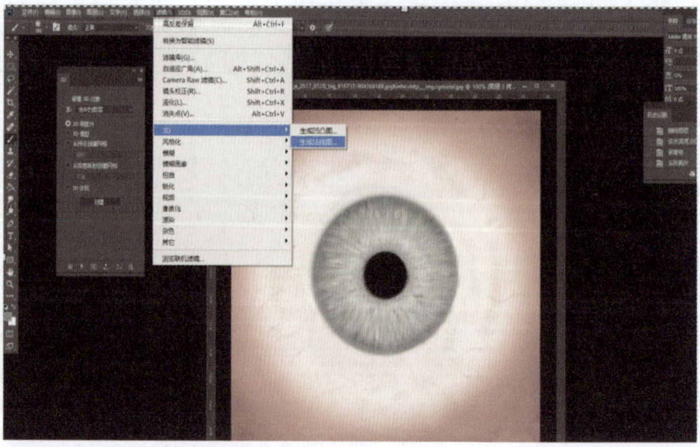

图 4-7-38

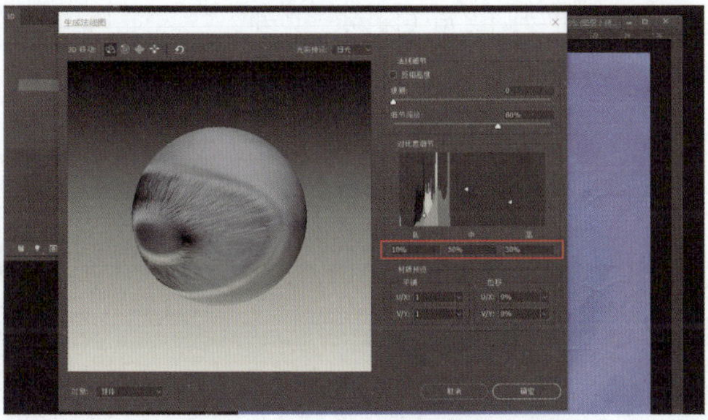

图 4-7-39

（36）回到 Maya，选择眼球材质，在属性栏里单击 Color 属性后面的棋盘格图标，在弹出的材质贴图窗口中选择“文件”纹理，打开文件纹理属性窗口，导入眼睛贴图，如图 4-7-40 所示。

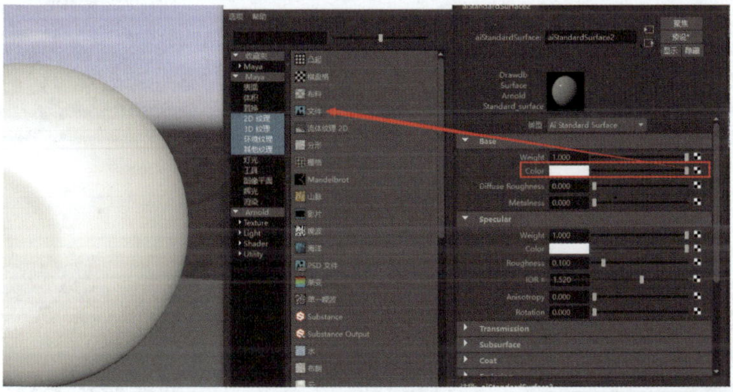

图 4-7-40

（37）在 UV 工具包中单击左上角的 UV 点模式，选择眼珠附近的 UV 点，对 UV 点进行调整，使贴图的黑眼球部分和模型黑眼珠部分匹配，如图 4-7-41 所示。

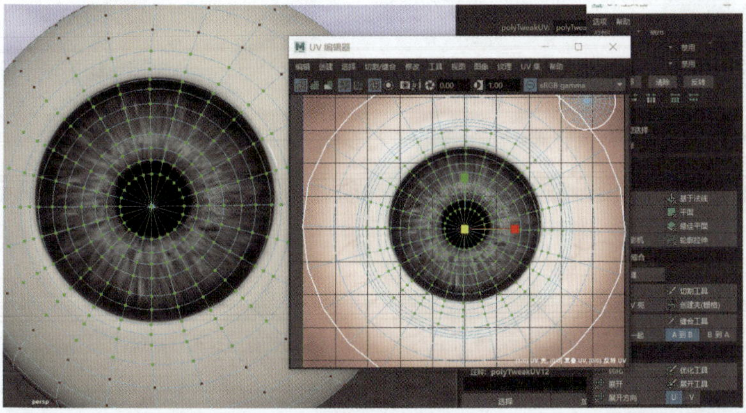

图 4-7-41

（38）在 Hypershade 操作视图窗口中，找到 aiStandardSurface 材质的出处节点 aiStandardSurface3SG，打开属性窗口，单击“置换材质”属性后面的棋盘格图标，为其添加一个“文件”纹理，在文件纹理中导入眼珠的法线纹理贴图，将置换属性里的比例调整为 0.03，如图 4-7-42 和图 4-7-43 所示。

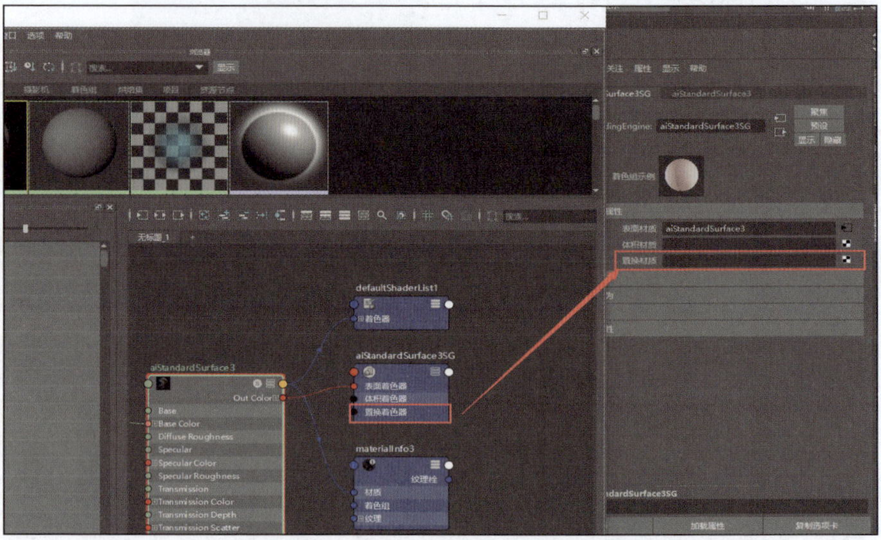

图 4-7-42

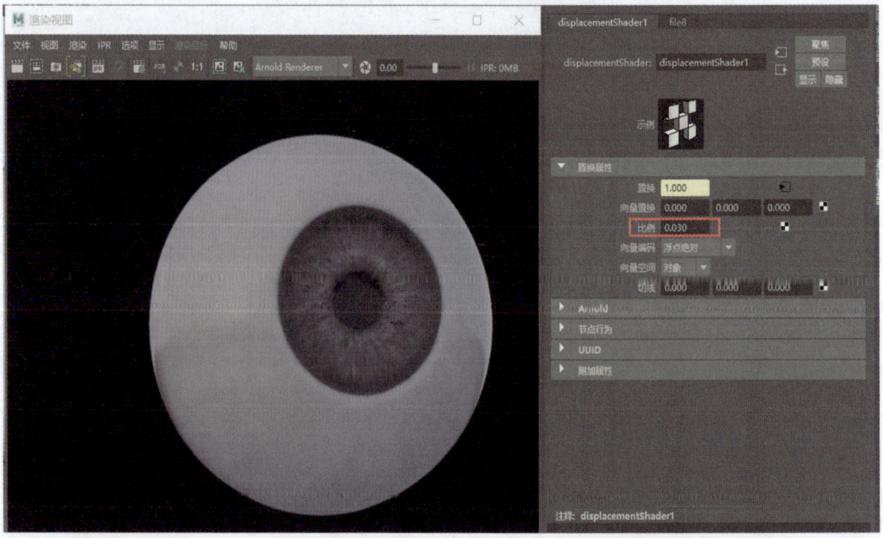

图 4-7-43

（39）单击 aiStandardSurface 材质 Specular 卷展栏下方 Color 属性后面的棋盘格图标，添加“文件”纹理，导入眼珠的高光贴图，效果如图 4-7-44 所示。

（40）切换到通道栏显示，在右侧通道栏下方的图层窗口，将 eyeout 图层左侧的 V 打开，显示眼球外侧薄膜，为薄膜添加 aiStandardSurface 材质，选择材质节点，在属性窗口中的 Transmission 卷展栏中将 Weight 设置为 1，同时在属性窗口的 unrbsSphereShape1 标签下面 Arnold 卷展栏中取消勾选 Opaque 复选框（物体不透明），如图 4-7-45 和图 4-7-46 所示。

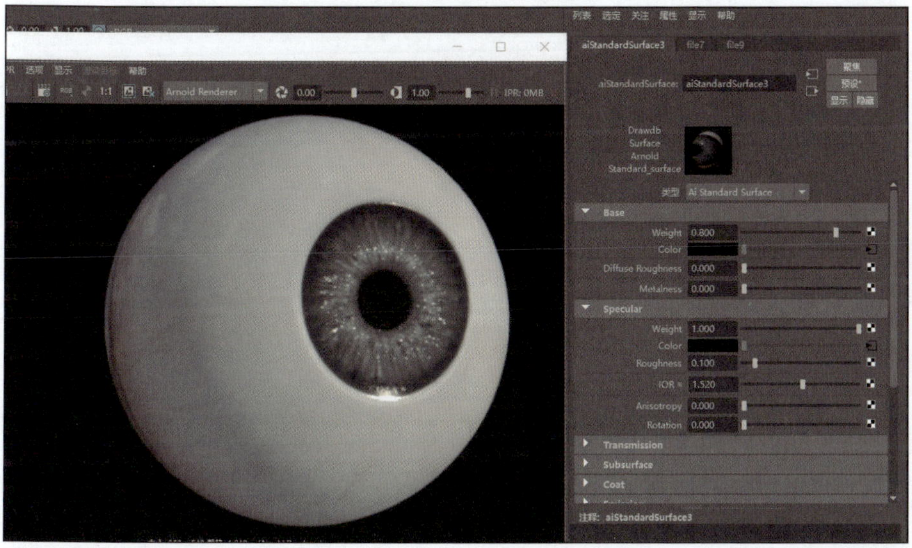

图 4-7-44

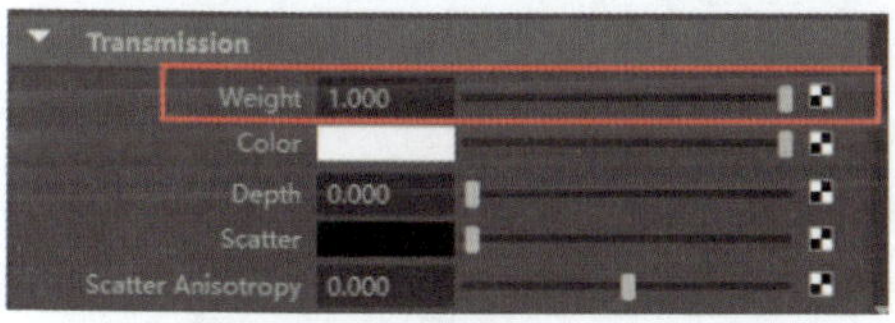

图 4-7-45

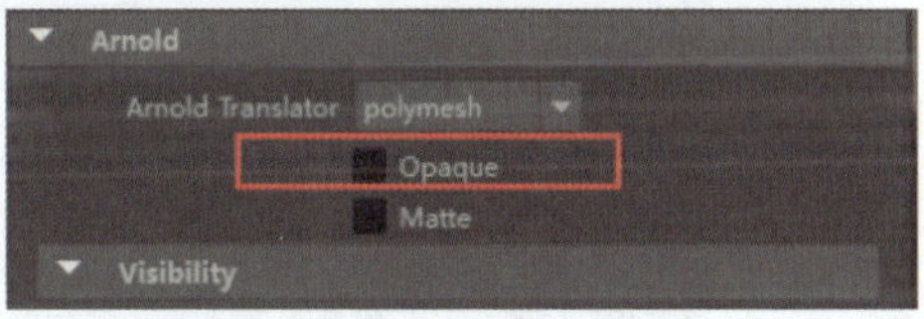

图 4-7-46

（41）将眼球放入模型眼部区域，调整位置，让眼皮能够包裹住眼睛，选择眼球模型，单击“编辑”→“分组”命令，将模型组成一个组，这个新创建组的中心在世界坐标原点位置，方便对其进行镜像复制。单击“编辑”→“特殊复制”命令后面的方块图标，打开特殊复制的设置窗口，将缩放 X 轴设置为 -1，单击“特殊复制”按钮，完成镜像复制，如图 4-7-47 至图 4-7-49 所示。

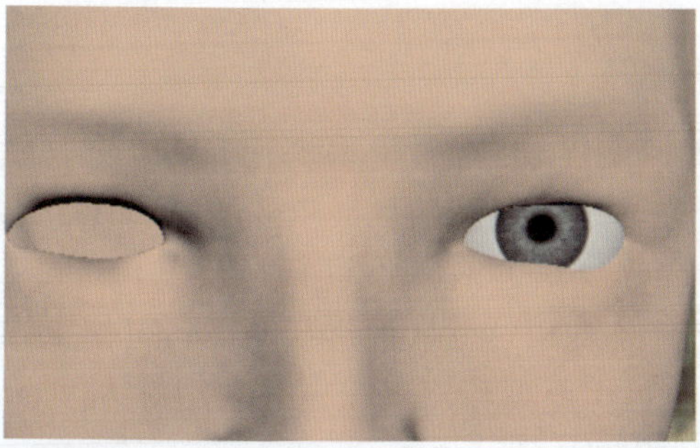
图 4-7-47

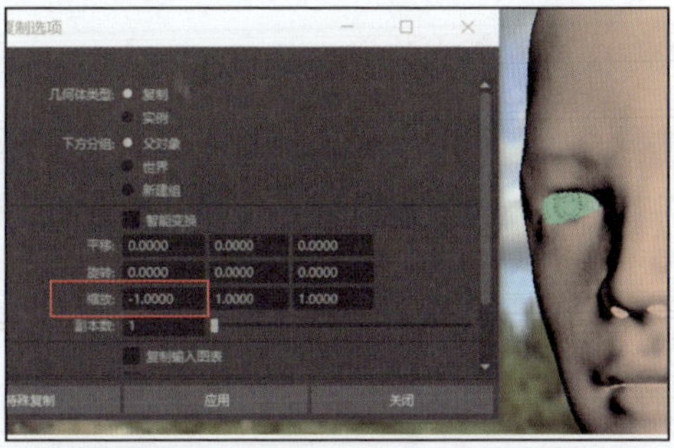

图 4-7-48

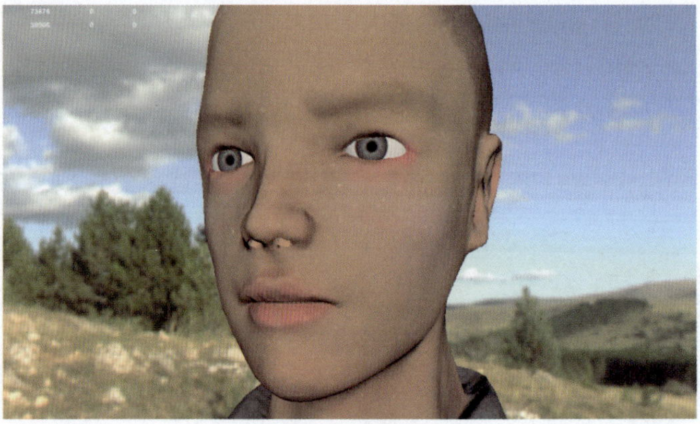

图 4-7-49

项目拓展

通过对红军角色以及配件材质的添加，学习了如何对多边形模型进行 UV 编辑和 Substance Painter 的使用方法，接下来请使用 Maya+ZBrush+Substance Painter 制作一个次世代角色模型，如图 4-7-50 所示。

图 4-7-50

思考与练习

通过对红军角色项目材质的添加，掌握如何使用 Maya 对模型进行 UV 编辑，只有将模型的 UV 展开后才能够对其进行贴图的制作，这是最基础且最重要的一个环节。编辑好 UV 后使用 Substance Painter 将高低模型进行烘焙并对模型进行材质贴图的绘制。Substance Painter 软件拥有非常强大的材质贴图库，使用这款软件进行贴图，可使工作效率有极大的提升。注意学习 Substance Painter 的工作原理和流程，充分利用好 Substance Painter 的材质库，举一反三，制作出精良的材质贴图。

项目 5

红军角色设置动画

项目导读

通过学习 Maya 骨骼搭建、关键帧动画、混合变形和布料解算来制作红军角色骨骼、吹号动画、表情动画和红旗飘动的效果，案例制作过程中会学到骨骼插件 AdvancedSkeleton 的应用方法、maya 关键帧动画的制作步骤、表情目标体制作、nCloth 布料的制作方法，在项目中让读者更加直观地了解 Maya 动画模块的制作过程。

教学目标

★掌握 nCloth 布料的使用方法。

★掌握 Maya 骨骼搭建和权重绘制常用命令的使用方法。

★掌握给角色进行动画制作的流程和命令的使用。

★学会使用混合变形为角色制作表情动画。

任务1 制作红旗动画

制作红旗动画

【任务描述】

运用 nCloth 布料命令为红旗模型制作飘动的动画效果。

【任务要求】

通过学习 nCloth 和变换约束命令，在制作红旗飘动动画中，掌握 nucleus 解算器和 nCloth 相关命令参数的调节方法。

【知识链接】

nCloth 是一个快速而稳定的动力学布料制作命令，它使用一系列链接的粒子来模拟各种动力学多边形曲面。使用 nCloth 命令可以模拟以下曲面：织物衣服、充气气球、破碎曲面以及可变形对象。

1. nCloth 命令与 nConstraint 命令

nCloth 命令与 nConstraint 命令分布于 FX 模块中，如图 5-1-1 所示。

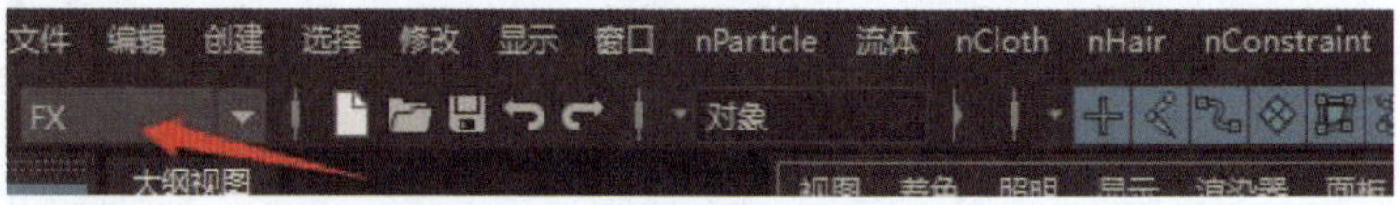

图 5-1-1

（1）nCloth。打开 nCloth 菜单栏命令，弹出命令列表，该列表中是进行布料解算的常用命令，包括创建、编辑、特性等命令，如图 5-1-2 所示。

（2）nConstraint。打开 nConstraint 菜单栏命令，弹出命令列表，该列表中是用来进行布料约束效果的常用命令，使用 nConstraint 可通过限制对象的移动或将其固定到其他对象调整 nucleus 对象（nCloth、nParticle、柔体和 nHair 对象）的行为，如图 5-1-3 所示。

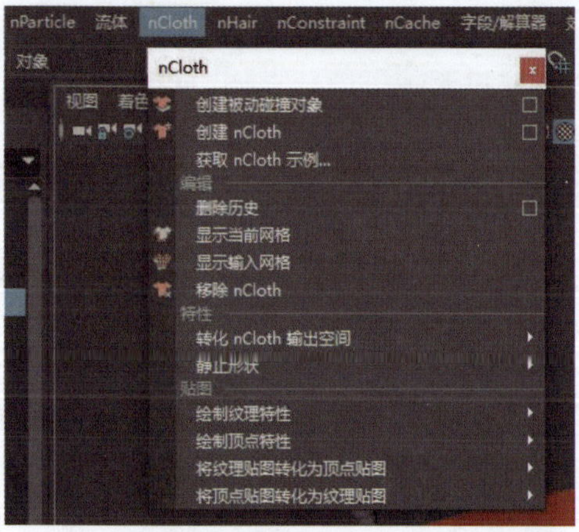

图 5-1-2

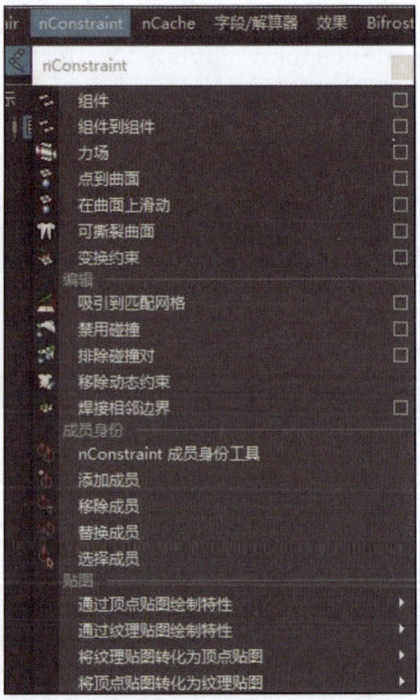

图 5-1-3

2. nucleus、nCloth 属性参数

（1）nucleus 属性参数。nucleus 节点是 Maya nucleus 对象的常规解算器节点，该对象包括 nCloth 和 nParticle。它包含用来控制力（重力和风）、地平面属性以及时间和比例属性的设置，这些设置应用于连接到特定 nucleus 解算器的所有 nucleus 对象节点。物体被创建为 nCloth 对象之后，在大纲视图中选择 nucleus 节点，打开通道盒面板，如图 5-1-4 和图 5-1-5 所示。接下来对其常用属性参数进行介绍。

- 开始帧（Start Frame）。用于指定该 Maya nucleus 解算器开始计算的帧。

- 重力（Gravity）。用于指定应用于解算器的重力大小。值为 0.0 时表示没有重力。默认值为 9.8，它模拟地球的重力。
- 重力方向（Gravity Direction）。指定重力适用的轴（X、Y 或 Z）。默认的 X、Y、Z 值分别是 0、-1 和 0，表示重力适用于 Y 轴，方向为朝下。
- 风速（Wind Speed）。用于指定应用于该 Maya nucleus 解算器的风速。风速确定风力和风的强度。较大的取值意味着快速的风速，在该风速下将具有更加明显的动画效果。其常用值在 0 到 1 之间。
- 风向（Wind Direction）。指定风移动（X、Y 或 Z 轴）的方向。默认值是（1，0，0），表示风沿 X 轴从左到右移动。

（2）nCloth 常用属性参数。物体被创建为 nCloth 对象之后，在大纲视图中选择 nCloth，如图 5-1-6 所示。接下来对其常用属性参数进行介绍。

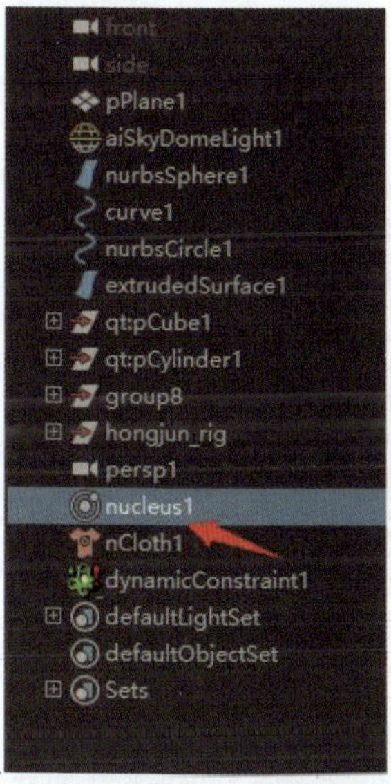

图 5-1-4

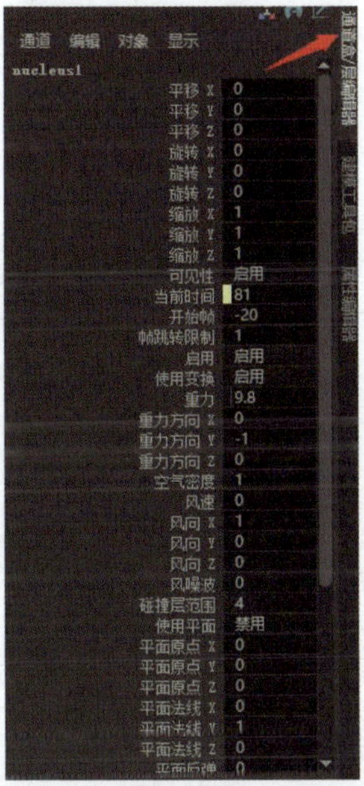

图 5-1-5

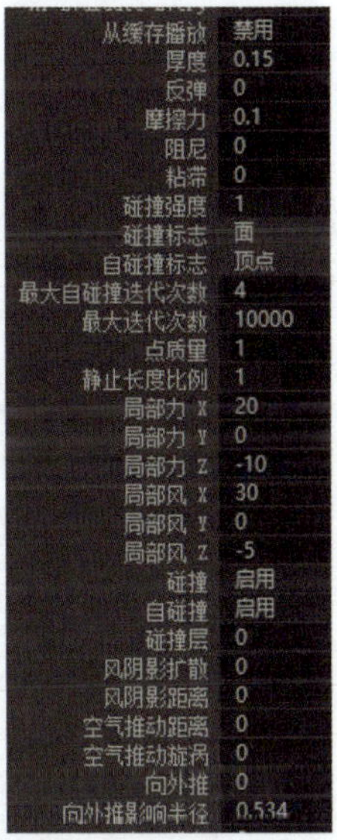

图 5-1-6

- 厚度。用于确定 nCloth 显示的厚度。例如，值为 0 时 会创建薄 nCloth 对象（如丝绸），而值为 1 时 会创建厚 nCloth 对象（如油毡）。
- 反弹（Bounce）。可增大或减小 nCloth 对象的反弹度或它在碰撞时的转向量。
- 摩擦力（Friction）。可增大或减少碰撞时 nCloth 对象抵制相对运动的量。
- 阻尼（Damp）。指定减慢当前 nCloth 对象的运动的量。通过消耗能量，阻尼会逐渐减弱 nCloth 对象的移动和振动。
- 粘滞（Stickiness）。可增大或减小碰撞时 nCloth 对象粘滞到其他对象的趋势。
- 局部力（Local Force）。按指定的量和方向将与 nucleus 的重力类似的力应用到 nCloth 对象。该力是局部应用的，且不影响指定给相同解算器的其他 nucleus 对象。

- 局部风（Local Wind）。按指定的量和方向将与 nucleus 风类似的力应用到 nCloth 对象。该风是局部应用的，且不影响指定给相同解算器的其他 nucleus 对象。

【任务实施】

红旗飘动动画制作

1. 红旗 nCloth 对象的创建

（1）将菜单栏切换到 FX 模块，选择红旗模型，执行 nCloth →“创建 nCloth”命令，如图 5-1-7 和图 5-1-8 所示。

图 5-1-7

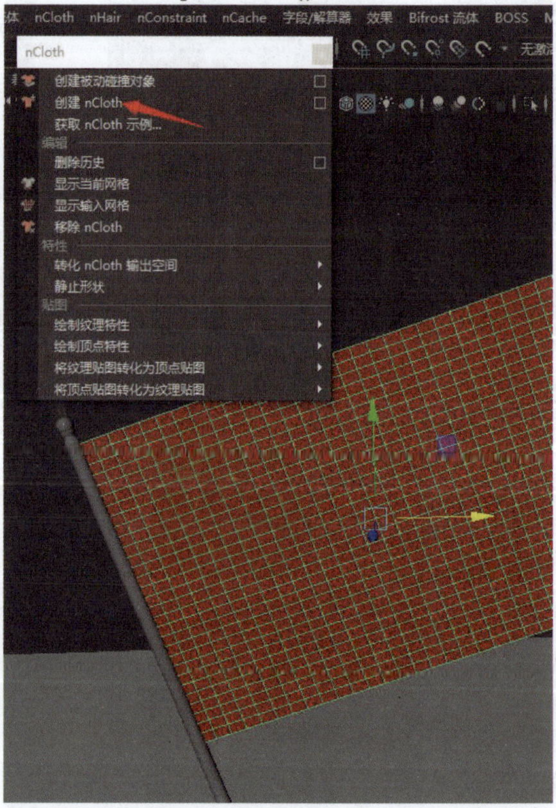

图 5-1-8

（2）选择红旗模型最左侧的顶点，执行 nConstraint →“变换约束”命令，将红旗固定在旗杆上面，如图 5-1-9 所示。

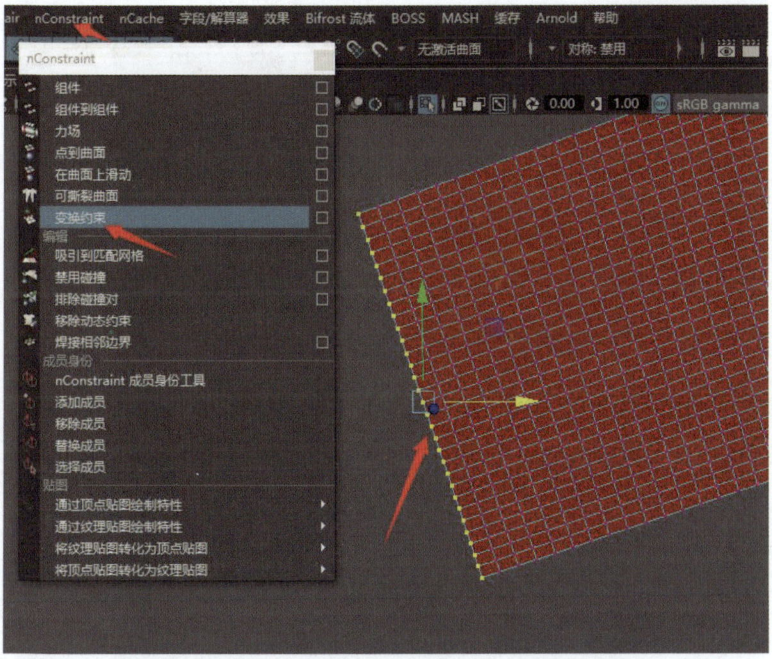

图 5-1-9

（3）因为布料解算需要时间进行运算，将时间滑块的开始帧调整到 -20 帧（图 5-1-10），结束帧为 100 帧。在大纲视图中选择 nucleus 节点，将“开始帧”修改为 -20（图 5-1-11），这样等时间到达 0 帧时布料的形态即可完成。

图 5-1-10

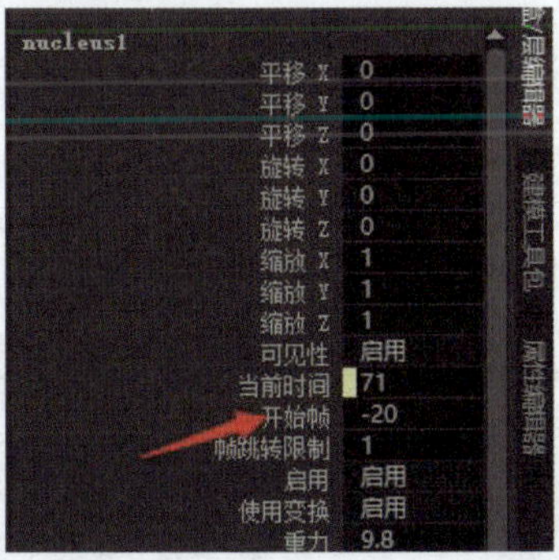

图 5-1-11

（4）若运算后效果不佳，可选择 nCloth 节点，调整局部力、局部风属性参数，如图 5-1-12 所示。

图 5-1-12

（5）将时间滑条的播放速度调整为 24 帧 / 秒（5-1-13），播放得到的最终动画效果，如图 5-1-14 所示。

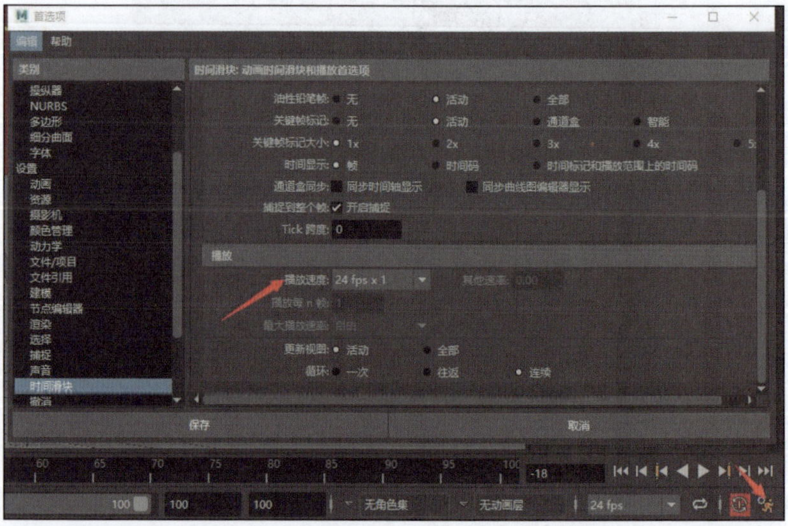

图 5-1-13

2. 红旗缓存文件的创建

为了减少 Maya 在播放 nCloth 对象效果的场景时的计算量，需要为红旗 nCloth 物体创建缓存文件，当制作红军角色动画时可以直接将设定好的红旗动画缓存文件导入场景，这样在播放动画的时候场景内的布料动画就不会占用 Maya 的运算，效果流畅。

图 5-1-14

（1）选择红旗模型，切换到 FX 模块，执行“缓存”→“Alembic 缓存”→“将当前选择导出到 Alembic...”命令，使用默认参数即可，如图 5-1-15 所示。

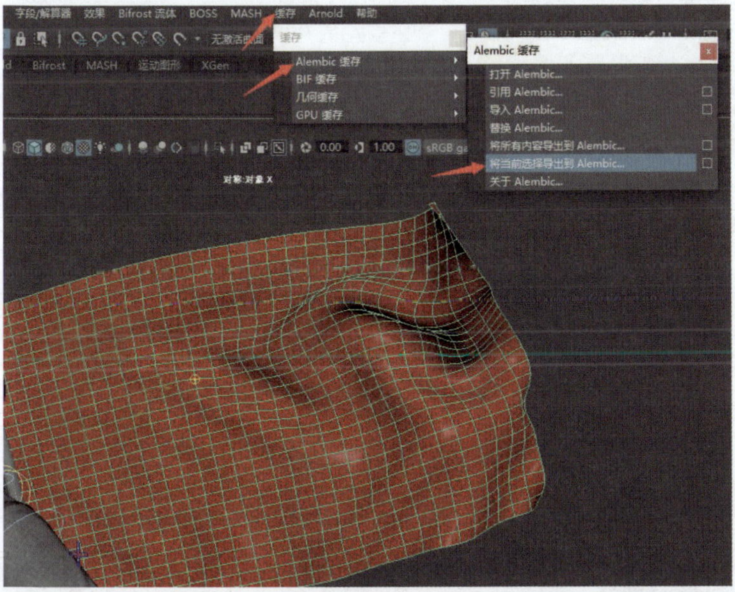

图 5-1-15

（2）选择缓存文件保存的路径并对文件进行命名，如图 5-1-16 所示。

（3）得到缓存文件（图 5-1-17）后，在接下来的红军角色动画案例中将演示如何导入缓存文件。

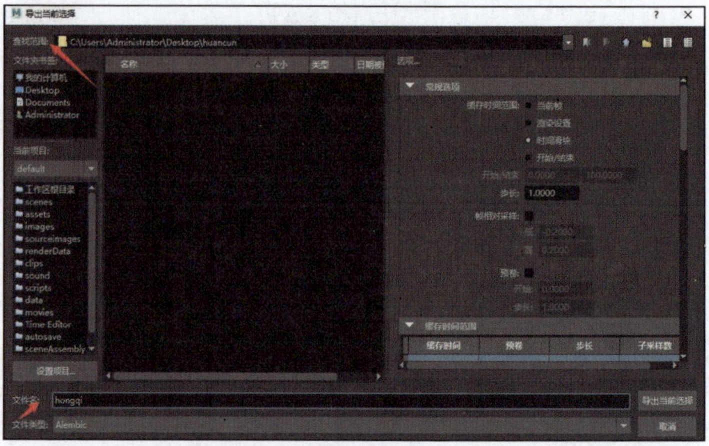

图 5-1-16

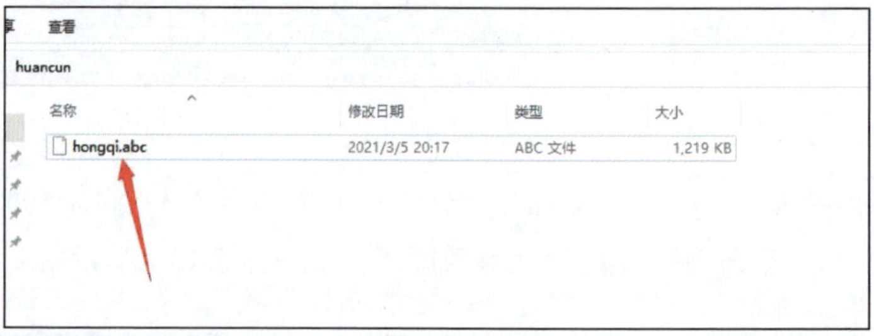

图 5-1-17

项目拓展

通过制作红旗的飘动动画的练习，可掌握 nCloth 布料命令的使用方法，接下来请利用该命令进行拓展练习，制作如图 5-1-18 所示的旗帜飘扬动画。

图 5-1-18

思考与练习

掌握布料解算的关键是对不同材质布料参数的正确调节，这需要通过大量的练习来打好基础，本任务的课后练习是利用本案例所学知识点制作衣服飘动的效果，如图 5-1-19 所示。

图 5-1-19

任务2 对红军角色创建骨骼

对红军角色创建骨骼

【任务描述】

根据红军角色模型，使用骨骼插件 AdvancedSkeleton 为角色制作骨骼。

【任务要求】

通过骨骼插件 AdvancedSkeleton，根据角色模型的比例创建合适的骨骼，将骨骼与模型的关节位置进行正确匹配。

【知识链接】

在 Maya 软件中如果需要给某个人物角色制作动画，就一定要给这个角色制作一套骨骼系统，Maya 软件为用户准备了一套完整的搭建骨骼的命令组，当然目前许多一线制作公司为了提高工作效率也会大量地运用一些成熟的骨骼插件来制作骨骼。接下来将详细讲解 Maya 骨架菜单栏中的常用命令和骨骼插件 AdvancedSkeleton。

Maya 骨架菜单栏命令

1. 创建关节

在装备模块下，选择“骨架”菜单栏中的“创建关节”命令，然后在操作视图中可以通过单击创建骨骼，具体来说，可单击鼠标中键并拖动来移动之前放置的关节，再次单击下一个位置可创建出关节链，按回车键完成关节链的创建，如图 5-2-1 和图 5-2-2 所示。

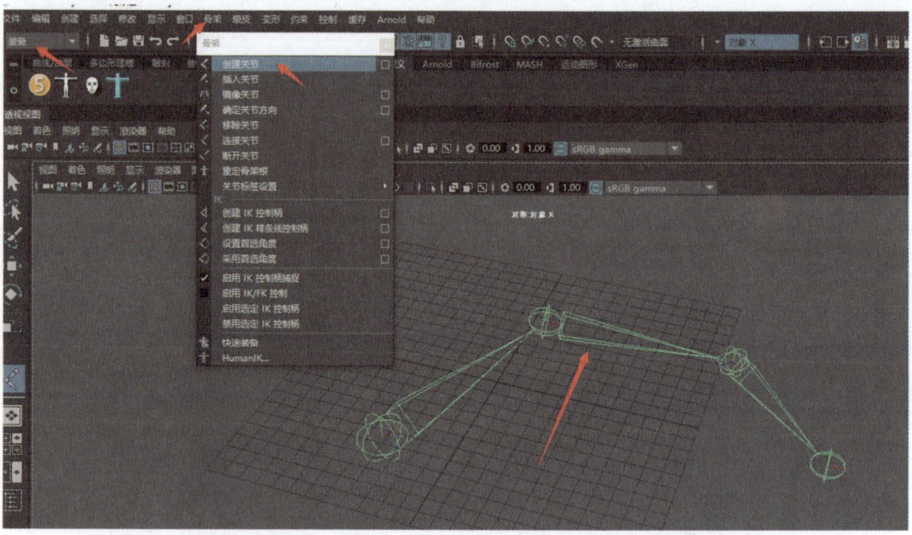

图 5-2-1

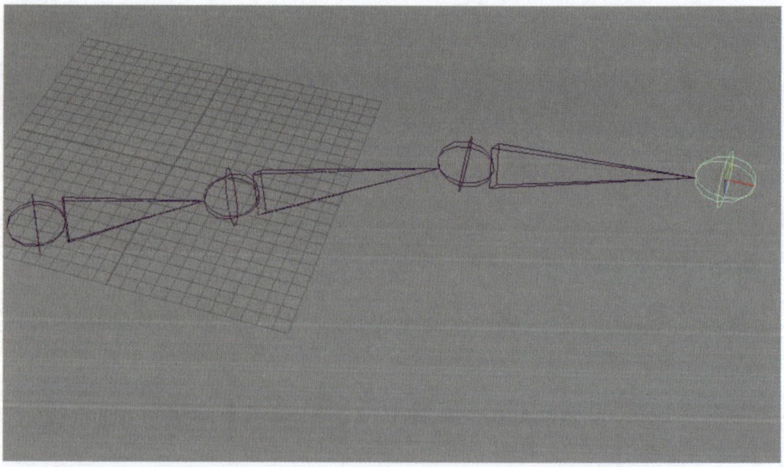

图 5-2-2

2. 插入关节

使用“插入关节”命令将关节插入创建好的关节链中，需单击要插入关节链的父骨骼或者子骨骼，然后将其拖动到要放置新关节的位置，如图 5-2-3 所示。

3. 镜像关节

“镜像关节”命令可将关节链镜像到被选定的平面。首先选择关节链的父关节，然后单击“镜像关节”命令打开“镜像关节选项”窗口，可根据需求对命令参数进行调节，如图 5-2-4 和图 5-2-5 所示。

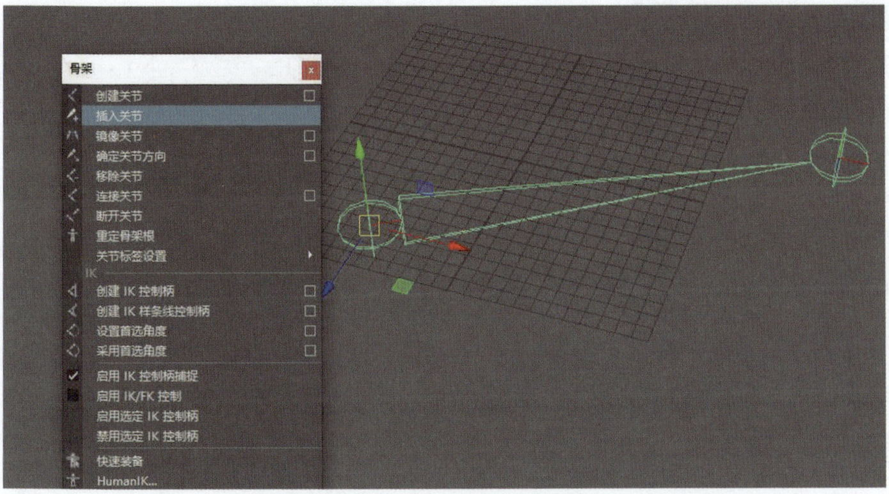

图 5-2-3

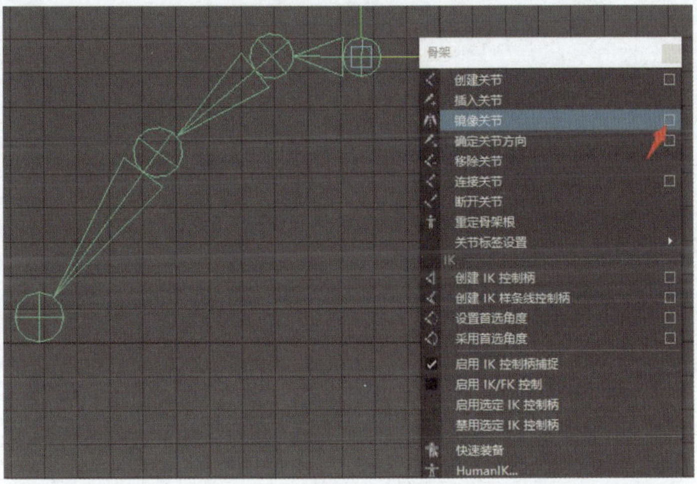

图 5-2-4

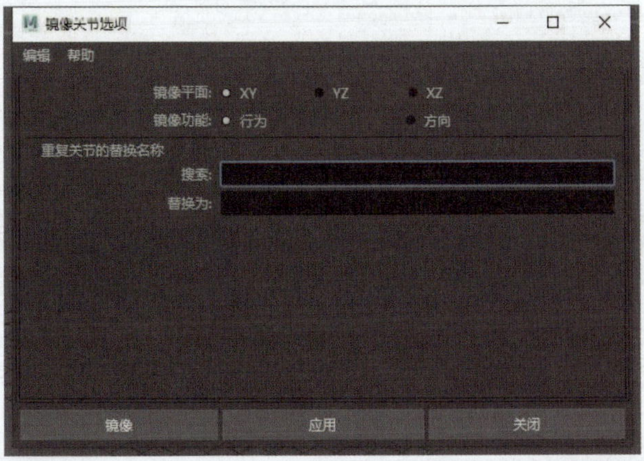

图 5-2-5

“镜像关节选项”中包含的主要命令参数如下：

- 镜像平面：用于选择镜像骨骼轴向，镜像轴有 3 个，分别为 XY、YZ、XZ 方向。两个轴向组成切面镜像分界面。例如，在正视图建立一段骨骼，从面对着显示器的角度出发，Y 轴指向上方，X 轴指向右侧，Z 轴指向前方，当选择 YZ 轴镜像时，YZ 轴组成分界面将视窗分成两侧。
- 镜像功能：以镜像的方式复制骨骼的方向。
- 行为：镜像后的关节将具有与原始对象相反的方向。
- 方向：镜像后的关节将具有与原始关节相同的方向。
- 搜索：用于指定待替换镜像后关节链中关节的名称标识符。
- 替换为：用于替换“搜索”字段中指定的镜像后关节名称标识符的名称字段。

“镜像关节”命令使用前和使用后的效果分别如图 5-2-6 和图 5-2-7 所示。

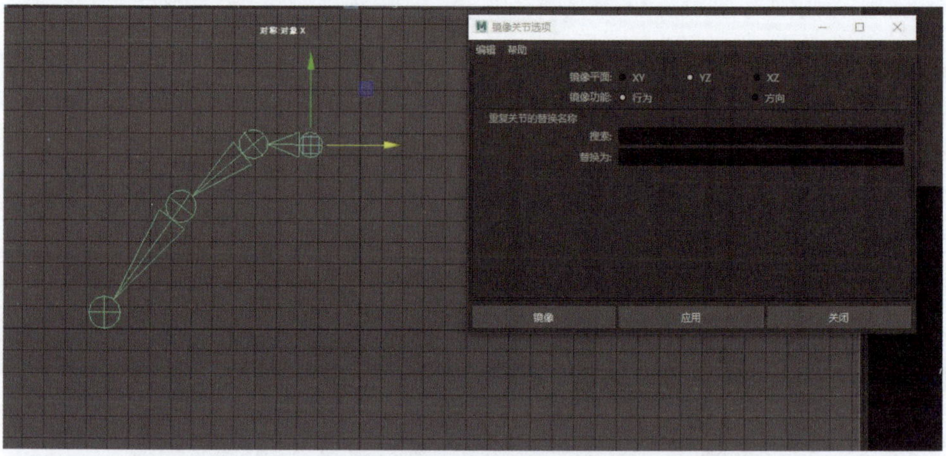

图 5-2-6

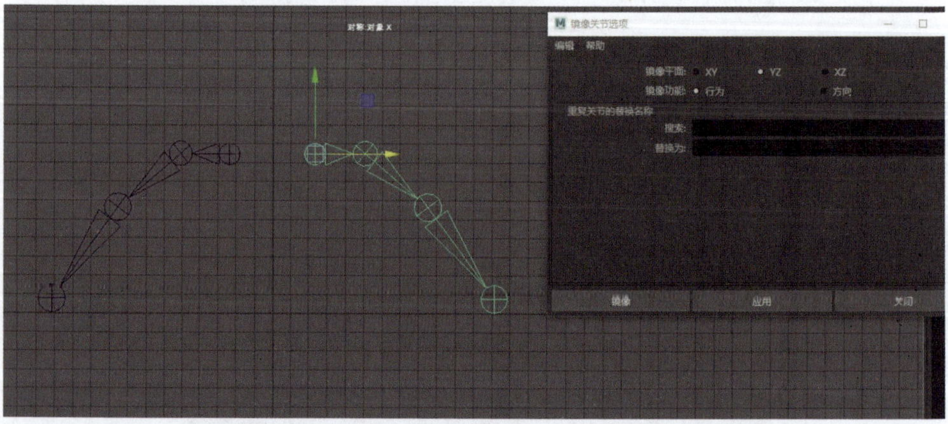

图 5-2-7

4. 确定关节方向

选择“确定关节方向”命令可改变关节轴向类型，如图 5-2-8 所示。其包含的主要命令参数（图 5-2-9）如下：

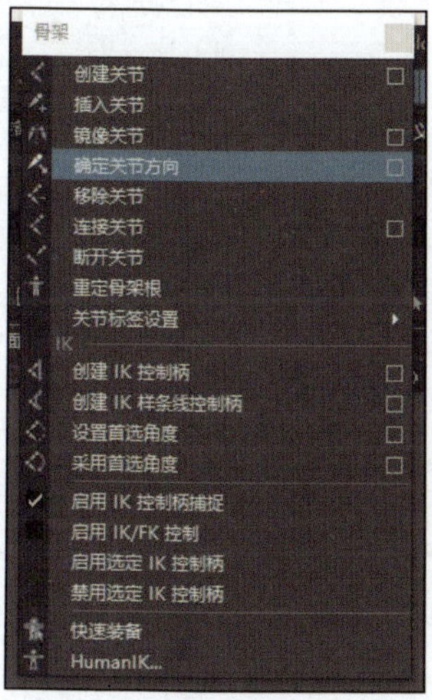

图 5-2-8

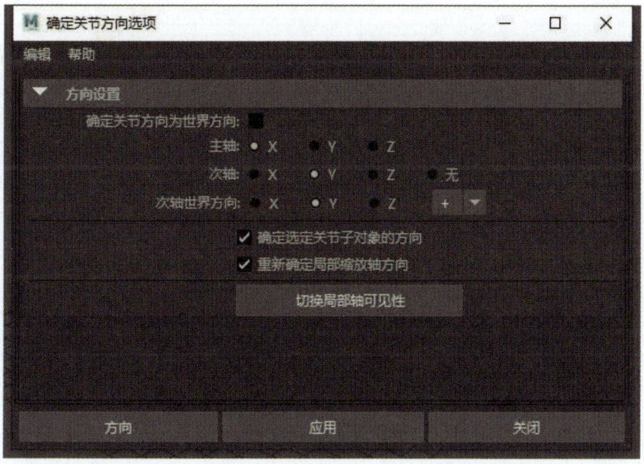

图 5-2-9

- 主轴：用于为关节指定主局部轴，即指向从此关节延伸向下的骨骼的轴。
- 次轴：用于指定用作关节的次方向的局部轴。
- 次轴世界方向：用于设定次轴的方向（正或负）。
- 确定选定关节子对象的方向：启用时，此命令将影响骨架层次中当前关节下的所有关节。
- 重新确定局部缩放轴方向：启用时，当前关节的局部缩放轴也重新确定方向。

5. 创建 IK 控制柄

此命令用于为骨骼创建反向动力学手柄，具体命令所在位置如图 5-2-10 所示。

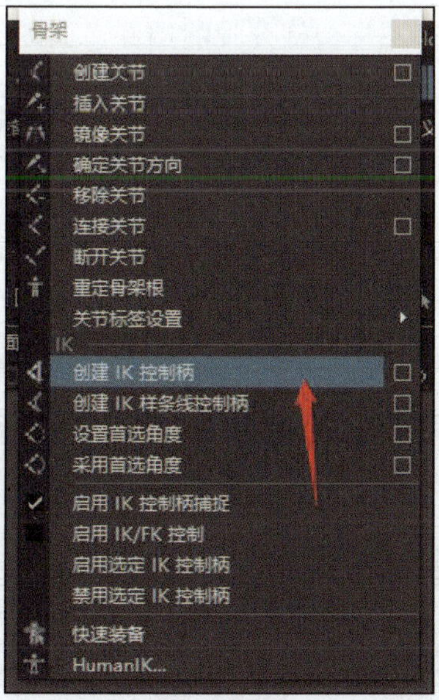

图 5-2-10

此命令的具体操作方法：首先单击要用作 IK 控制柄起始关节的关节，其次单击要用作 IK 控制柄末关节的关节，此时可以看到 IK 控制柄显示在关节链上，连接所选的起始关节和末关节，如图 5-2-11 所示。

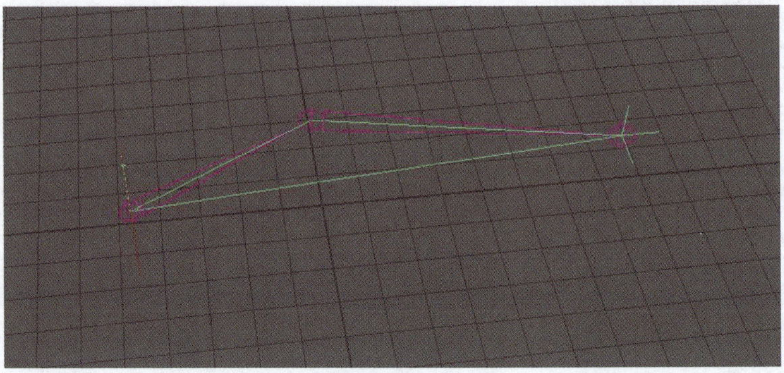

图 5-2-11

【任务实施】

在本实例中使用骨骼插件 AdvancedSkeleton 来为角色搭建骨骼，这套骨骼插件是目前很多一线影视动画制作公司常用的工具，其操作简单，能够为项目的骨骼制作带来效率的大幅提升。

为红军角色创建骨骼

（1）安装骨骼插件 AdvancedSkeleton，复制插件文件夹并粘贴到“C:\Program Files\Autodesk\Maya2018\scripts”中（Maya 安装到了系统 C 盘），将 install.mel 文件直接拖入 Maya 中，工具栏会出现如图 5-2-12 所示的图标，表示安装成功。

（2）单击第一个“5”数字图标，打开骨骼插件，如图 5-2-13 所示。

图 5-2-12

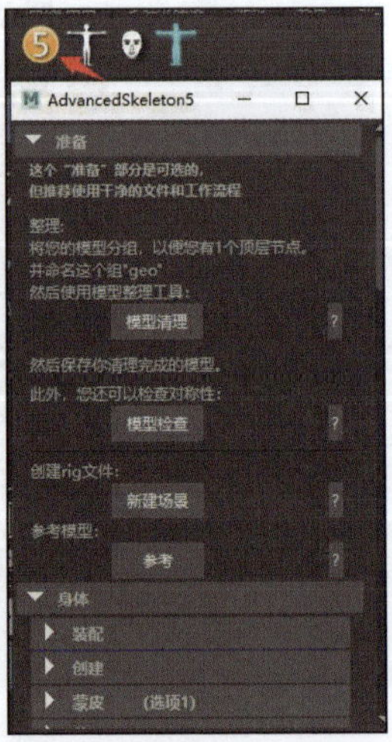

图 5-2-13

（3）选择“身体”→“装配”命令，在“装配骨骼”下选择 biped.ma，单击“导入”按钮，如图 5-2-14 所示。

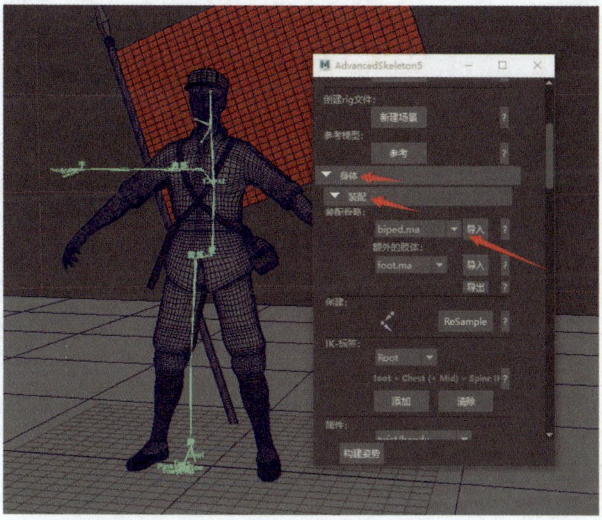

图 5-2-14

（4）此时发现骨骼与模型关节位置不匹配，需要通过移动和旋转骨骼，将其匹配到正确的位置。

（5）调节骨骼位置的过程中应优先把重心骨骼 Root 调整好，其余的骨骼依据根关节到子关节的顺序进行调整，其顺序为：重心骨骼—腰部骨骼—胸腔骨骼—颈部骨骼—头部骨骼、锁骨—大臂—肘部—手腕—手指、大腿—膝关节—踝关节—脚掌。

（6）上半身骨骼调整位置如图 5-2-15 和图 5-2-16 所示。

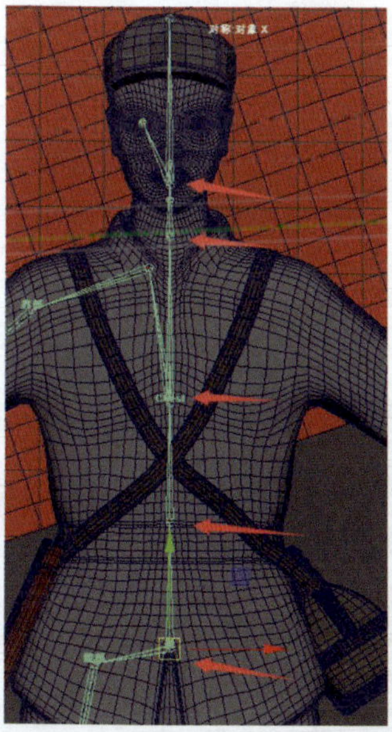

图 5-2-15

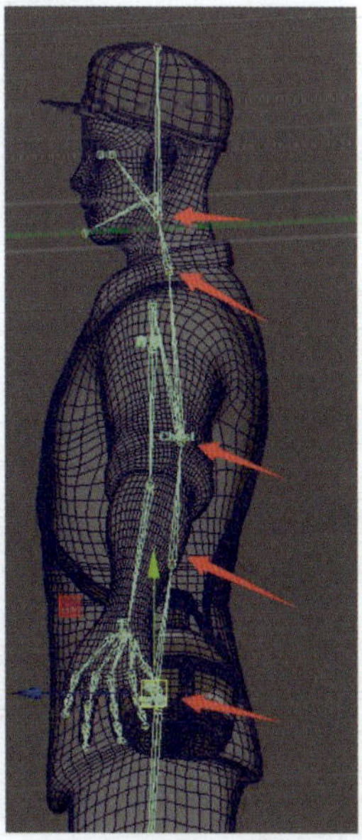

图 5-2-16

（7）右侧手臂骨骼调整位置如图 5-2-17 所示。

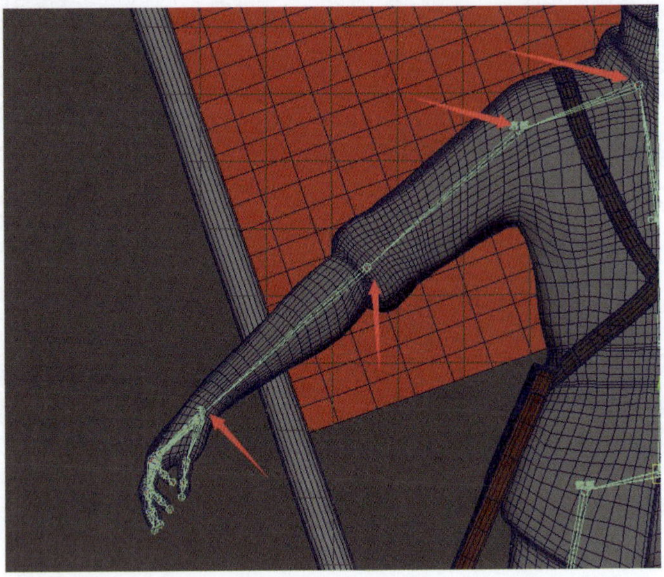

图 5-2-17

（8）调整右侧手指骨骼时要注意骨骼自身的旋转方向轴要和手指弯曲的方向一致，如图 5-2-18 和图 5-2-19 所示。

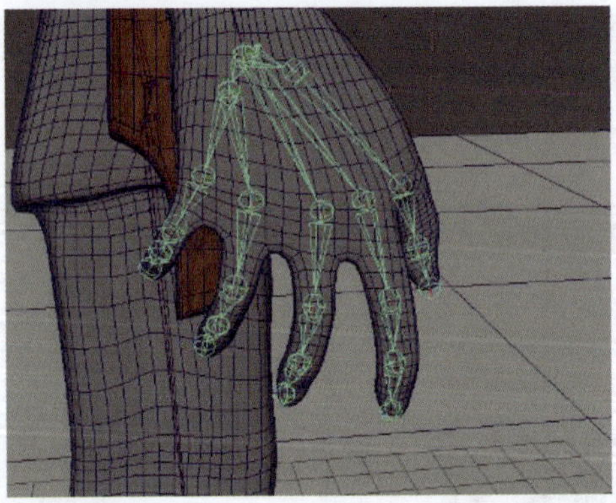

图 5-2-18

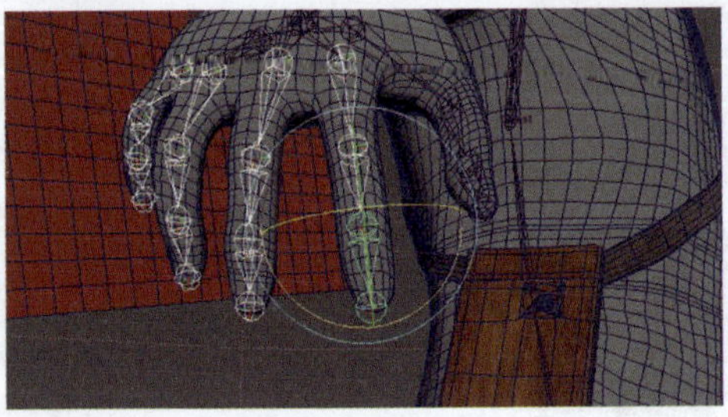

图 5-2-19

（9）腿部骨骼调整位置如图 5-2-20 和图 5-2-21 所示。

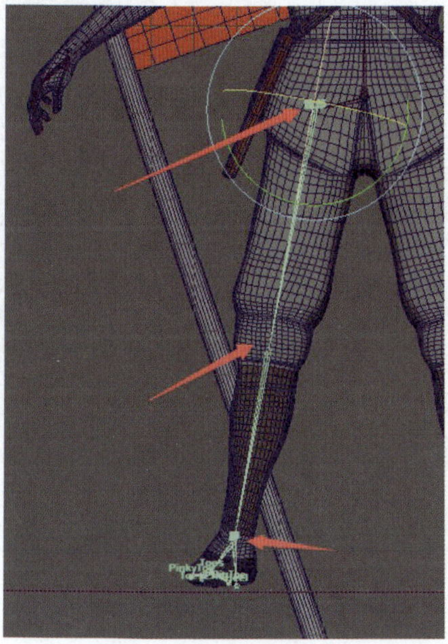

图 5-2-20

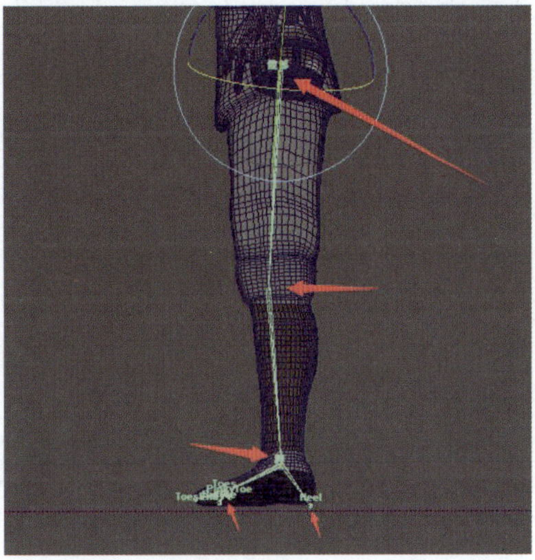

图 5-2-21

（10）通过位移和旋转调整骨骼到正确的模型位置，如图 5-2-22 所示。

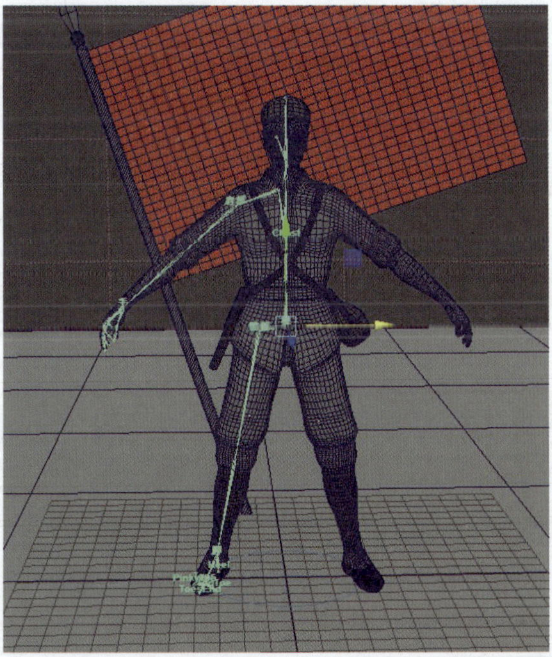

图 5-2-22

（11）将骨骼 Root、Spinel、Neck 通道栏参数 Inbetween Joints 的数值修改为 0（图 5-2-23 以 Root 骨骼为例），骨骼 Hip 通道栏参数 Twist Joints 的数值修改为 0，如图 5-2-24 所示。

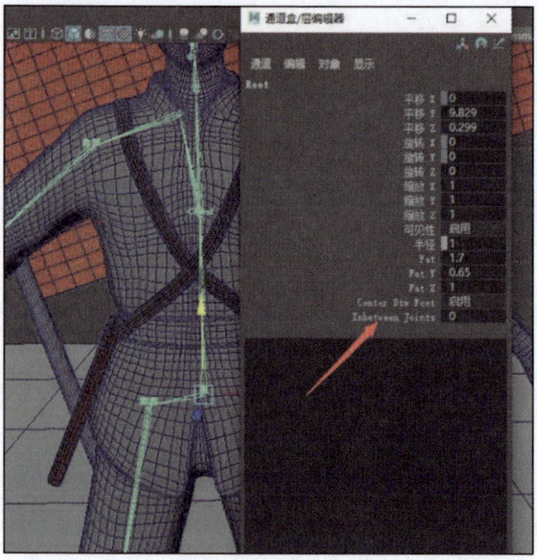

图 5-2-23

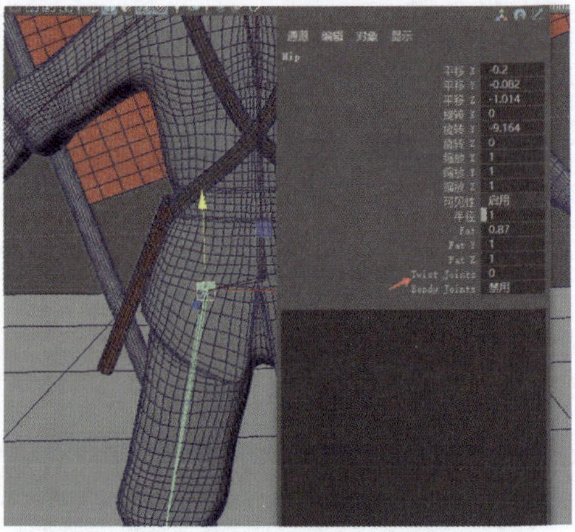

图 5-2-24

（12）选择 Root 骨骼，执行“身体”→“创建”→ Build AdvancedSkeleton 命令，生成骨骼装配控制器，如图 5-2-25 所示。

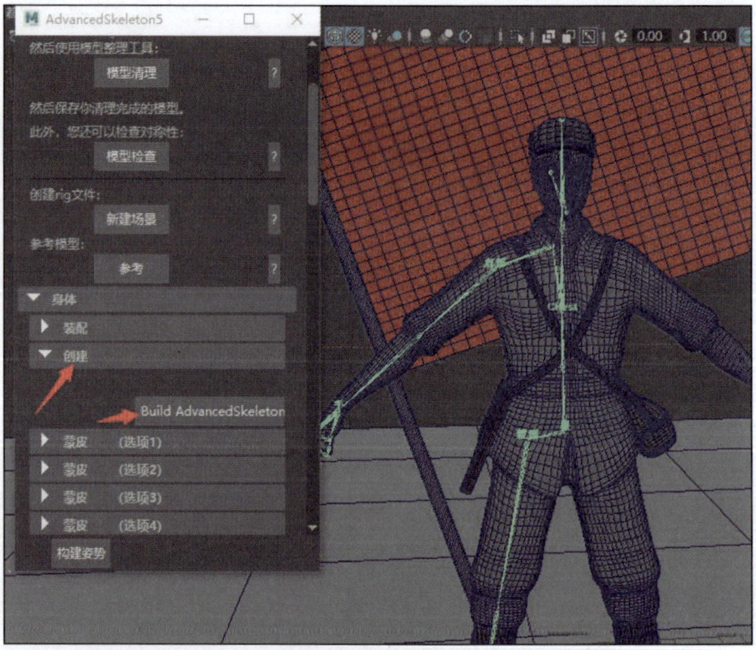

图 5-2-25

（13）检查控制器形态大小，若控制器太小而被模型遮挡，则选择相应的控制器调节其大小，如图 5-2-26 所示。

（14）若旋转控制器后发现骨骼动模型不动（图 5-2-27），其原因是骨骼和模型没有建立蒙皮的关系，关于蒙版的操作将在下个任务中进行讲解。

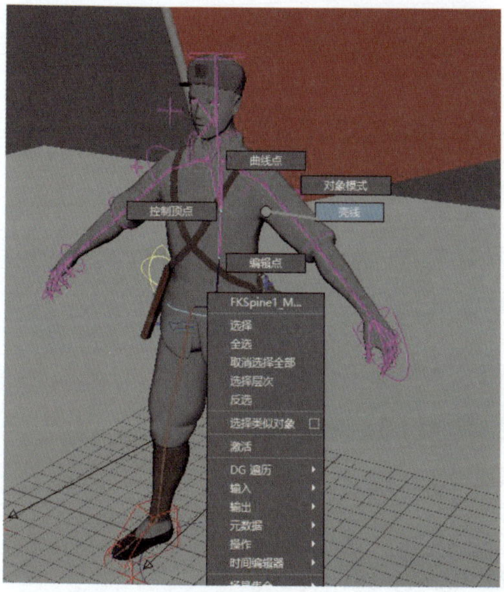

图 5-2-26

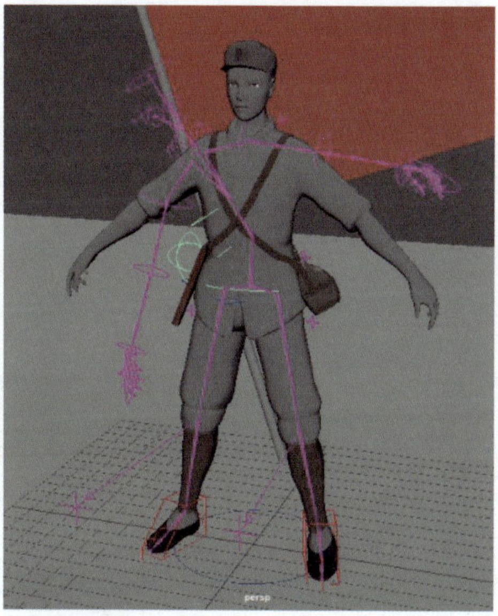

图 5-2-27

项目拓展

通过为红军角色创建骨骼的练习，可学习到如何安装骨骼插件 AdvancedSkeleton 以及创建骨骼的方法，尝试运用骨骼插件制作恐龙和四足类动物的骨骼。

思考与练习

在这个实例中学习了使用插件创建骨骼，只要能够掌握插件工具的用法和命令，再经过大量的练习，就可以制作出各种人物及其他动物的骨骼。

任务3 对红军角色进行蒙皮和权重的绘制

红军角色蒙皮和权重的绘制

【任务描述】

为搭建好骨骼和控制器的红军角色进行蒙皮和权重的绘制。

【任务要求】

学会使用绑定蒙皮和绘制蒙皮权重命令。通过实例制作熟悉权重绘制的技巧。

【知识链接】

1. 蒙皮概念

蒙皮是将可变形对象绑定到骨架的过程。通常，可变形对象是 NURBS 或多边形曲面。这些几何体对象会变成角色的曲面或蒙皮，且其形状会受骨架关节的动作所影响。

2. 蒙皮命令

蒙皮命令分布于“装备”模块中，如图 5-3-1 和图 5-3-2 所示。接下来对实际应用中常使用的命令进行介绍。

图 5-3-1

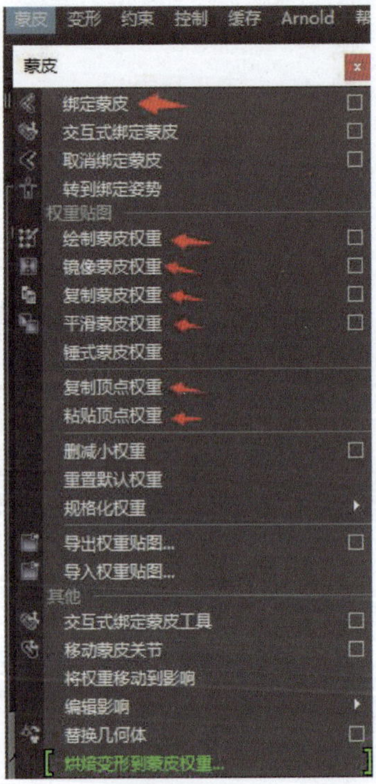

图 5-3-2

（1）绑定蒙皮。此命令用于将骨骼和模型进行关联控制，方法是选择一个或多个可变形对象，然后选择骨架的根关节或肢体的父关节，再执行此命令。

（2）绘制蒙皮权重。使用“绘制蒙皮权重”命令可以在当前平滑蒙皮上设置权重强度值。其参数介绍如下：

1）“影响”列表。列表中显示的是对当前所选模型有影响的骨骼，如图 5-3-3 所示。

2）影响锁定图标。用于在绘制时锁定和解除锁定接收权重的每个影响，其锁定和解除锁定状态通过单击来进行切换，如图 5-3-4 所示。

图 5-3-3

3）绘制操作。绘制操作，共有 4 种方式：替换、添加、缩放、平滑，如图 5-3-5 所示。

替换：选中该选项后，笔刷笔划将使用为笔刷设定的权重替换蒙皮权重。

添加：选中该选项后，笔刷笔划将增大附近关节的影响。

缩放：选中该选项后，笔刷笔划将减小远处关节的影响。

平滑：选中该选项后，笔刷笔划将平滑关节的影响。

图 5-3-4

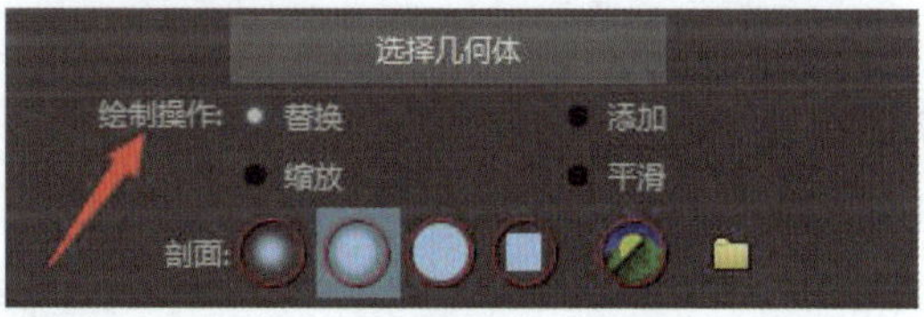

图 5-3-5

4）值。用于设定笔刷笔划应用的权重值，同时按住 N 键和鼠标左键并左右滑动可调节值的大小，如图 5-3-6 所示。

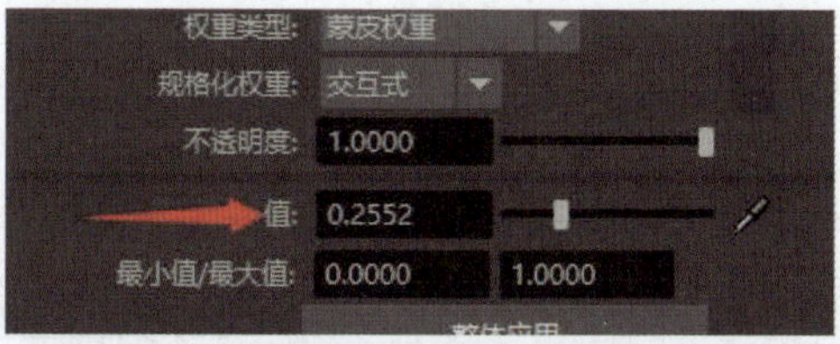

图 5-3-6

5）半径。此参数在“笔划”卷展栏中，用于在权重绘制时控制操作影响的范围，如图 5-3-7 所示。

（3）镜像蒙皮权重。此命令可将刷好权重的物体一侧的正确蒙皮信息镜像到另一侧，以提高工作效率。

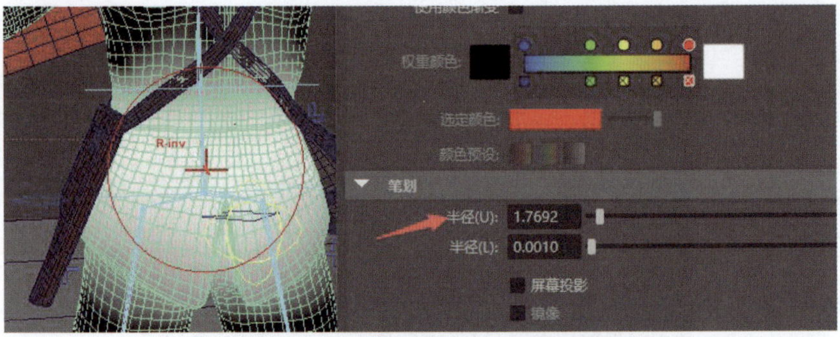

图 5-3-7

（4）复制蒙皮权重。此命令可将选定物体蒙皮的蒙皮权重复制到选定目标蒙皮。

（5）平滑蒙皮权重。此命令可以平滑选定蒙皮对象的蒙皮权重，比如选择点进行平滑蒙皮，会根据周边点的权重值大小对该点进行一个平滑权重处理。

（6）复制顶点权重。此命令用于复制选定顶点的权重值。

（7）粘贴顶点权重。此命令用于将复制的顶点权重值粘贴到其他选定的顶点。

【任务实施】

对红军角色进行蒙皮和权重的绘制

1. 选择骨骼和角色模型绑定蒙皮

（1）打开 AdvancedSkeleton 插件，单击“动作系统”下的“隐藏”按钮，隐藏控制器，如图 5-3-8 所示。

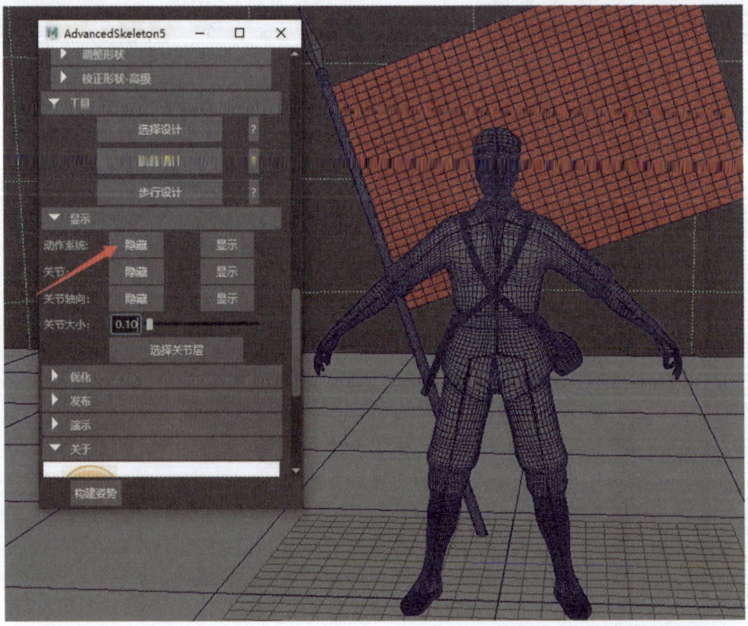

图 5-3-8

（2）选择根骨骼 Root_M，再加选角色的模型，执行“蒙皮”→“绑定蒙皮”命令，采用默认参数设置绑定蒙皮，如图 5-3-9 所示。

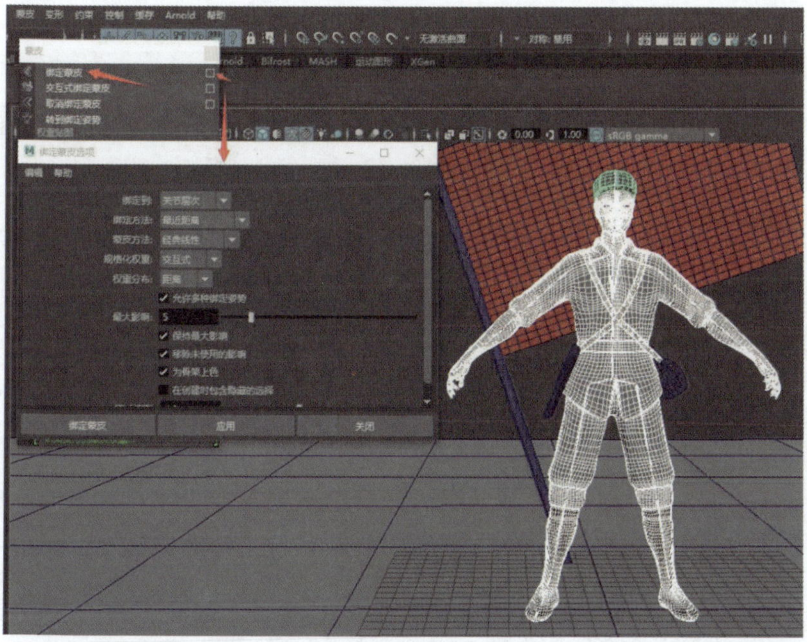

图 5-3-9

（3）打开 AdvancedSkeleton 插件，单击“动作系统”下的“显示”按钮，此时选择某个控制器进行旋转将会发现骨骼带动模型发生了转动，但是形体是错误的，这是因为权重值是不对的，如图 5-3-10 所示。

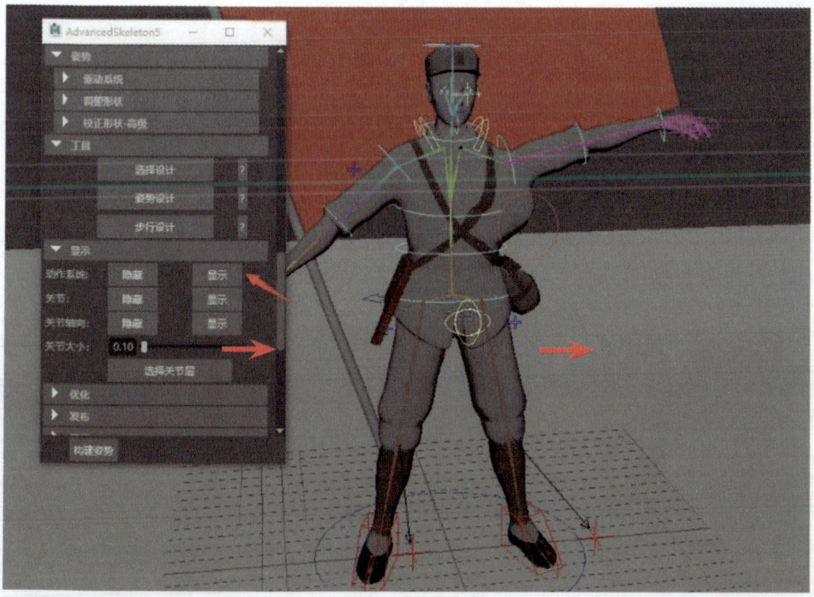

图 5-3-10

2. 制作简模，方便后期权重绘制

（1）复制身体模型，在“建模”模块下选择“网格”→“减少”命令生成一个简模，如图 5-3-11 所示。

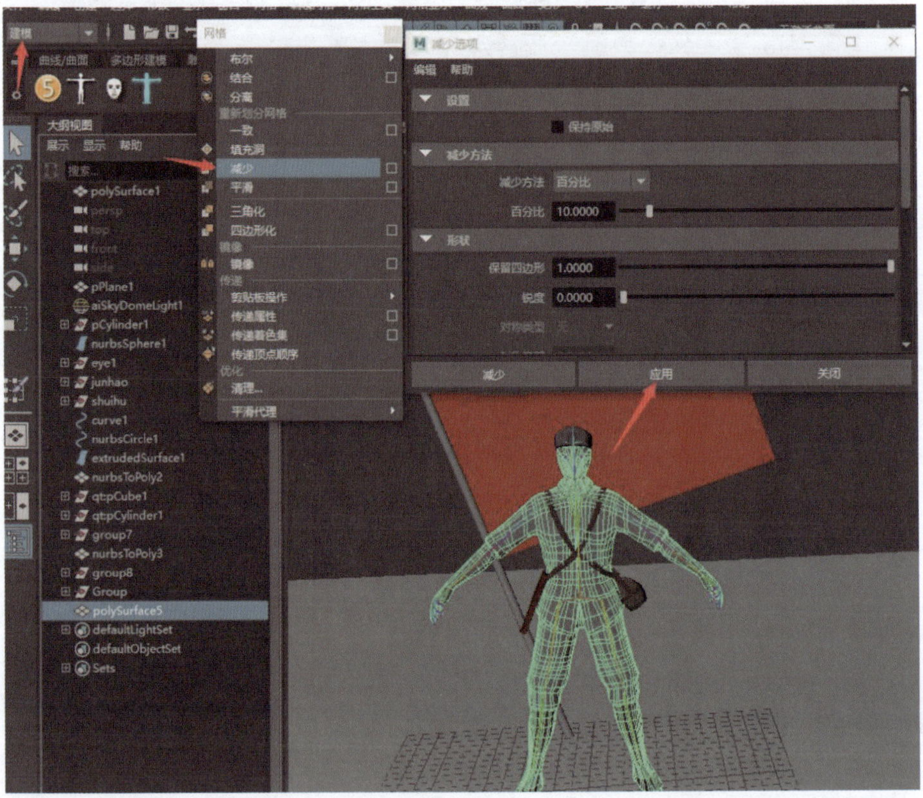

图 5-3-11

（2）选择骨骼 Root_M，加选简模，执行“绑定蒙皮”命令，在简模上绘制好权重后，将简模的权重值复制给高模就可以了，这样可以提高制作效率。

3. 简模身体权重绘制

（1）权重绘制最好遵循从子关节到根关节的顺序，如从手指到小臂再到大臂、从脚踝到小腿再到大腿、从头颈部到胸腔再到腰部等。图 5-3-12 至图 5-3-14 给出了从手指到小臂再到大臂的权重绘制示例。

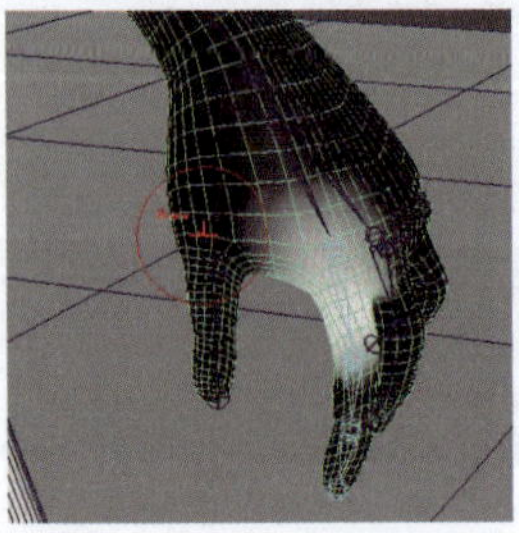

图 5-3-12

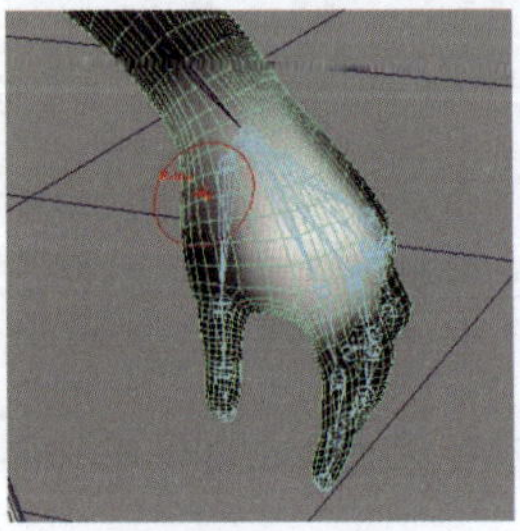

图 5-3-13

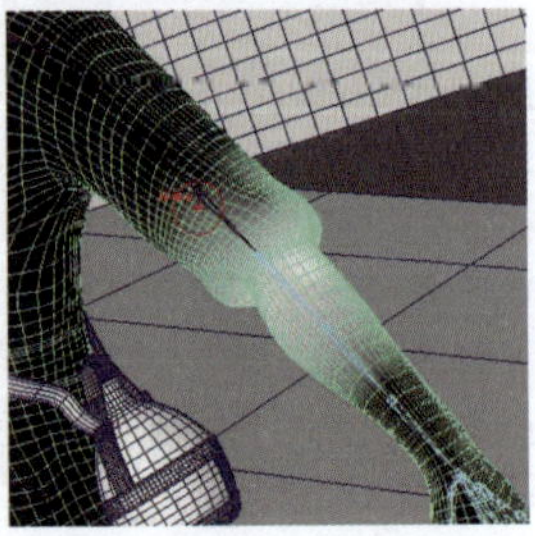

图 5-3-14

（2）从头部模型权重绘制开始，选择头部控制器，为其制作一个 0 ～ 20 帧的动画，在动画中尽量制作出人体关节运动的最大极限，方便之后在动态的过程中执行刷权重操作，如图 5-3-15 和图 5-3-16 所示。

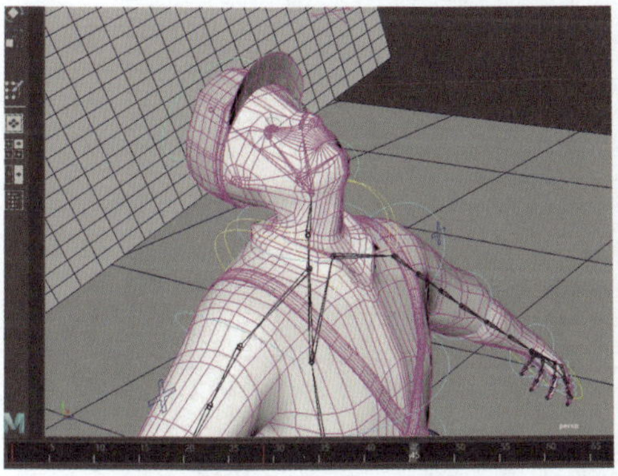

图 5-3-15

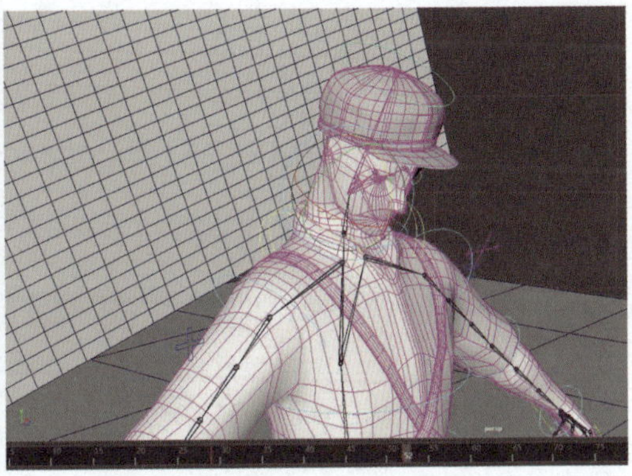

图 5-3-16

（3）选择模型，执行“蒙皮”→“绘制蒙皮权重”命令，打开“绘制蒙皮权重工具”窗口，选择 Head_M 骨骼，此时可以看到模型头部有白灰黑的显示，白色表示受当前所选择骨骼（Head_M）影响最大，灰色居中，黑色表示不受影响，如图 5-3-17 所示。

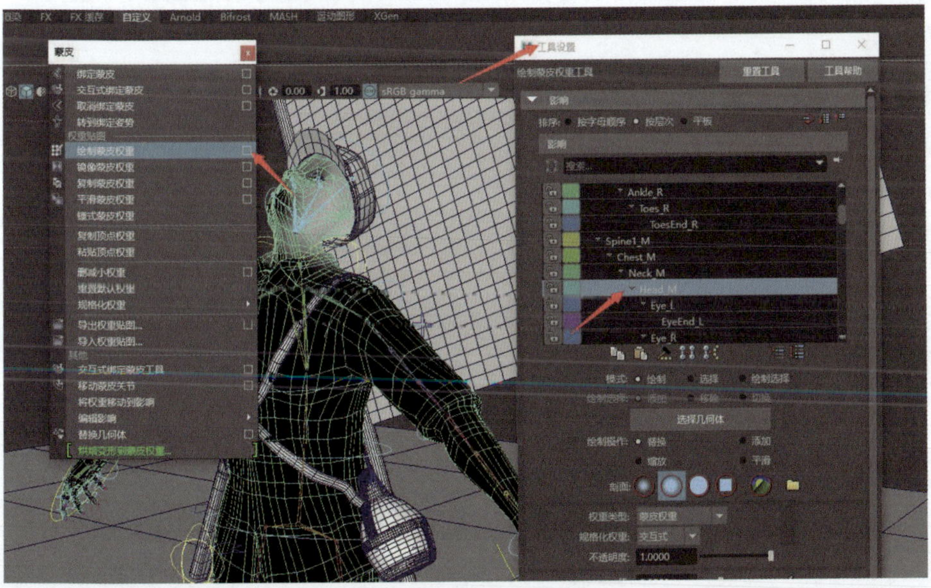

图 5-3-17

（4）选择“绘制操作”下的“添加”选项，灵活调整“值”的大小，直至头部模型受 Head_M 骨骼影响达到正确的效果，如图 5-3-18 和图 5-3-19 所示。

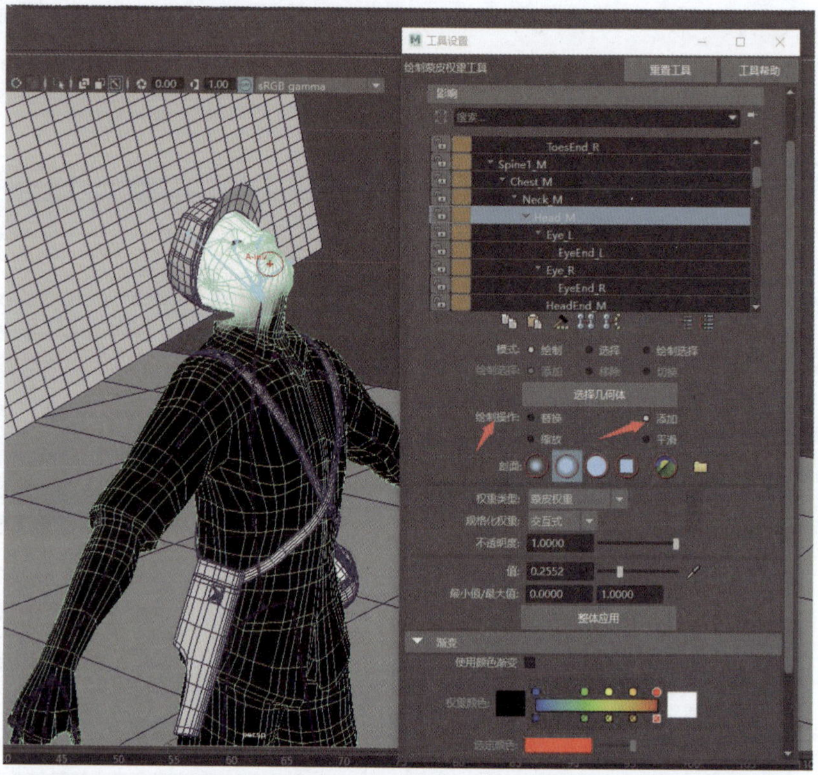

图 5-3-18

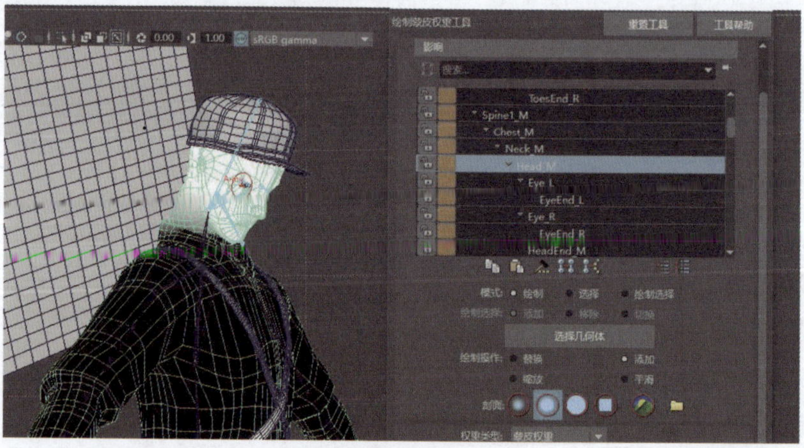

图 5-3-19

（5）在颈部权重绘制中要注意其与头部接触的部位权重值过渡要均匀，绘制结果如5-3-20 所示。

（6）在对手部权重绘制中，选择左侧手腕部的骨骼，根据需要选择“绘制操作”中的 4 种方式进行绘制。对于手部和腿部的权重，只需要选择一侧进行绘制即可，绘制完成后可以通过“镜像蒙皮权重”命令将权重镜像到另一侧。左侧手腕部最终绘制效果如图 5-3-21 所示。

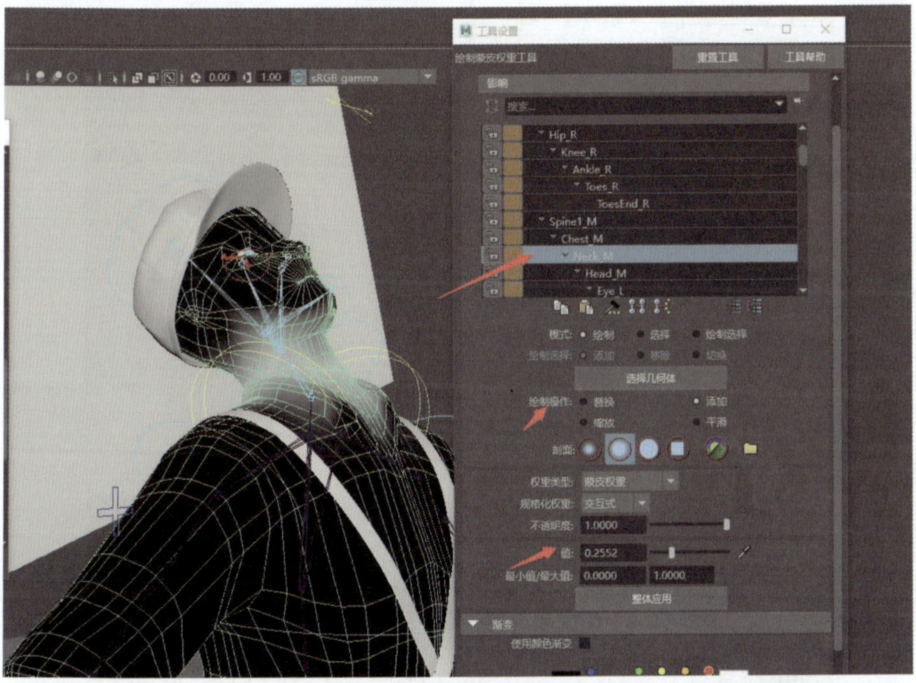

图 5-3-20

（7）左侧肘部的权重绘制最终效果如图 5-3-22 所示。

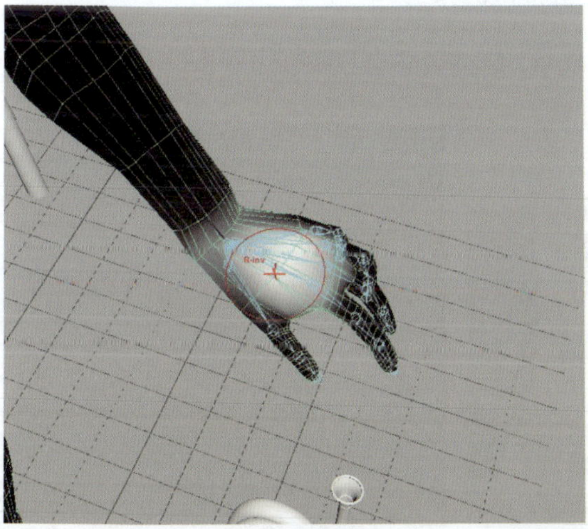

图 5-3-21

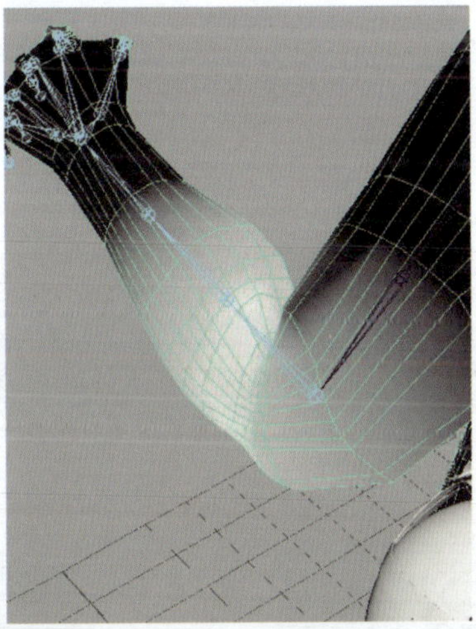

图 5-3-22

（8）接下来绘制左侧大臂肩胛部分的权重，此处的权重绘制是整个身体权重绘制中最难的，因为这一区域的点权重受到了锁骨、胸腔、肱骨的影响，所以在绘制时要掌握好相关命令的运用，并且要频繁切换这几个骨骼进行对比观察，最终的绘制效果如图 5-3-23 和图 5-3-24 所示。

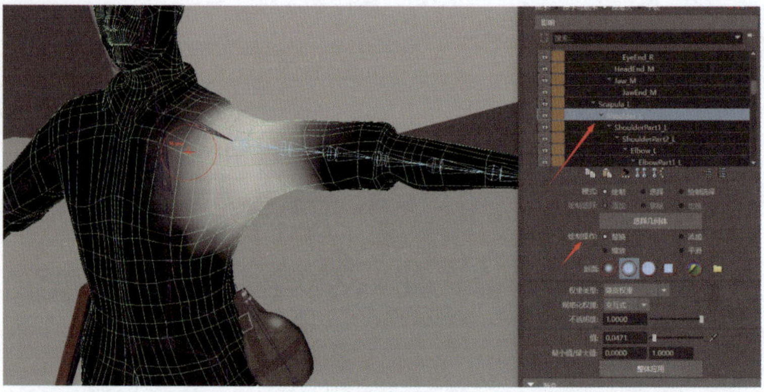

图 5-3-23

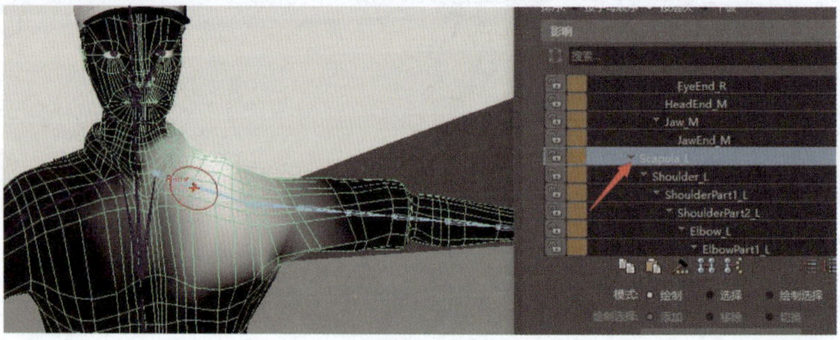

图 5-3-24

（9）依次绘制左侧脚踝、膝盖、大腿权重，最终效果分别如图 5-3-25 至图 5-3-27 所示。

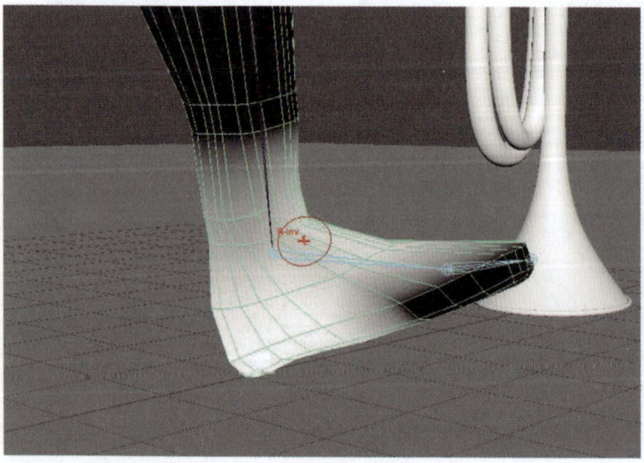

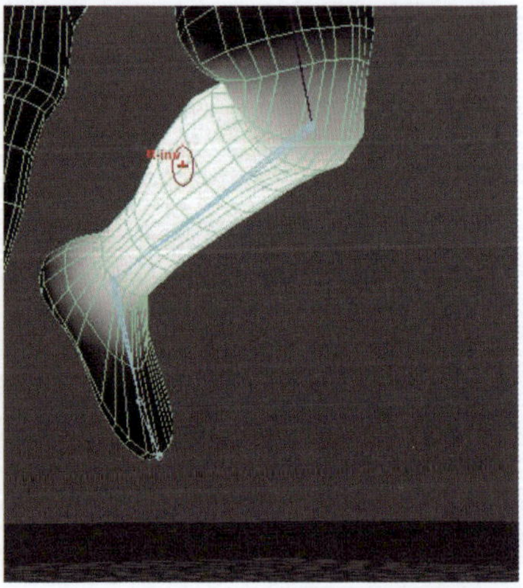

图 5-3-25　　图 5-3-26

（10）胸腔、腰部、重心权重绘制的最终效果如图 5-3-28 所示。

（11）绘制左侧手指权重时，从手指的末端依次往上一级的骨骼进行绘制，最终效果如图 5-3-29 所示。

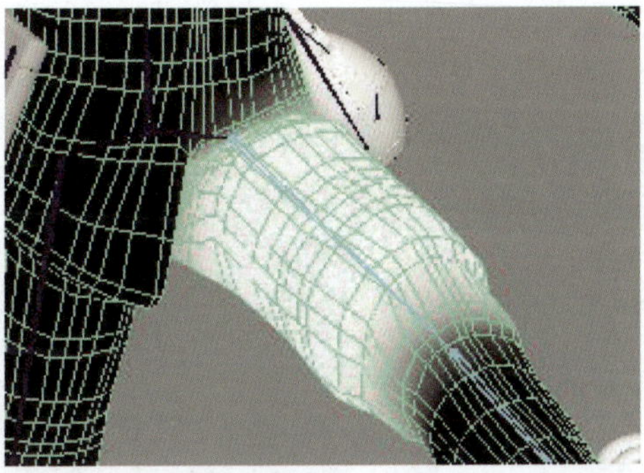

图 5-3-27

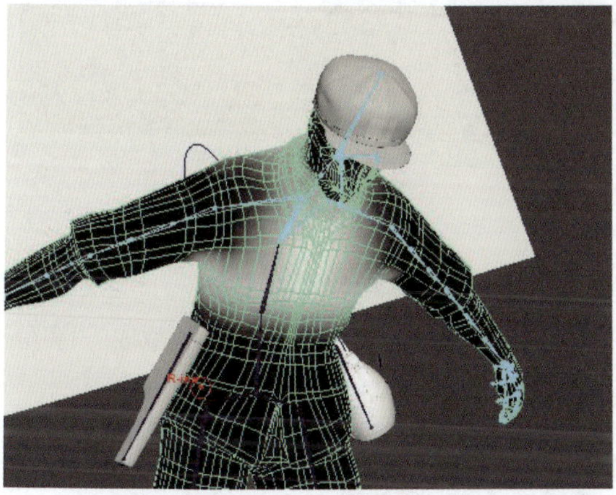

图 5-3-28

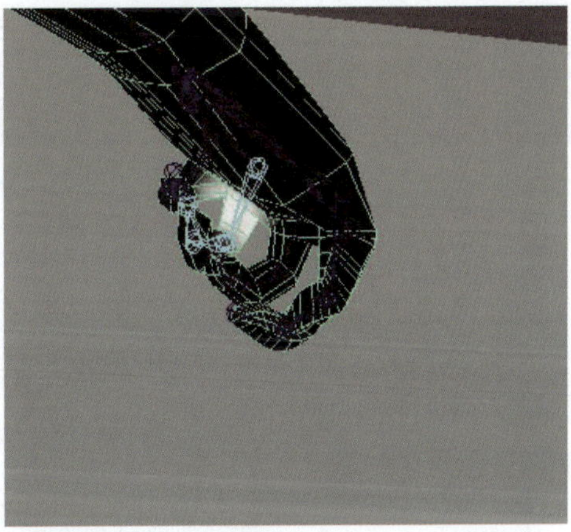

图 5-3-29

（12）镜像蒙皮权重，即将身体左侧正确的权重镜像到右侧，在初始姿势下选择身体模型，执行“蒙皮”→“镜像蒙皮权重”命令，采用默认参数设置，具体如图 5-3-30 所示。

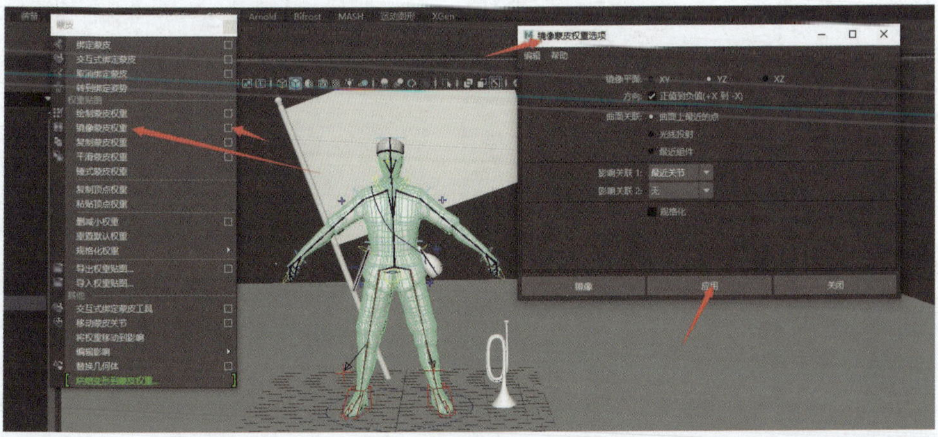

图 5-3-30

4. 简模身体权重复制给初始高模模型

先选择简模身体再加选高模身体，执行“蒙皮”→“复制蒙皮权重”命令，参数采用默认设置，具体如图 5-3-31 所示。

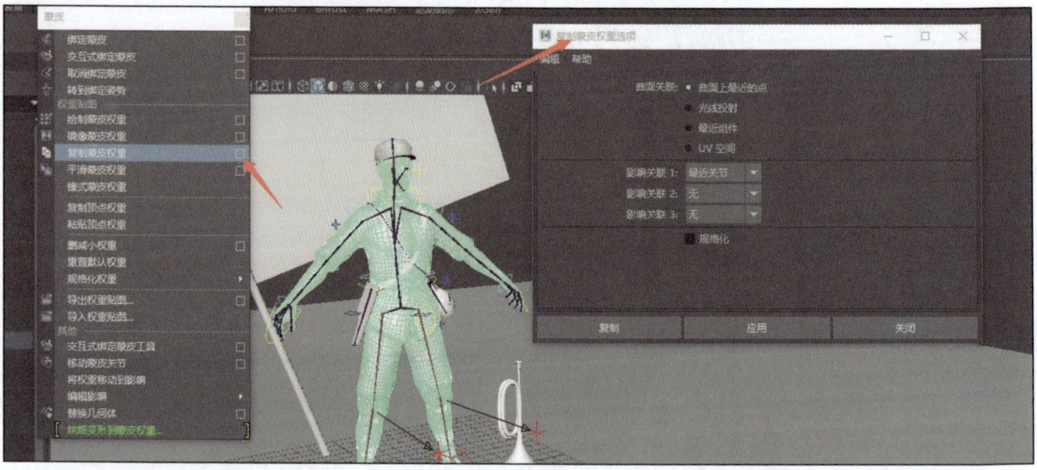

图 5-3-31

5. 帽子和背带权重绘制

（1）身体的权重绘制完成，删除简模，接下来绘制帽子和背带的权重。选择帽子模型的顶点，执行“窗口”→“常规编辑器”→“组件编辑器”命令，单击“平滑蒙皮”标签，将 Head_M 对帽子顶点的权重值统一改为 1，如图 5-3-32 所示。

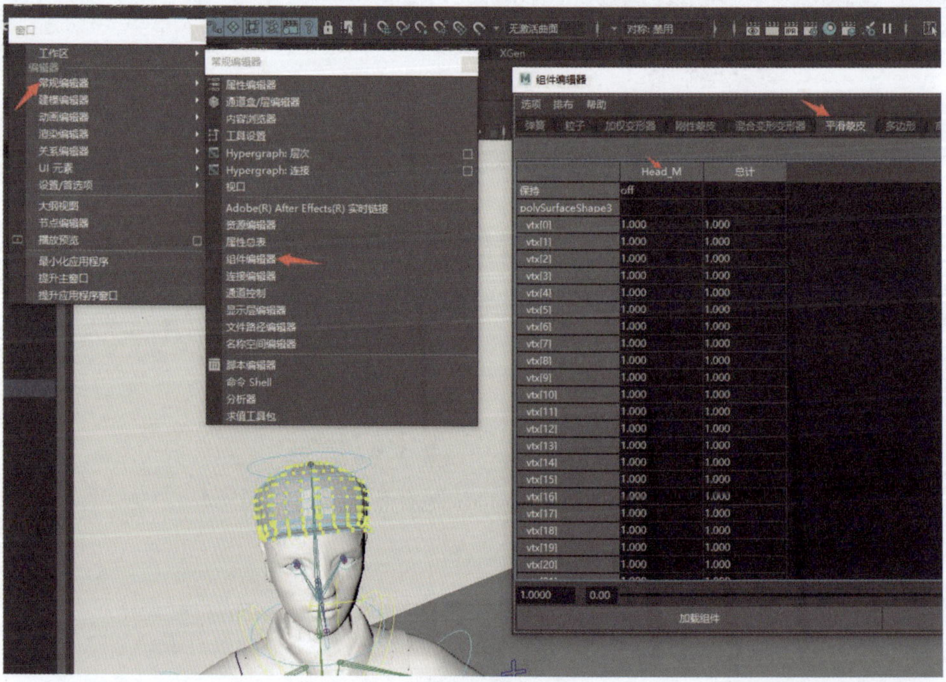

图 5-3-32

（2）先选择身体模型再加选背带模型，执行“蒙皮”→“复制蒙皮权重”命令，使背带和身体的权重一致，这样身体在弯曲的时候背带不会出现穿插问题，如图 5-3-33 所示。

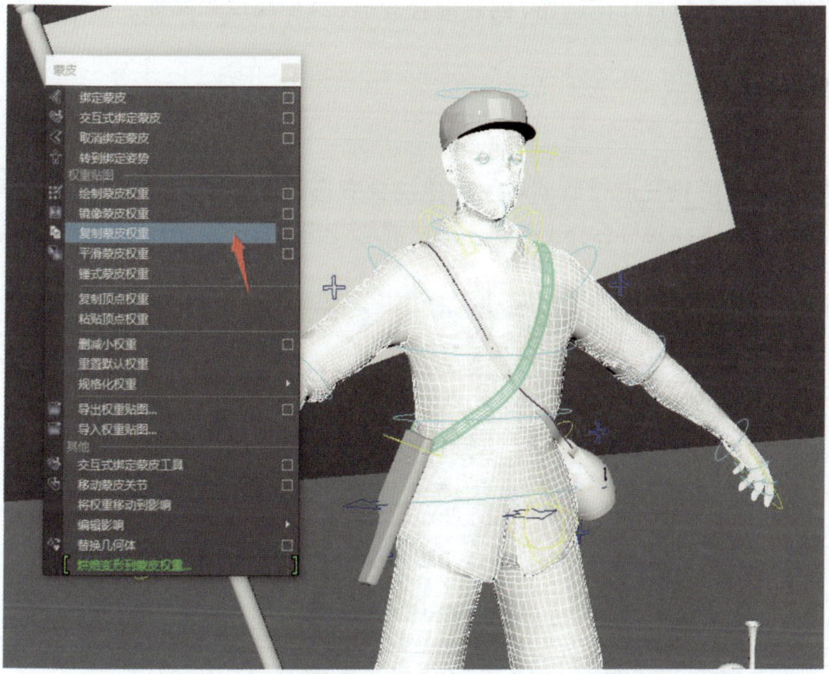

图 5-3-33

经过以上一系列的操作，整个身体的权重就绘制完成了。

项目拓展

通过对红军角色蒙皮权重的绘制，主要练习绑定蒙皮和修改权重的方法。请找一个角色，自己搭建好骨骼并对其进行权重的绘制。

思考与练习

在这个绘制蒙皮权重的案例练习中，使用到的命令较多，而且权重值没有一个固定的标准。如果想要做出一个出色的蒙皮权重文件，需要在平时多注意观察人物角色在动态中的变化并进行大量练习，从中多总结多思考。

任务4 制作红军角色面部表情动画

制作红军角色面部表情动画

【任务描述】

为红军角色制作吹号的面部表情。

【任务要求】

通过案例学手表情目标体制作、创建混合变形、添加属性和属性连接等操作相关命令。

【知识链接】

1. 混合变形命令

在为由一系列形状变形得到的对象创建混合变形的过程中，原始对象称为基础对象，变形后的目标形状体称为目标体（图 5-4-1），“混合变形”命令是制作表情动画的常用命令。

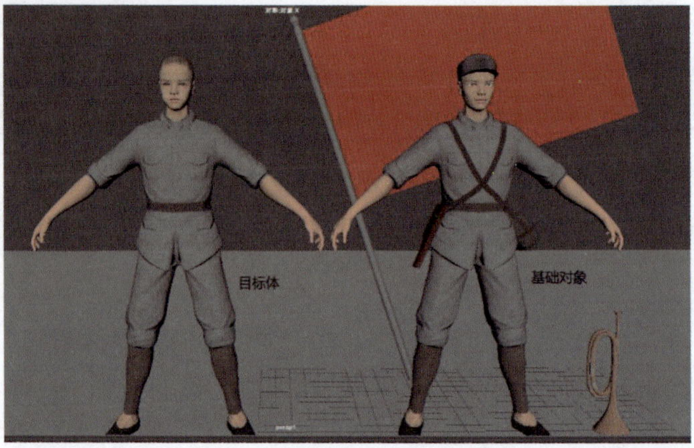

图 5-4-1

2. 创建混合变形方法

先选择目标体再加选基础对象，在“装备”模块下，选择“变形”→“混合变形”命令即可完成，如图 5-4-2 所示。

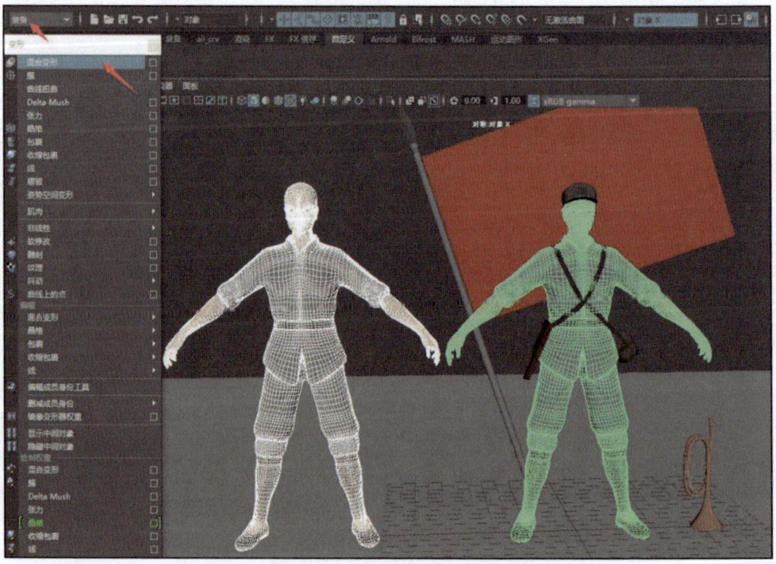

图 5-4-2

【任务实施】

红军角色面部表情动画制作

1. 表情目标体制作

（1）选择红军模型并进行复制，选择复制模型，将鼠标指针移动至通道栏中的属性值，单击选择所有的属性，然后右击，在弹出的列表中选择“解除锁定选定项”命令，如图 5-4-3 所示。

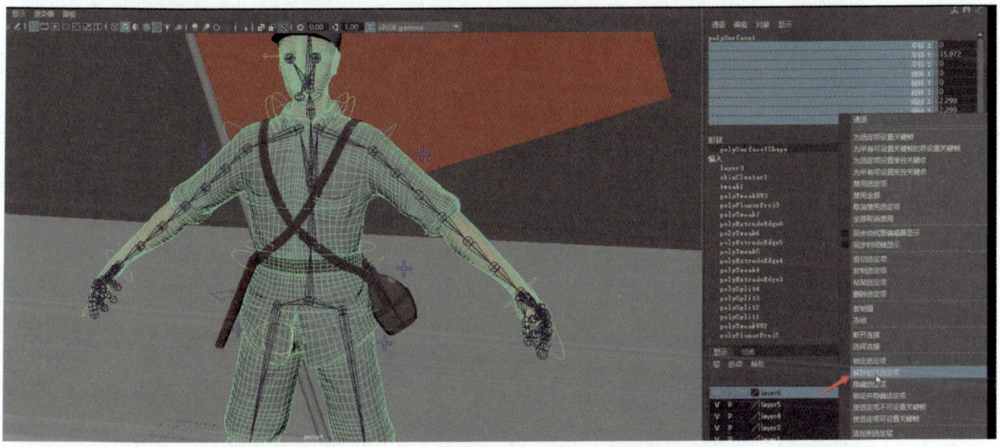

图 5-4-3

（2）解除锁定后，将复制出的目标体模型通过位移操作移出，并进行点的编辑，制作出严肃的表情。可通过软选择的方式编辑点的位置，对于左右两边点的对称问题，可通过双击移动工具进行设置，然后将给目标体命名为 sq。效果如图 5-4-4 所示。

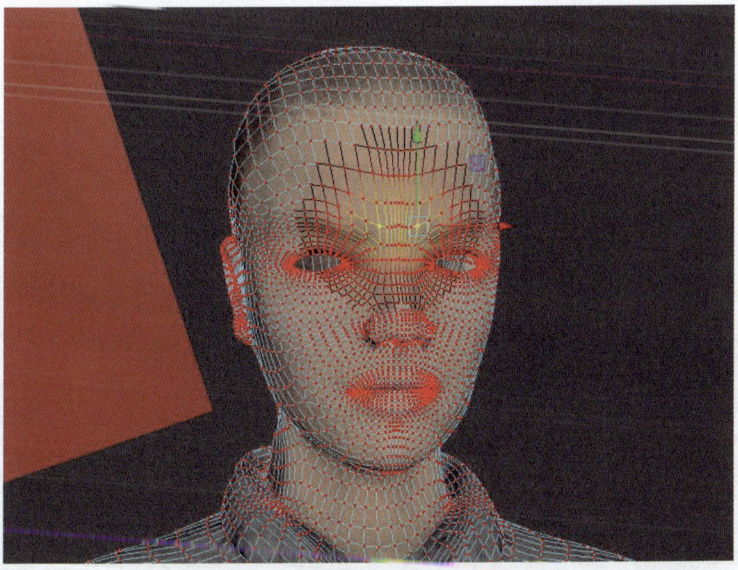

图 5-4-4

（3）选择红军模型并进行复制，用得到的复制模型作为吹气的目标体，同样将模型解除属性锁定并移出，运用软选择对点进行编辑制作吹气表情，然后将目标体重命名为 ch，表情最终效果如图 5-4-5 所示。

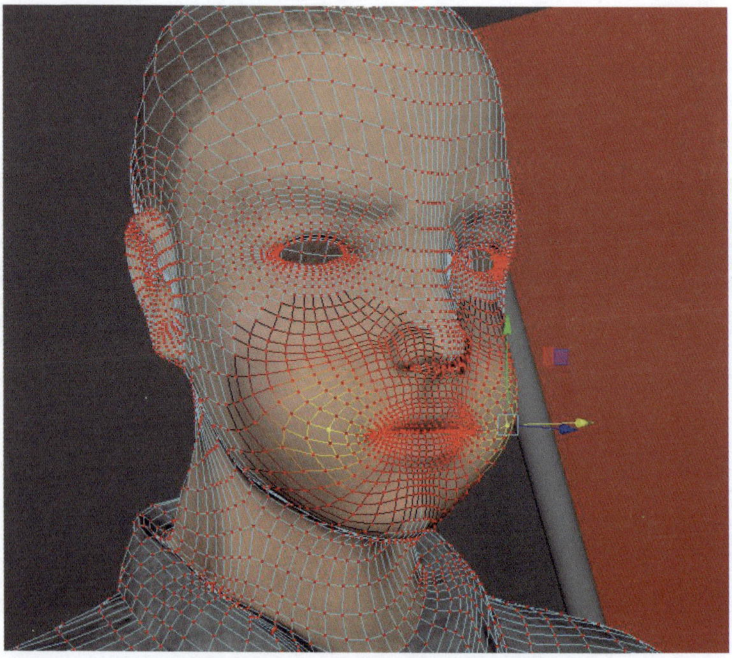

图 5-4-5

2. 创建混合变形

（1）先选择目标体 sq、ch，再加选红军基础对象模型，执行“变形”→“混合变形”命令，将混合变形节点命名为 biaoqing，如图 5-4-6 所示。

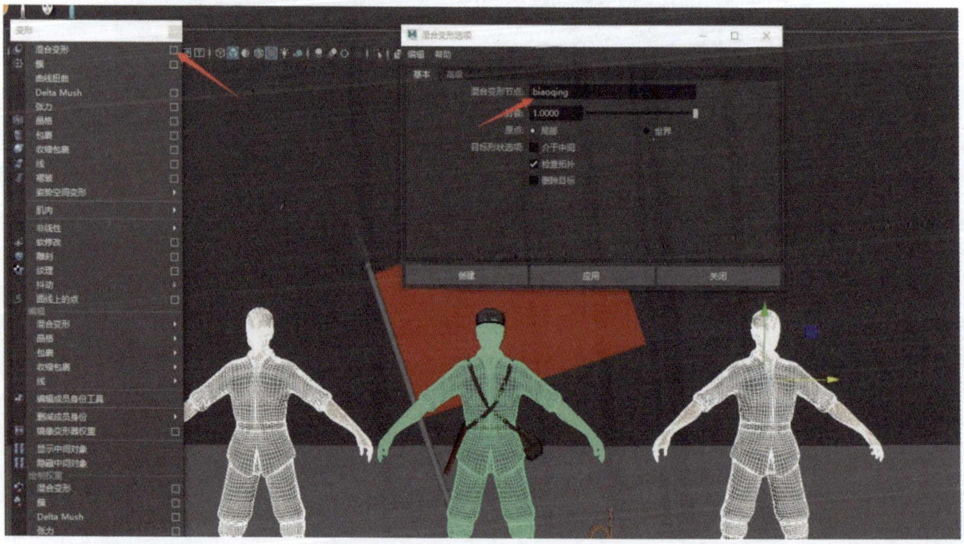

图 5-4-6

（2）选择红军模型，从标记菜单中单击▣图标，执行选择“所有输入 ...”命令，打开所有输入列表，按鼠标中键将混合变形节点移动到蒙皮簇节点下，如图 5-4-7 和图 5-4-8 所示。

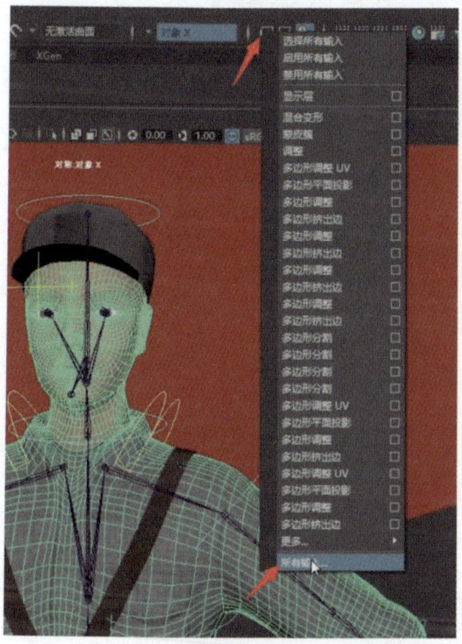

图 5-4-7

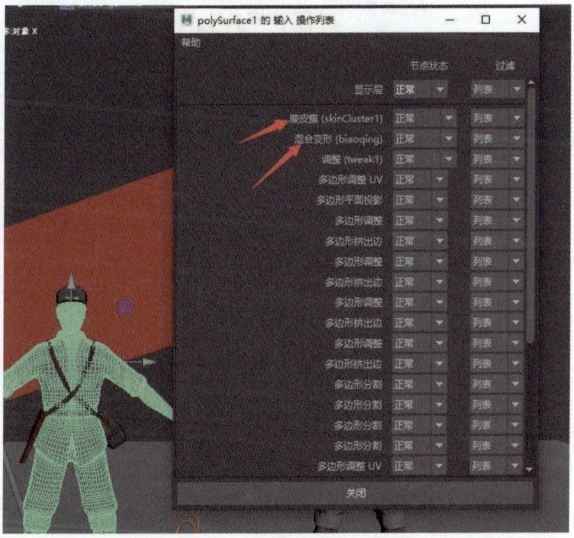

图 5-4-8

3. 制作表情动画

（1）选择头部控制器，在通道栏中选择“编辑”→“添加属性”命令，在弹出的“添加属性”对话框中设置“数据类型”为浮点型，“最小”值为 0，“最大”值为 1，“默认”值为 0，长名称为 ys，如图 5-4-9 至 5-4-10 所示。

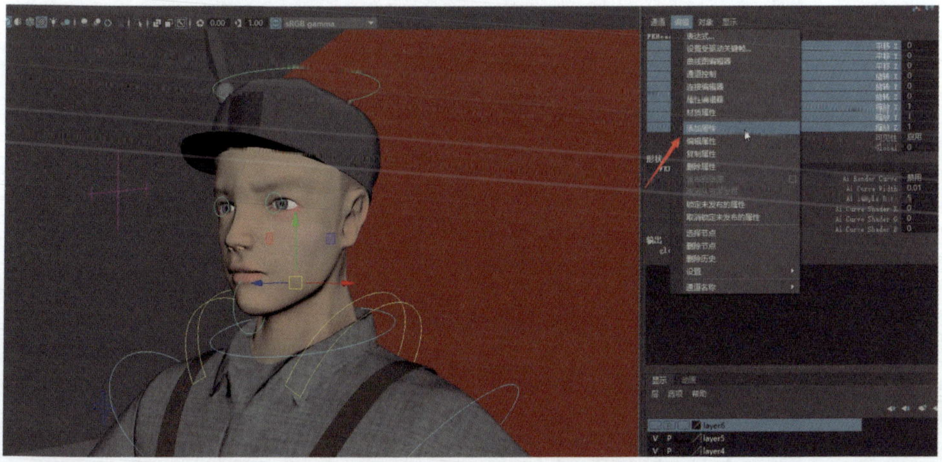

图 5-4-9

（2）选择头部控制器，在通道栏中选择“编辑”→“连接编辑器”命令，将混合变形节点加载到“连接编辑器”窗口右侧，将头部控制器属性 ys 链接至 sq，将属性 ch 链接至 ch（方法同 ys），如图 5-4-11 和图 5-4-12 所示。

图 5-4-10

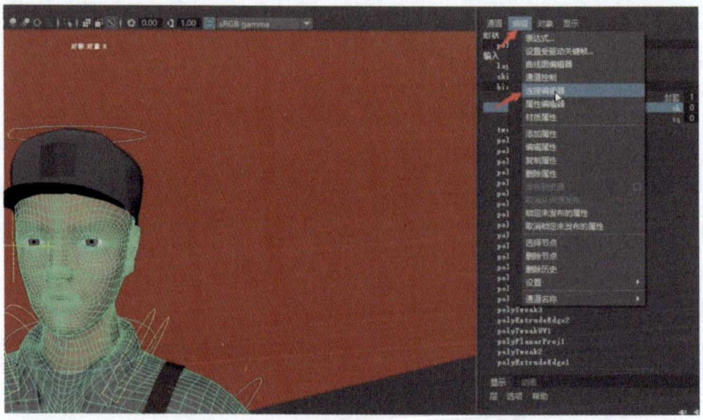

图 5-4-11

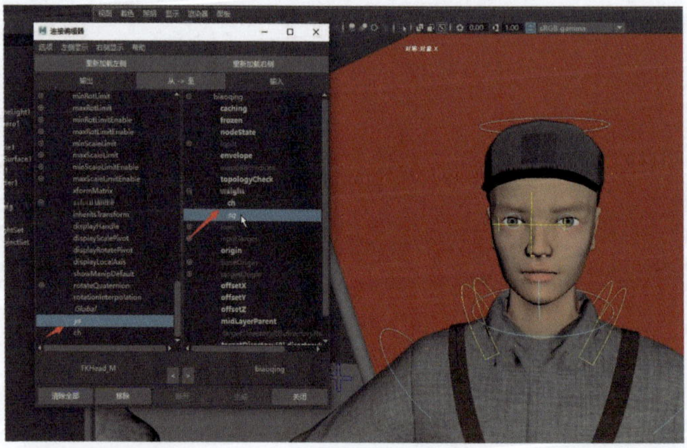

图 5-4-12

（3）属性链接好后，就可以通过给头部控制器属性 ys、ch 做关键帧动画完成表情动画的制作，如图 5-4-13 所示。

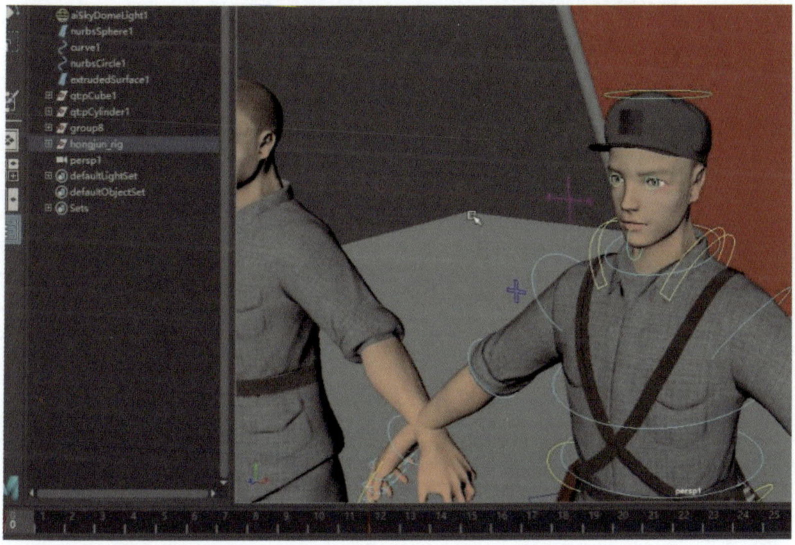

图 5-4-13

项目拓展

通过对红军角色吹号表情的制作，主要练习制作表情目标体和混合变形器的使用方法。请找一个角色模型，并对其进行喜、怒、哀、乐等表情的制作。

思考与练习

在这个表情制作案例练习中涉及的命令不多，但是需要在平时要多观察人物面部表情的变化，并能将这些表情通过创建目标体和混合变形的方法呈现到项目的制作中。

任务5 制作红军角色吹军号动画

制作红军角色吹号动画

【任务描述】

为红军角色制作吹军号的动画。

【任务要求】

通过案例学会如何利用 Maya 关键帧动画命令制作红军吹军号动画。

【知识链接】

本案例学习吹军号动画的制作，在这个过程中会学习动画的制作流程、动画运动规律十二法则的应用、对控制器的操作，以及需要注意的问题。

1. 设定关键帧

执行“动画”→“关键帧”→“设定关键帧”命令（或按 S 键），“设定关键帧”命令所在位置如图 5-5-1 所示。

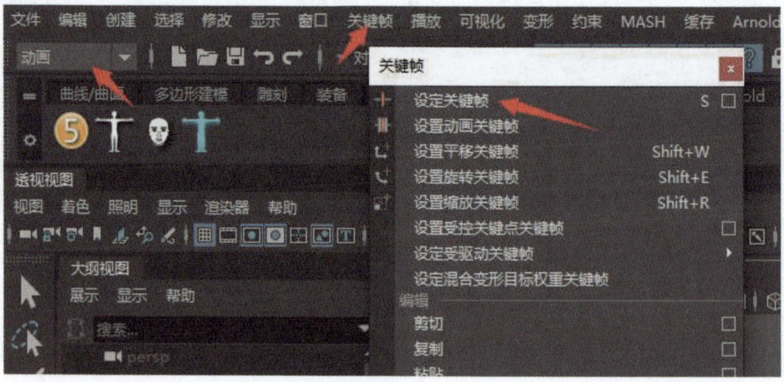

图 5-5-1

2. 自动关键帧切换

通过单击图标启用“自动关键帧”模式。启用“自动关键帧”模式后，当更改当前时间和属性值时，系统自动在属性上设置关键帧。自动关键帧切换命令所在位置如图 5-5-2 所示。

图 5-5-2

3. 动画首选项

通过单击图标可以设置时间滑块范围、帧速率、播放速度等相关动画参数。动画首选命令及其参数如图 5-5-3 和图 5-5-4 所示。

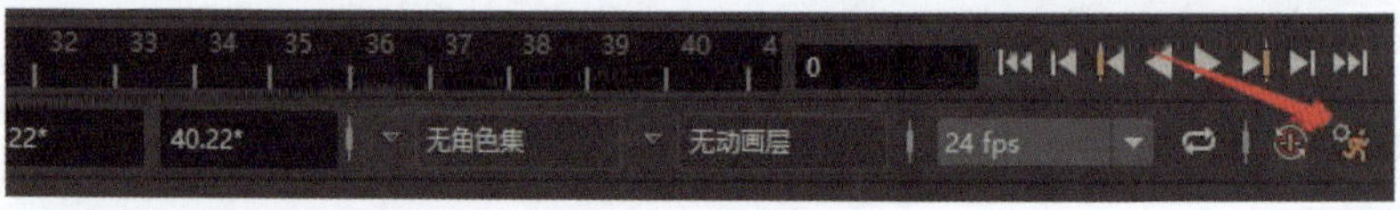

图 5-5-3

动画制作的步骤如下：

（1）制作关键姿势（pose）；

（2）调整好节奏；

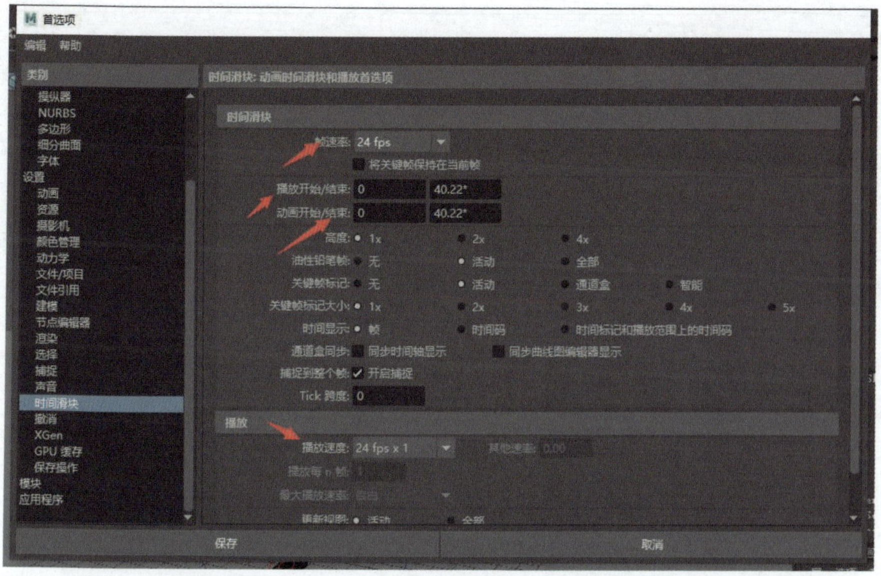

图 5-5-4

（3）细化修改：在效果方面，修改动作瑕疵、细化动作；在技法方面，检查是否符合动画运动规律十二法则（预备缓冲、跟随、不同步运动、弧线运动等）。

【任务实施】

（1）查找红军吹军号的图片或者视频作为动作参考，如图 5-5-5 和图 5-5-6 所示。

图 5-5-5

图 5-5-6

（2）导入红旗的缓存文件，具体操作如图 5-5-7 和图 5-5-8 所示。

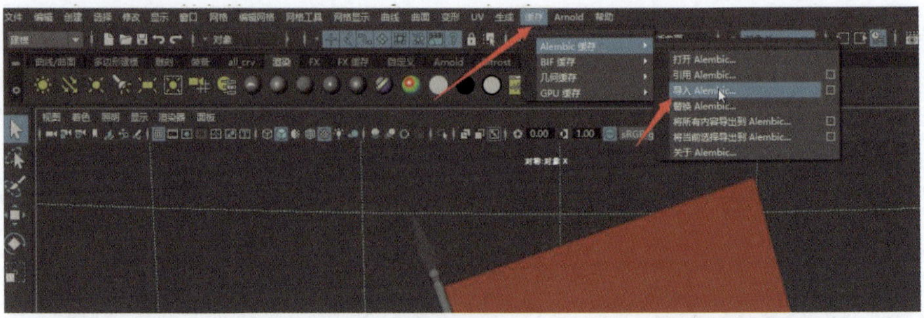

图 5-5-7

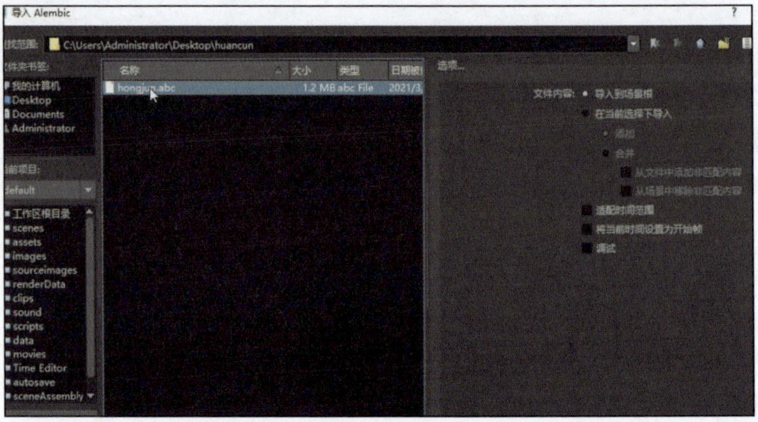

图 5-5-8

（3）为红旗模型创建混合变形。

1）先选择缓存模型再加选红旗模型，执行“变形”→“混合变形”命令创建混合变形，从而为红旗制作动画，如图 5-5-9 所示。

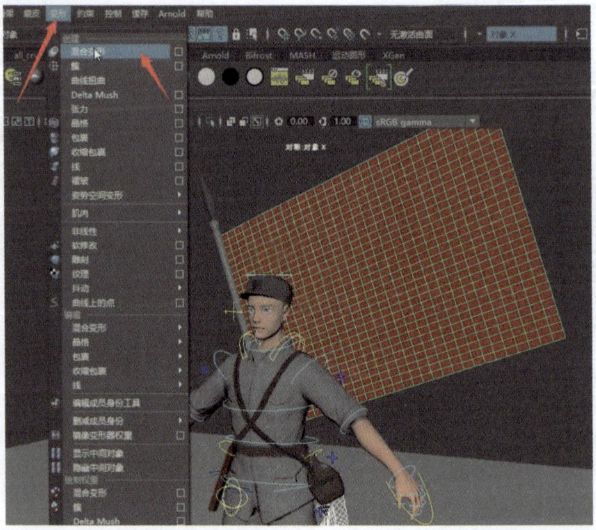

图 5-5-9

2）在设置混合变形参数时，需要把混合变形节点的输入参数修改为1（图5-5-10），这样红旗模型就有动画了，可以把缓存模型进行隐藏。

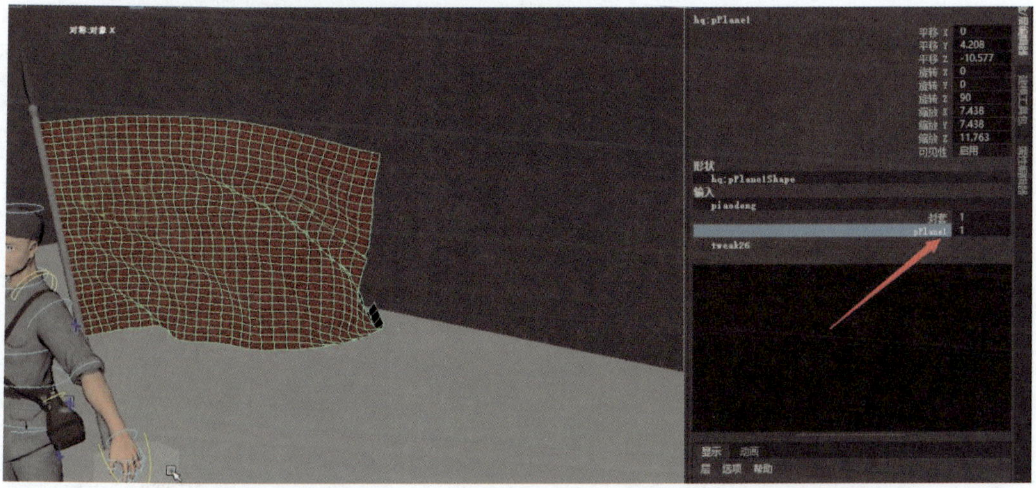

图 5-5-10

（4）为角色创建摄像机，调整好摄像机的角度，将摄像机视角单独显示，如图5-5-11所示。

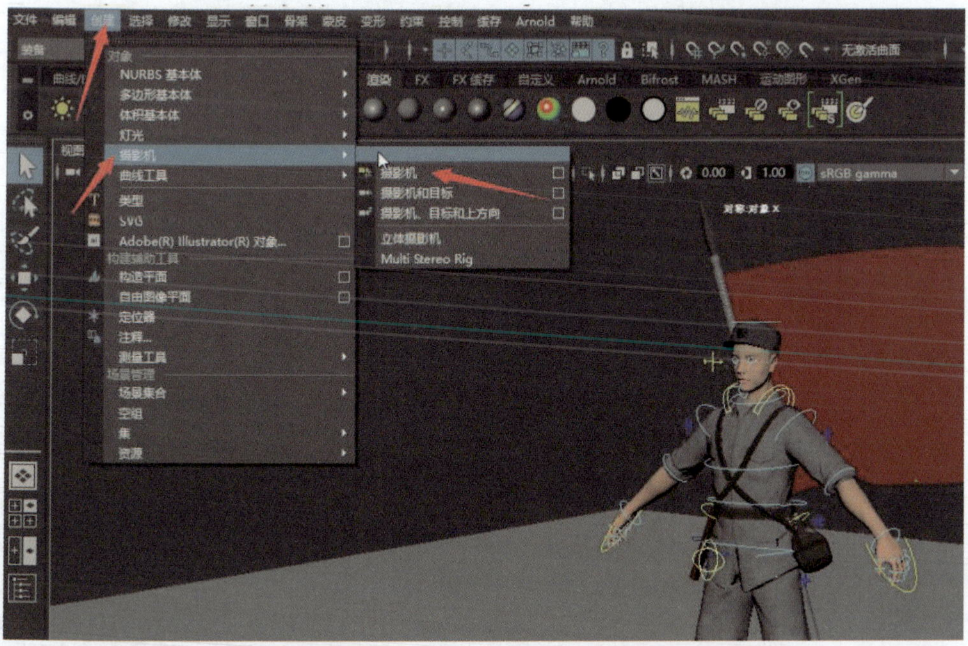

图 5-5-11

1）通过在视窗中选择“面板”→“透视”→ camera 1（摄像机 1）命令，进入摄像机视角，并打开分辨率门和安全动作图标，如图5-5-12和图5-5-13所示。

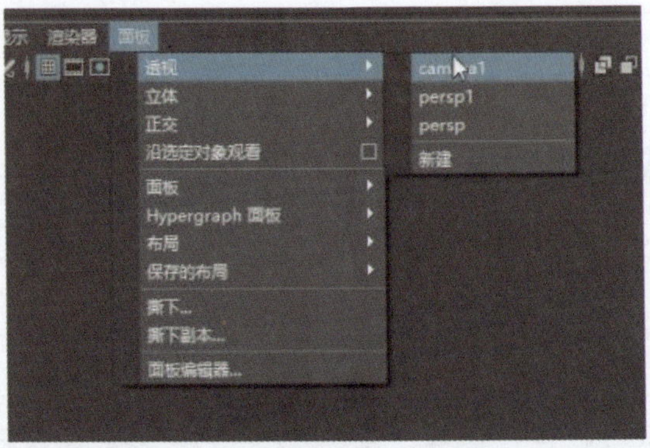

图 5-5-12

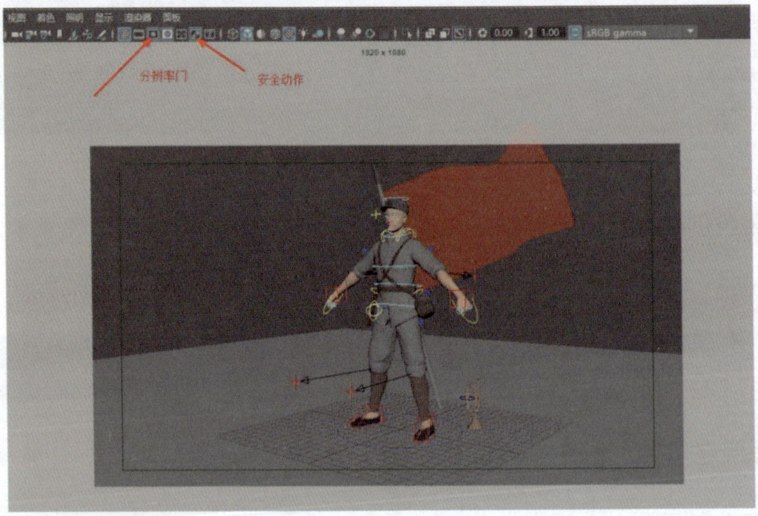

图 5-5-13

2）在视窗中选择“面板”→“撕下副本 ...”命令，将摄像机视窗单独独立出来，如图 5-5-14 和图 5-5-15 所示。

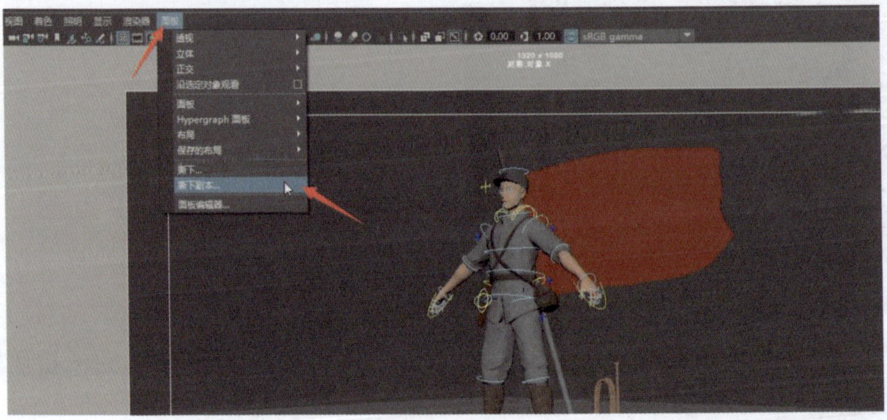

图 5-5-14

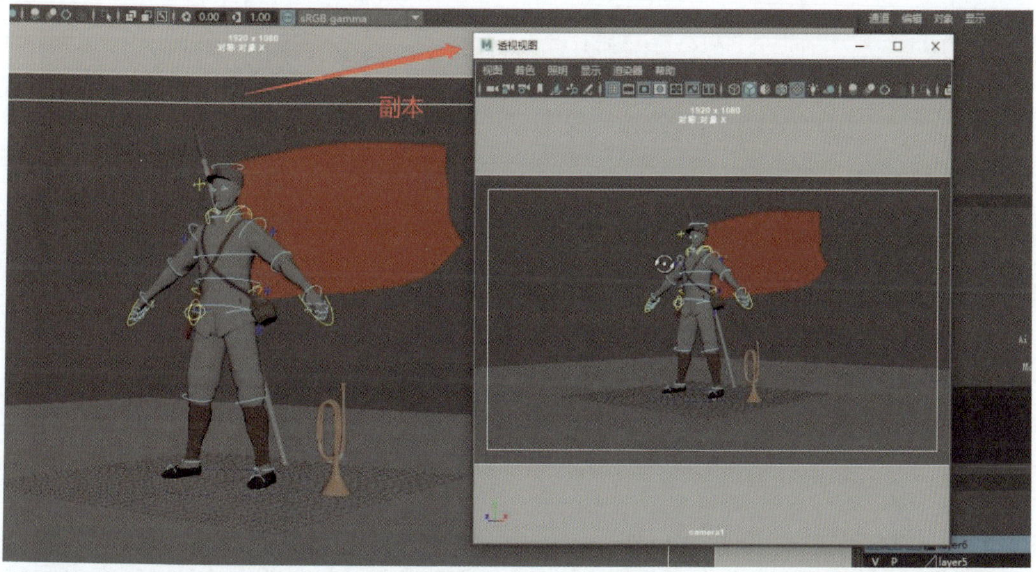

图 5-5-15

（5）制作吹军号的关键 pose，具体如下：

1）时间滑块调到第 0 帧，制作初始姿势。

选择腿部 ikfk 切换控制器 FKIKLeg_L 、FKIKLeg_R，把 FKIKBlend 数值改为 10，将腿部切换到 ik 状态，如图 5-5-16 所示。

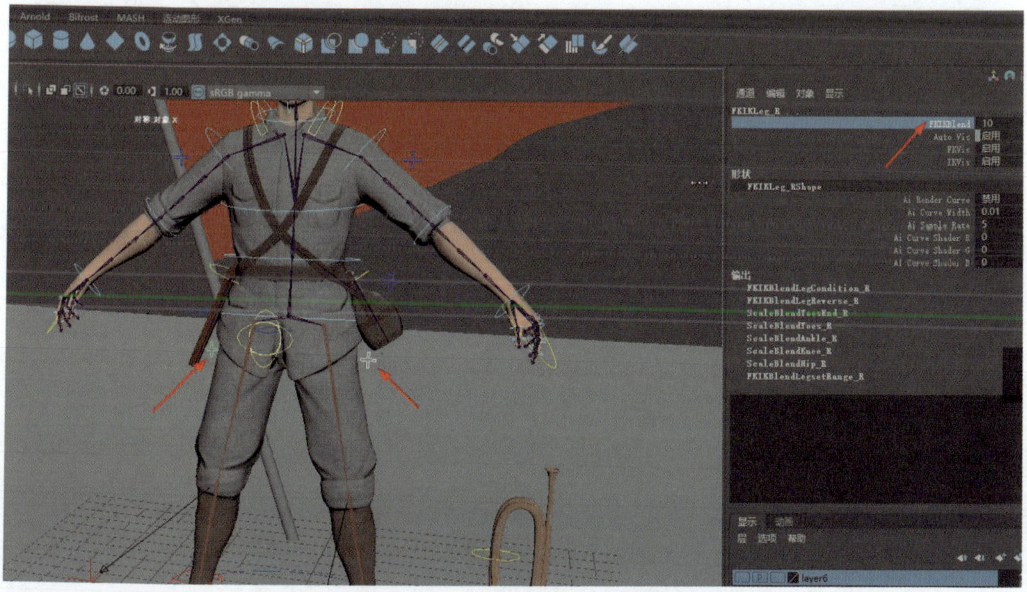

图 5-5-16

2）选择手臂 ikfk 切换控制器 FKIKArm_L、FKIKArm_R，把 FKIKBlend 数值改为 10，将腿部切换到 ik 状态，如图 5-5-17 所示。

3）选择右手手指控制器，调整参数做出握拳的姿态动作，如图 5-5-18 和图 5-5-19 所示。

图 5-5-17

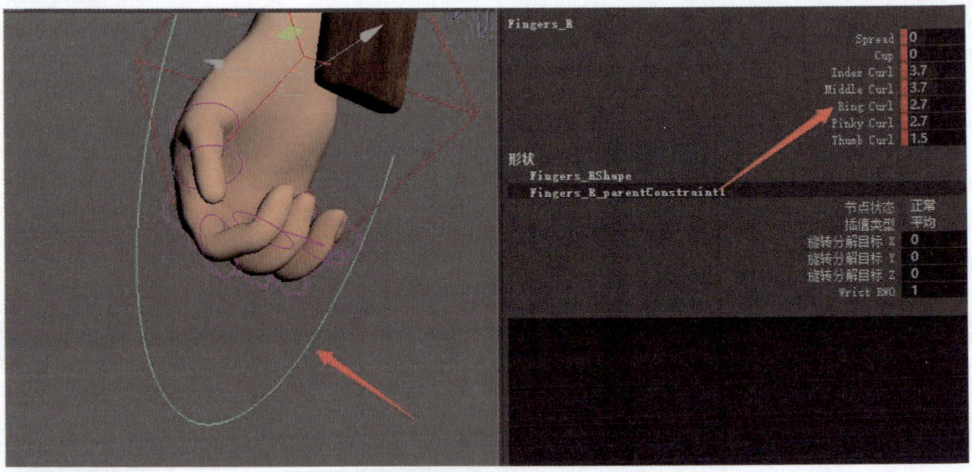

图 5-5-18

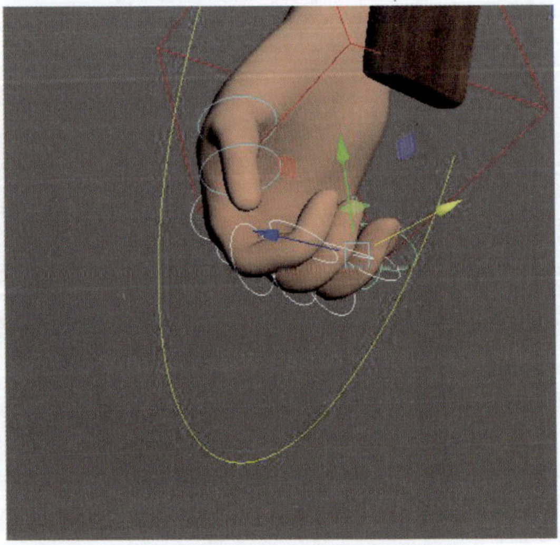

图 5-5-19

4）移动军号控制器，将军号放置于右手中，选择右手腕部骨骼并加选军号控制器，然后添加父子约束，这样手腕就可以控制军号了，如图 5-5-20 和图 5-5-21 所示。

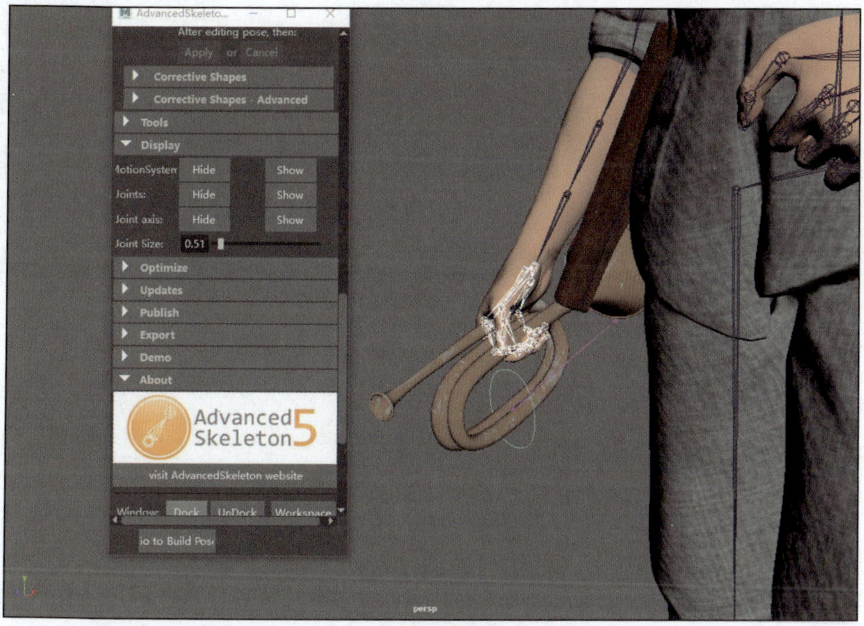

图 5-5-20

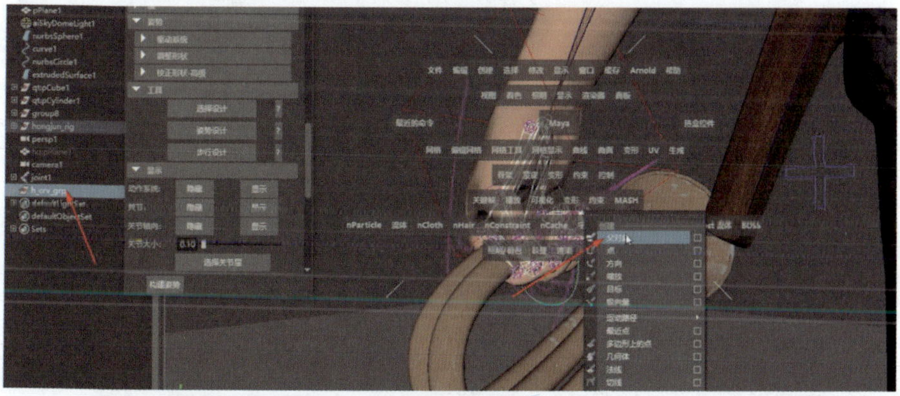

图 5-5-21

5）选择重心控制器，调整重心控制器的位移、旋转参数，直至其处于合适的位置，如图 5-5-22 所示。

6）通过修改左右手腕部控制器、脚部控制器、腰部控制器、头颈部控制器的位移、旋转参数将角色的初始 pose 摆放好，选择所有控制器，按 S 键添加关键帧，如图 5-5-23 所示。

7）将时间滑块调到第 17 帧，制作第二个关键姿势。选择角色左手腕部控制器，通过调整位移参数使左手臂后移，如图 5-5-24 所示。

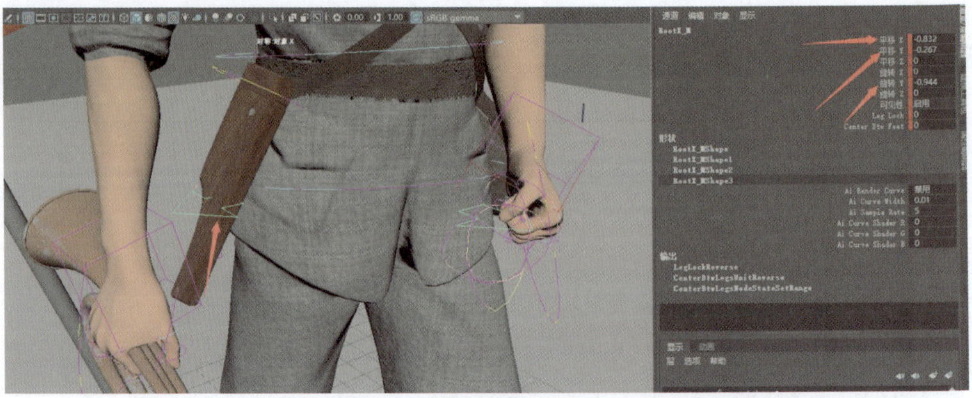

图 5-5-22

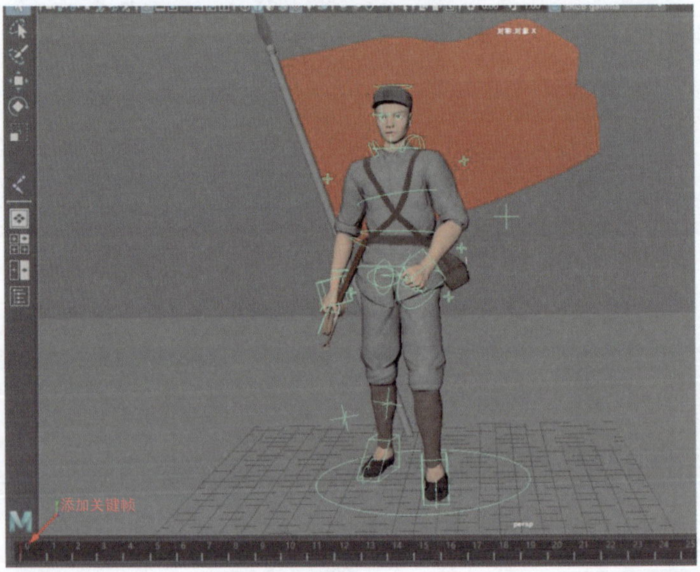

图 5-5-23

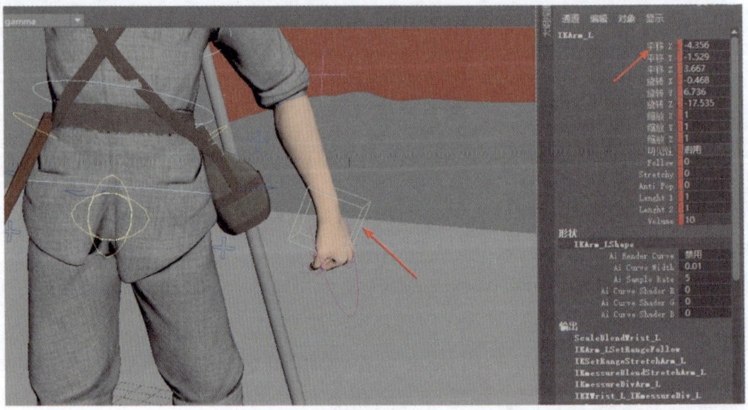

图 5-5-24

8）选择角色右脚控制器，通过调整位移参数使右脚迈出，如图 5-5-25 所示。

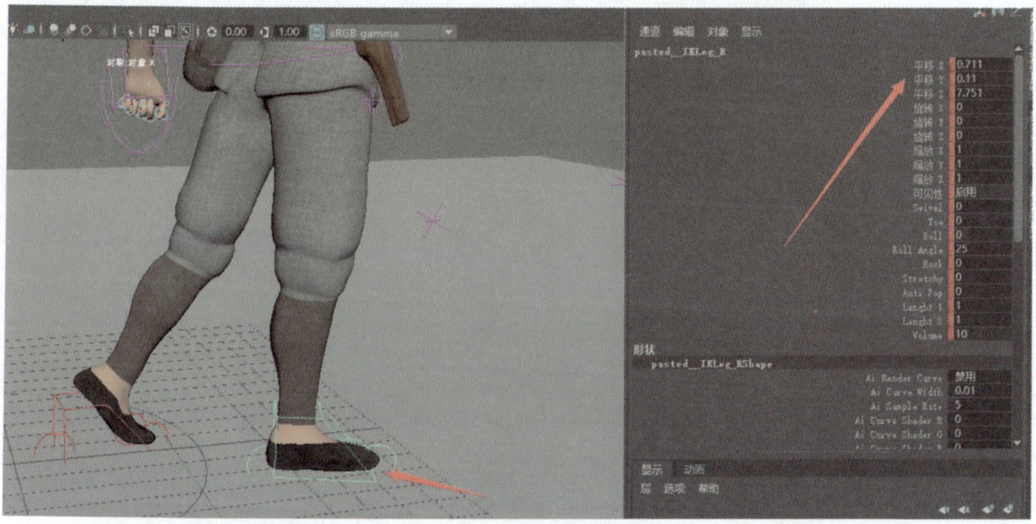

图 5-5-25

9）选择重心控制器，通过调整位移参数使重心前移，如图 5-5-26 所示。

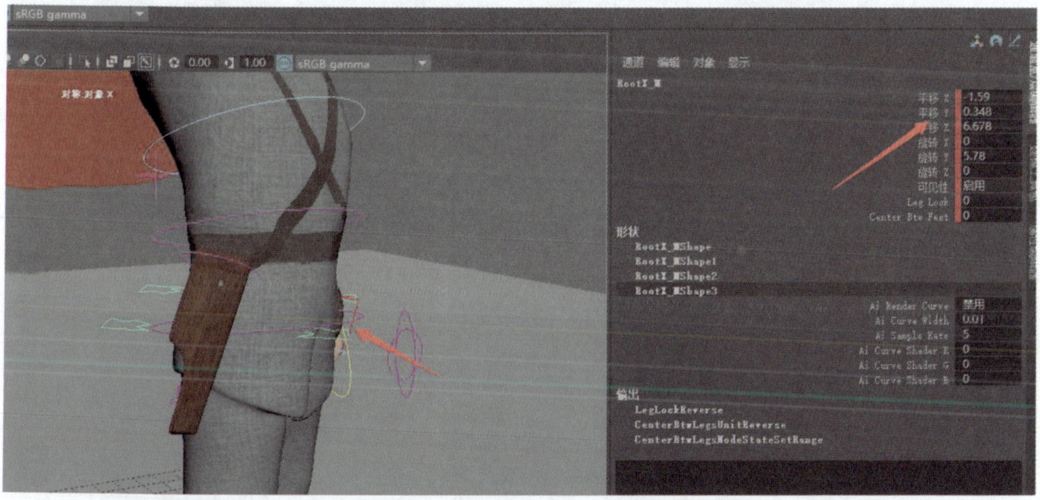

图 5-5-26

10）选择腰部、胸腔、头颈部控制器，通过方向旋转使躯干呈现后仰的动态效果，如图 5-5-27 所示。

11）调整手腕部控制器的位移、旋转参数，姿势效果如图 5-5-28 所示。

12）调整左脚控制器的参数 Roll、Roll Angle，使其左脚有踮起的动作，如图 5-5-29 所示。

图 5-5-27

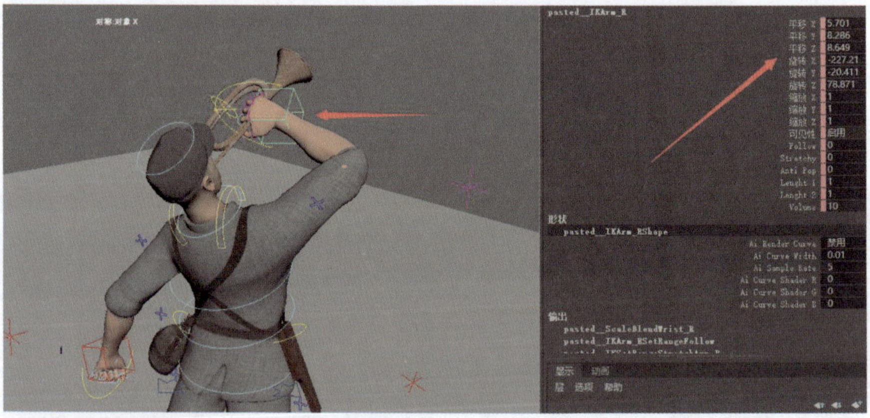

图 5-5-28

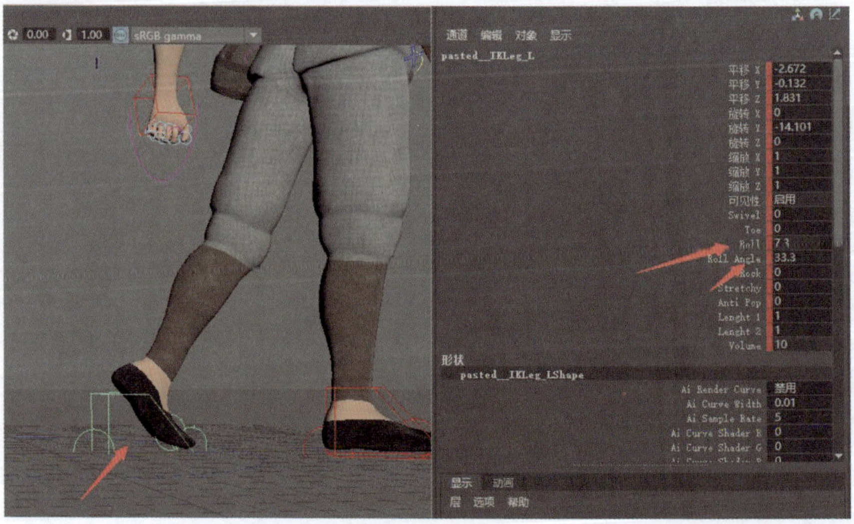

图 5-5-29

13）选择所有的控制器并按 S 键，为角色添加关键帧，如图 5-5-30 所示。

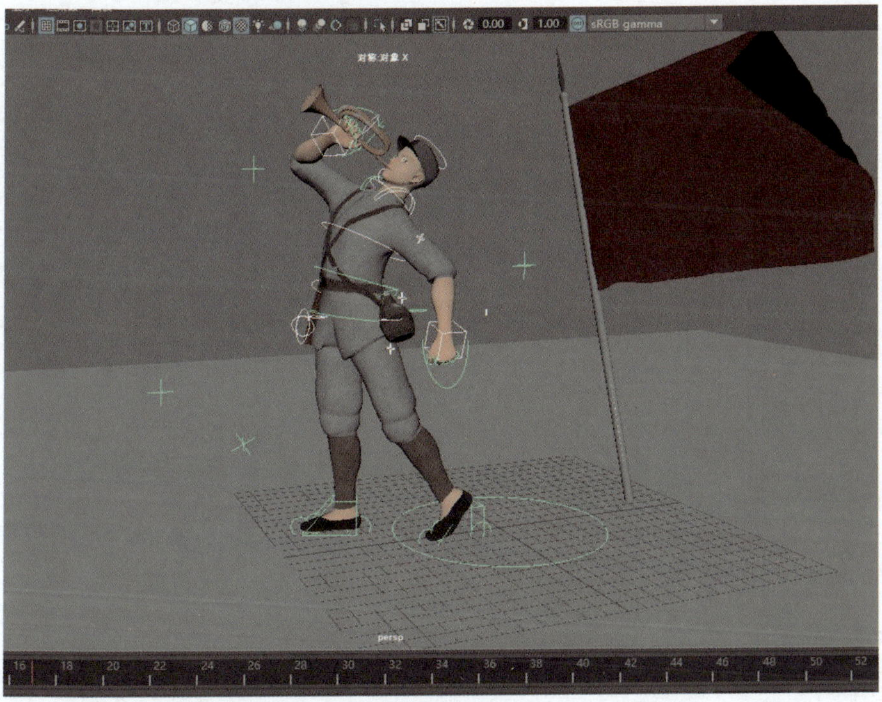

图 5-5-30

（6）修改动作瑕疵，细化动作，具体步骤如下：

1）在第 6、10 帧处选择右脚控制器，通过调整位移和旋转参数做抬脚的动作，如图 5-5-31 和图 5-5-32 所示。

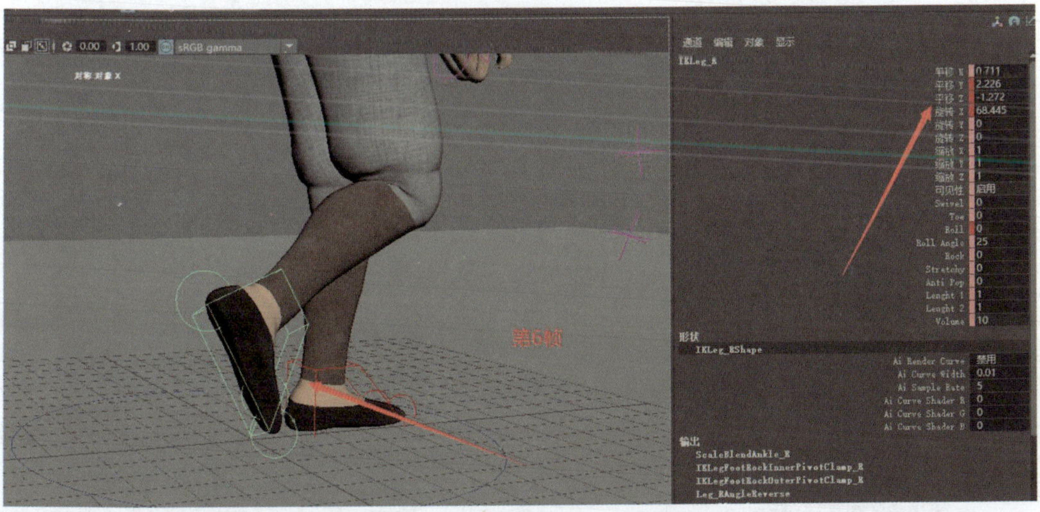

图 5-5-31

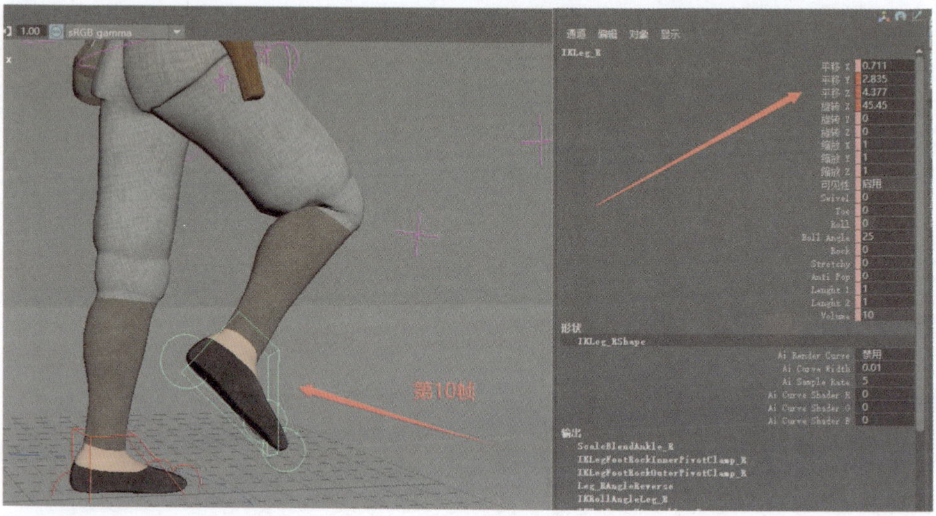

图 5-5-32

2）在第 8、15 帧处通过调整右手腕部控制器的位移、旋转参数做吹军号的动作，如图 5-5-33 和图 5-5-34 所示。

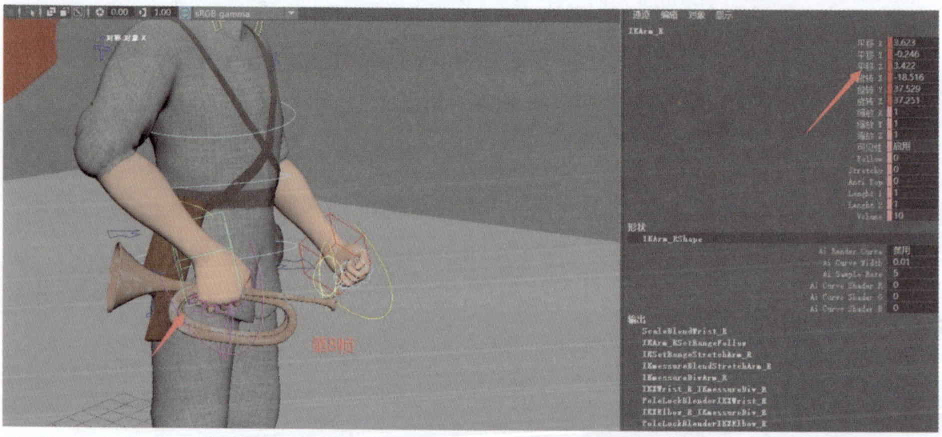

图 5-5-33

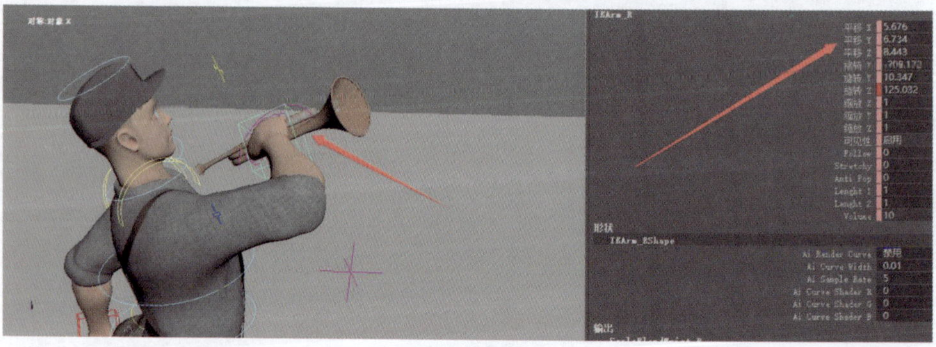

图 5-5-34

3）选择左手腕部控制器，在第10帧处调整、位移、旋转参数，将模型调至如图5-5-35所示的姿势。

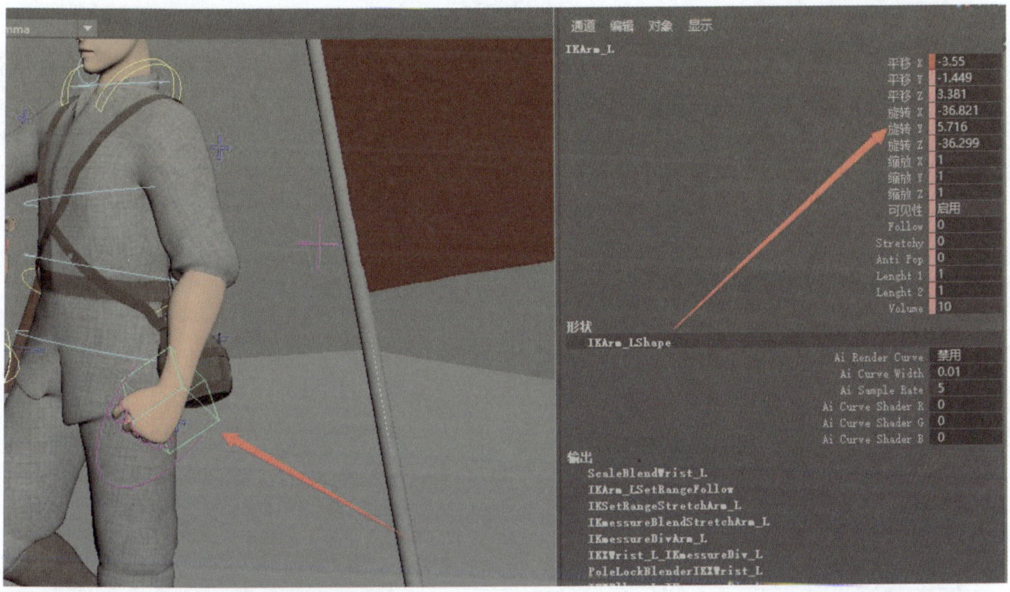

图 5-5-35

（7）制作吹军号的嘴部表情和细微动作，具体步骤如下：

1）选择头部控制器，在第26帧处将Ch参数调整为0.5并添加关键帧（图5-5-36），在第30帧处将Ch参数调整为0.25并添加关键帧。

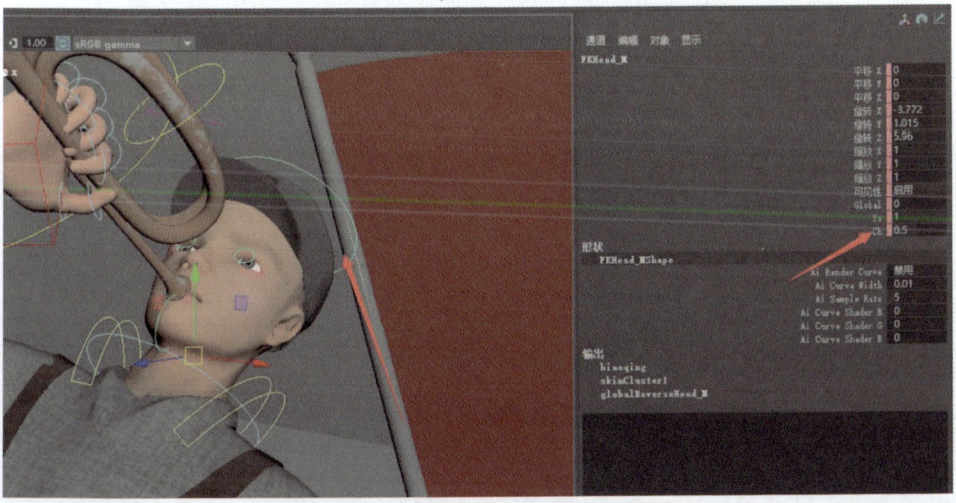

图 5-5-36

2）按住Shift键并滑动鼠标左键选择第26到第30帧处的嘴部关键帧（图5-5-37），右击并选择“复制”命令，在第33帧、41帧、49帧、57帧处粘贴，这样就得到了嘴部吹军号的关键帧系列动画。

图 5-5-37

3）选择左右两侧的锁骨控制器，每间隔 5 帧，就通过调整旋转参数制作多组有规律的上下微晃动的关键帧动画，如图 5-5-38 所示。

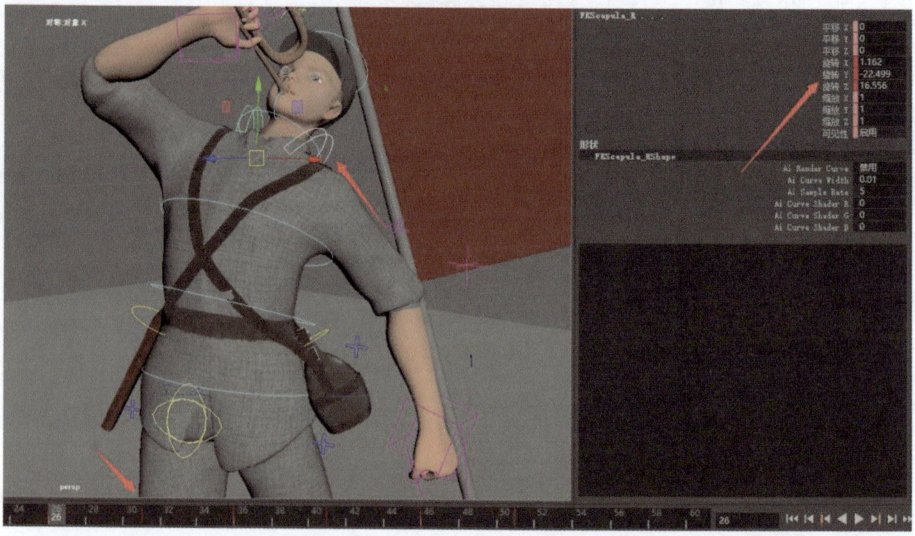

图 5-5-38

（8）依据运动规律十二法则，为整个动作添加预备缓冲、跟随、不同步运动、弧线运动，使动作更加真实自然，具体步骤如下：

1）选择重心控制器，在第 2 帧处通过调整位移参数使模型向下移动为角色制作预备动作，如图 5-5-39 所示。

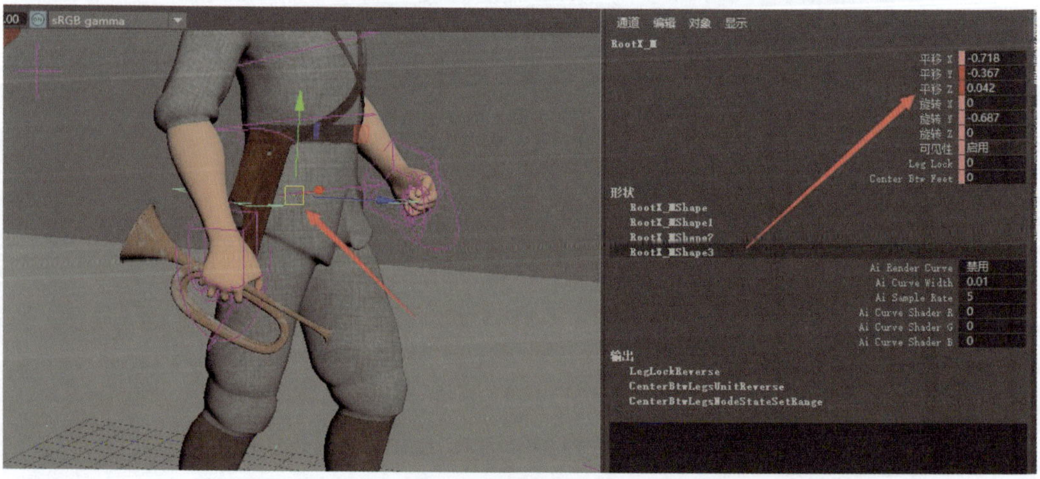

图 5-5-39

2）选择右脚控制器，按住 Shift 键并滑动鼠标左键选择右脚所有的关键帧，将所有的关键帧往后移动 2 个关键帧，错开右脚和重心以及左右手的开始运动时间，达到不同步运动的效果，如图 5-5-40 所示。

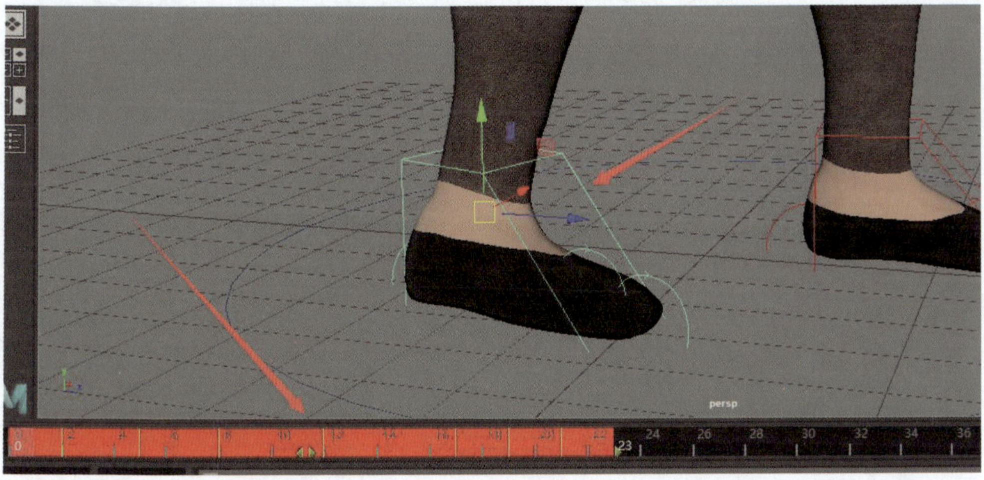

图 5-5-40

3）依次选择 FKRoot_M、FKSpine1_M、FKChest_M、FKNeck_M 控制器，按住 Shift 键并滑动鼠标左键选择所选控制器的关键帧，依次往后移动 1 个关键帧，让躯干的动作达到延迟跟随的效果，如图 5-5-41 所示。

图 5-5-41

4）选择重心控制器，在第 19 帧、23 帧处依次通过调整参数达到缓冲的效果，如图 5-5-42 和图 5-5-43 所示。

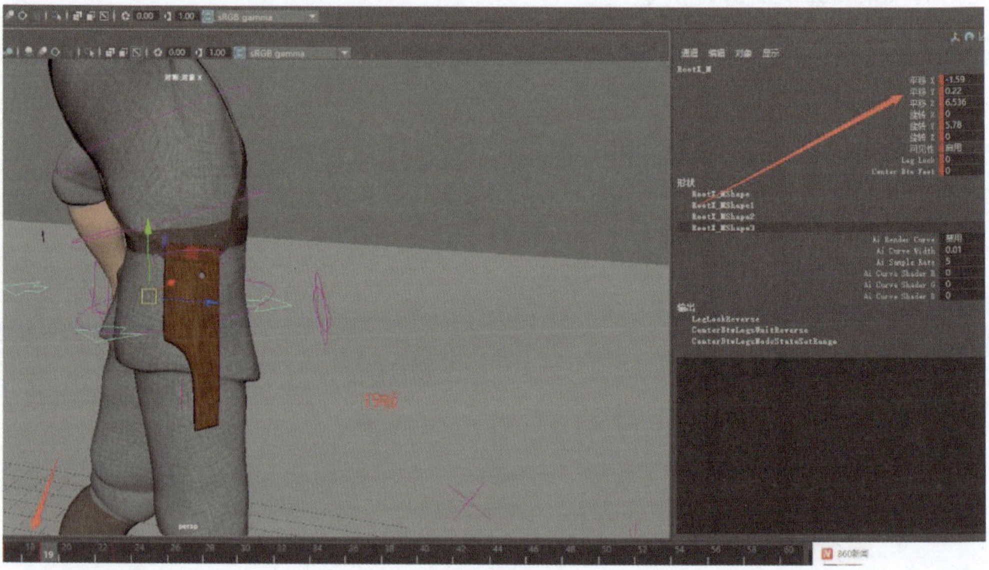

图 5-5-42

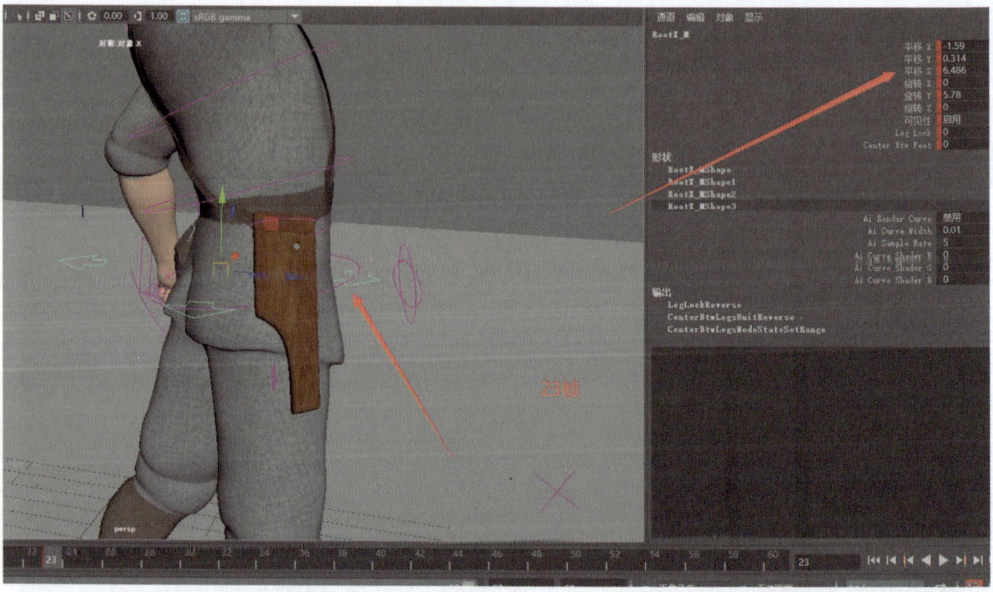

图 5-5-43

通过以上几个步骤的操作，红军吹军号的动画就制作完成了，接下来可以通过播放动画观看最终效果。

项目拓展

通过对红军角色吹军号动画的制作，主要练习如何制作关键帧动画。请尝试利用红军角色制作举旗的一套动画。

思考与练习

在这个角色动画案例练习中涉及命令较多，只有在了解动画运动规律的基础上多观察多练习，并从中多总结多思考，最终才能制作出理想的动画。

255

随手笔记